普通高等教育"十三五"规划教材
电气工程、自动化专业规划教材

U0289702

运动控制系统

（第 2 版）

班　华　李长友　主编

电子工业出版社
Publishing House of Electronics Industry
北京·BEIJING

内 容 简 介

本书以运动控制系统的组成要素为主线,全面系统地介绍了运动控制系统的基本原理、组成和设计方法。其主要内容包括绪论、经典运动控制器技术、智能运动控制器设计、执行器设计与执行器、直流电机控制技术、交流电机控制技术、伺服电机控制技术、运动系统检测技术,以及运动控制系统应用实例。同时,本书还配有电子课件和书中插图,读者可通过华信教育资源网(www.hxedu.com.cn)免费注册申请。

本书可作为高等学校自动化、电气工程、机电一体化和机械设计类专业的本科教材,也可供非电气类专业研究生,科研院所、工矿企业从事电气传动的科技工作者参考使用。

图书在版编目(CIP)数据

运动控制系统/班华,李长友主编. —2 版. —北京:电子工业出版社,2019.1
ISBN 978-7-121-35377-2

Ⅰ. ①运… Ⅱ. ①班… ②李… Ⅲ. ①自动控制系统-高等学校-教材 Ⅳ. ①TP273

中国版本图书馆 CIP 数据核字(2018)第 252951 号

策划编辑:赵玉山
责任编辑:刘真平
印　　刷:北京虎彩文化传播有限公司
装　　订:北京虎彩文化传播有限公司
出版发行:电子工业出版社
　　　　　北京市海淀区万寿路 173 信箱　邮编　100036
开　　本:787×1092　1/16　印张:16.75　字数:428.8 千字
版　　次:2012 年 8 月第 1 版
　　　　　2019 年 1 月第 2 版
印　　次:2025 年 1 月第 11 次印刷
定　　价:46.00 元

凡所购买电子工业出版社图书有缺损问题,请向购买书店调换。若书店售缺,请与本社发行部联系,联系及邮购电话:(010)88254888,88258888。

质量投诉请发邮件至 zlts@phei.com.cn,盗版侵权举报请发邮件至 dbqq@phei.com.cn。

本书咨询联系方式:(010)88254556,zhaoys@phei.com.cn。

前　言

　　运动控制系统是自动化技术的一个分支，广泛地应用于机械制造、冶金、交通运输、石油石化、航空航天、国防科技、生物工程、日用化工、医疗卫生、人居生活等方方面面。随着近期人工智能技术的快速发展，运动系统的智能控制对提升整个国民经济发展水平起着举足轻重的作用，对加快社会进步和改善人类生活都十分必要。

　　自20世纪40年代起，由于经典控制理论的提出，经典PID控制器在运动控制系统得到广泛应用，使得运动系统的稳定性和可控性大幅度提升。20世纪80～90年代后，微电子技术、电力电子技术、智能控制技术迅猛发展，推进了运动控制系统的控制器智能化。尤其是近三年，随着智能装备与智能制造、机器人等工业4.0计划的制订，运动控制系统的智能化趋势不可逆转。

　　一个典型的运动控制系统由运动感知、运动控制和驱动执行组成，本书就以这三个要素作为基本架构进行编写。本书分四篇九章，第一篇是运动系统与运动控制器，涵盖本书的前三章，重点介绍有关运动系统的概念、运动控制器的组成及运动控制器的设计，考虑到智能控制技术的快速发展，控制器设计的重点放到智能控制器设计上。第二篇是执行器设计与驱动控制技术，由第4～7章组成，考虑到运动控制技术属于实用性很强的技术，自身发展与进化很快，之前很多同类书籍主要偏重驱动技术，忽略执行器设计基本方法，因此本篇主要对执行器的通用设计规则进行讨论，对动力形式做了全面系统的介绍。就驱动技术而言，本篇对很多传统技术的内容进行了调整，把不太具有实用性的内容做了删减，主要体现在各种电机调速控制的方法上。例如，对于直流电机调速，本书的重点是PWM调压调速，其他方式不予讨论；再如，对于交流电机调速，就围绕交流电机模型与解耦讲述，采用PWM变频调速技术的三种模式——标量控制、矢量控制和直接转矩控制。另外，着眼于最新科技，本篇专门介绍新兴执行器技术，如金属形状记忆合金、磁致伸缩和电磁流变等，使读者可以对运动控制系统的核心部件有一个更加全面的理解和掌握。本篇还有一个特点，就是从读者使用的角度系统地介绍商用交流电机变频器和商用伺服电机驱动控制器的选型原则、模式设定及接线使用。第三篇是运动感知技术，由第8章组成，因为近五年电动汽车与无人驾驶汽车的发展，本篇新增加了距离检测技术。第四篇是运动系统应用实例，由第9章组成，通过包括无人驾驶汽车在内的七个应用实例，从系统应用的角度对运动轨迹进行分析并提出控制解决方案，目的是对本书前三篇的内容进行归纳总结。

　　由于工科本科教学中需要压缩基本理论学时，增加实践教学环节，因此本书按照48学时编写。其中，理论学时为40学时，实践学时为8学时。为了扩大读者的知识面，本书增加部分章节（目录中标有星号的章节），供老师或读者选择。实践的主要内容是直流PWM调速控制器、交流商用变频器、商用伺服电机驱动控制器与运动检测（转速、距离、力等）。

　　本书共九章，第1章是绪论，其主要内容有五点：①运动控制研究的主要问题、第一类运动系统问题、第二类运动系统问题和运动轴的定义；②运动控制系统的组成；③运动控制系统有关术语；④运动控制系统的发展历程、发展趋势及发展运动控制技术的意义；⑤本书内容介绍与读者适用范围。

第2章主要围绕运动控制系统控制器的构成要素展开讲述，核心是运动轨迹、运动插补与控制回路；并对运动控制器的硬件构成与软件架构展开讨论，详细分析了运动控制器硬件组成中的各种可能选项，对控制器软件功能模块进行了剖析，且介绍了两款软件开发工具。

第3章是智能运动控制器设计，重点为：①模糊控制技术与模糊控制器；②自适应控制技术与自适应运动控制器。

第4章是执行器设计与执行器，重点为：①执行器设计原则与设计步骤，主要讲解驱动连接形式及相对应的负载计算方法与公式；②电动执行器；③液压执行器；④气动执行器；⑤新型执行器。

第5章主要讲述直流电机调速原理和调速驱动控制器，其主要内容包括直流电机调速的发展历程、调速调节器设计、单闭环直流电机调速系统、双闭环直流电机调速系统、多闭环直流电机调速系统；由于计算机软件技术的快速发展，现在几乎所有的直流电机速度调节与控制都利用 MCU 实现，故 5.2.4 节对直流电机调速系统控制器的数字仿真做了介绍。

第6章主要内容包括交流电机数学模型、交流电机的四大方程、交流电机的控制理论基础、交流变频调速技术基础。有关 PWM 可能涉及三种技术方案：PWM 标量控制技术、PWM 矢量控制技术和直接转矩控制技术。作为交流变频调速技术的代表——变频器，介绍变频器的基本种类、使用方法和使用模式。

第7章主要讲述有关伺服电机的调速控制原理和数学模型的建立，以 PMSM 伺服电机为主要对象，对交流伺服调速控制从电路到软件进行了全面介绍。同时，还对伺服电机驱动控制器做了详细讨论，希望读者掌握伺服电机驱动控制器的选型与使用方法。

第8章讲述有关运动对象的距离、位置、速度、加速度与力矩检测的方法，介绍了传感器的基本检测原理、基本结构和性能。

第9章给出了 7 个有关运动问题的应用实例，均从功能分析入手，研究生产流程对运动的需求和实现方法，然后搭建需要的运动系统，实现相应的运动控制功能。

本书第 1～8 章由资深机电一体化高级工程师班华博士编写，第 9 章由李长友教授编写，应用实例主要取材于班华、李长友、沈玉杰、李涛等人相关的科研项目和论文。在编写过程中借鉴了很多同类教材和论文，详见参考文献。在此，对参考文献中提及的相关文章作者表示由衷的感谢。

由于本书作者学识和水平的局限性，错误和缺陷在所难免，欢迎各位读者批评指正。

编　者
2018 年 9 月

目　　录

第一篇　运动系统与运动控制器

第1章　绪论 ·· 2

1.1　运动控制研究的问题 ·· 3

    1.1.1　第一类运动系统问题 ·· 3

    1.1.2　第二类运动系统问题 ·· 8

1.2　运动控制系统 ·· 9

1.3　运动控制系统术语 ··· 10

1.4　运动控制系统的发展历程与未来发展趋势 ··································· 11

1.5　本课程的主要内容和适用对象 ·· 13

第2章　经典运动控制器技术 ·· 15

2.1　运动控制系统简介 ··· 15

    2.1.1　运动控制系统的构成 ·· 15

    2.1.2　运动控制系统的任务 ·· 15

2.2　运动控制器的基本原理 ·· 16

    2.2.1　运动控制器的构成 ··· 16

    2.2.2　轨迹生成器 ·· 16

    2.2.3　插补器 ··· 26

    2.2.4　控制回路 ·· 36

2.3　运动控制器的硬件 ··· 37

    2.3.1　按照运动控制器核心器件的组成分类 ··································· 37

    2.3.2　按照数据的传递形式分类 ··· 42

2.4　运动控制器的软件 ··· 44

    2.4.1　运动控制器软件体系 ·· 44

    2.4.2　运动控制器的开发应用软件简介 ··· 46

2.5　运动控制器设计要素 ··· 49

*2.6　运动控制器实例 ·· 49

习题与思考题 ··· 51

第3章　智能运动控制器设计 ·· 52

3.1　模糊控制技术与模糊控制器 ·· 52

    3.1.1　模糊控制技术 ·· 52

    3.1.2　模糊 PID 控制器及其设计 ·· 53

    *3.1.3　双关节机械手 ··· 59

3.2　自适应控制技术与自适应运动控制器 ··· 63

   3.2.1　自适应控制技术 ·· 63

   3.2.2　自适应运动控制器设计 ·· 64

   *3.2.3　模糊自适应控制器 ·· 68

习题与思考题 ··· 70

第二篇　执行器设计与驱动控制技术

第4章　执行器设计与执行器 ·· 72

4.1　执行器设计基础 ·· 72

4.2　电动执行部件 ··· 77

   4.2.1　电动缸 ·· 77

   4.2.2　电动执行阀 ·· 78

*4.3　液压执行部件 ··· 80

   4.3.1　液压缸 ·· 80

   4.3.2　液压马达 ··· 81

*4.4　气动执行部件 ··· 82

   4.4.1　气缸 ·· 82

   4.4.2　气动马达 ··· 83

   4.4.3　控制回路 ··· 84

*4.5　新型执行器 ·· 85

   4.5.1　压电执行器 ·· 85

   4.5.2　形状记忆合金执行器 ·· 87

   4.5.3　电致聚合体执行器 ··· 88

   4.5.4　磁致伸缩执行器 ··· 89

   4.5.5　电、磁流变液体执行器 ·· 90

习题与思考题 ··· 96

第5章　直流电机控制技术 ·· 97

5.1　直流电机调速概述 ·· 97

   5.1.1　直流电机调速的发展历程 ·· 97

   5.1.2　直流电机的调速方法 ·· 98

   5.1.3　直流电机 PWM 基本电路 ······································· 100

   5.1.4　直流 H 型可逆 PWM 变换器–电机系统的能量回馈 ··········· 105

   5.1.5　直流 PWM 调速系统的数学模型及机械特性 ·················· 105

   5.1.6　调速系统性能指标 ·· 106

   5.1.7　开环调速系统的机械特性及性能指标 ·························· 107

5.2　闭环调速系统与调速控制器 ··· 109

   5.2.1　闭环调速系统 ··· 109

   5.2.2　控制器设计 ··· 121

   *5.2.3　工程方法——典型系统问题 ···································· 129

   5.2.4　直流电机调速系统控制器的数字仿真 ························· 136

习题与思考题 ·· 143

第6章 交流电机控制技术 ·· 146

6.1 交流电机调速系统基本理论 ································· 146

    6.1.1 研究交流电机解耦问题的必要性 ···················· 146

    6.1.2 交流电机模型 ·································· 146

    6.1.3 交流电机解耦分析 ······························ 151

    *6.1.4 交流电机在两相（α, β）静止坐标系下的数学模型 ······ 153

    *6.1.5 交流电机在两相（d, q）旋转坐标系下的数学模型 ······ 154

    *6.1.6 交流电机在两相（M, T）旋转坐标系下的数学模型 ····· 154

6.2 标量控制 ·· 155

    6.2.1 电压频率协调控制的变频调速系统 ·················· 156

    *6.2.2 可控转差频率控制的变频调速系统 ················· 158

6.3 矢量控制 ·· 159

    6.3.1 矢量控制概述 ·································· 159

    6.3.2 磁通开环转差型矢量控制系统 ····················· 161

    *6.3.3 转子磁通观测模型 ······························ 162

    *6.3.4 速度、磁通闭环控制的矢量控制系统 ··············· 163

6.4 直接转矩控制 ·· 163

6.5 变频器 ·· 167

习题与思考题 ·· 173

第7章 伺服电机控制技术 ·· 175

7.1 伺服控制系统概述 ·· 175

*7.2 伺服控制系统的数学模型 ··································· 176

    7.2.1 直流伺服控制系统的数学模型 ····················· 176

    7.2.2 交流伺服控制系统的数学模型 ····················· 178

*7.3 永磁同步电机交流伺服控制 ································· 179

*7.4 伺服控制系统的设计 ······································· 183

    7.4.1 单环位置伺服控制系统设计 ······················· 183

    7.4.2 双环伺服控制系统设计 ··························· 186

    7.4.3 三环伺服控制系统设计 ··························· 188

    7.4.4 PMSM 伺服控制系统设计 ························· 189

7.5 标准商用伺服驱动器应用简介 ······························· 192

习题与思考题 ·· 205

第三篇　运动感知技术

第8章 运动系统检测技术 ·· 208

8.1 距离检测 ·· 208

    8.1.1 激光雷达 ······································ 208

    8.1.2 毫米波雷达和超声波雷达 ························· 209

    8.1.3 摄像机（图像传感器） ··························· 210

8.2 直线位移检测 ·· 210

8.2.1 光栅 ……………………………………………………………………… 210

*8.2.2 感应同步器 ……………………………………………………………… 213

8.2.3 磁栅式传感器 …………………………………………………………… 215

8.3 角位移检测 ……………………………………………………………………… 219

*8.3.1 旋转变压器 ……………………………………………………………… 219

8.3.2 光电编码器 ……………………………………………………………… 220

8.4 速度、加速度检测 ……………………………………………………………… 222

*8.4.1 直流测速发电机 ………………………………………………………… 222

8.4.2 光电式速度传感器 ……………………………………………………… 223

8.4.3 加速度传感器 …………………………………………………………… 224

8.5 力、力矩检测 …………………………………………………………………… 225

8.5.1 测力传感器 ……………………………………………………………… 225

8.5.2 压力传感器 ……………………………………………………………… 226

8.5.3 力矩传感器 ……………………………………………………………… 228

*8.5.4 力与力矩复合传感器 …………………………………………………… 228

习题与思考题 ………………………………………………………………………… 230

第四篇 运动系统应用实例

第9章 运动控制系统应用实例 ………………………………………………… 233

9.1 无人驾驶汽车 …………………………………………………………………… 233

9.2 高速电子锯 ……………………………………………………………………… 236

9.3 胡萝卜汁的灌装 ………………………………………………………………… 239

*9.4 点胶机 …………………………………………………………………………… 244

*9.5 包装生产线 ……………………………………………………………………… 248

*9.6 缠绕生产线 ……………………………………………………………………… 252

*9.7 恒压供水系统 …………………………………………………………………… 254

参考文献 …………………………………………………………………………… 259

第一篇

运动系统与运动控制器

第1章 绪　　论

当前世界各国都把人工智能与数字化制造等高技术作为产品技术升级与产业提升的核心，德国提出了工业4.0，也称生产力4.0，是德国政府提出的革命性创新计划。其目的就是确保德国工业在世界范围的竞争中处于领先地位。2015年3月李克强总理在12届人大三次会议上提出了中国2025计划，目的是让中国进入世界制造强国。作为2025计划的支撑核心技术之一，发展高水平的运动控制系统对于推进我国的装备水平无疑是至关重要的。

运动是机器的本质特征。运动控制系统是机床、机器人及各类先进装备高品质和高效率运行的必要保证。运动控制技术是装备领域和制造行业的核心技术。由于实际应用对设备功能的需求是千差万别的，因此表现到实际系统对运动形式的需求上就变得五花八门。尽管运动控制系统的运动形式多种多样，但是从总体上看，可以把运动控制系统的**运动类型**划分为如下两大类别：

（1）位置变化问题。其特征是被控对象空间位置发生改变，我们称之为第一类运动系统问题，有文献称之为线性轴。

（2）周期式旋转速度变化问题。由于某一类物理量（如温度、压力、流量、转矩等）而迫使电机转速随负载的变化而变化，以满足温度、压力、流量、转矩等恒定的目的。我们把这类运动控制问题称为第二类运动系统问题，也有文献称之为旋转轴。

对第一类运动系统问题而言，被控对象的运动特征是：空间位置发生变化，在位置变化的过程中被控对象的速度或加速度发生变化。解决第一类运动系统问题的**要点是**：①根据牛顿运动学理论与电机拖动的基本理论，按照被控对象的空间运动轨迹，把被控对象的运动轨迹分解为空间坐标系的坐标变化；②通过对坐标系坐标的变化进行分析，建立描述运动轨迹的方程；③根据牛顿力学和运动学理论，第一类运动系统问题被转化为路程、速度、加速度和时间等几个参数关系的分析问题。第一类运动轨迹有三个要素：起始点、终止点及两点之间的连接曲线；三维空间位置控制问题是这类问题的典型代表，平面二维运动是空间三维运动的特例，直线一维运动则是平面二维运动的特例。

第二类运动系统问题是由具体的、实际生产问题演化派生出来的。例如，某小区的生活供水问题，由于用户的用水量是随机变化的，要确保用户的用水品质，从控制的角度就需要保持供水压力恒定；再如，要求某温室的温度恒定，其问题的实质是在研究循环风机通风量大小的问题，室内温度与设定的温度差决定着通风风机通风量的大小，温差越大，要求风机的循环风量越大，也就是电机的转速越高，而温差越小，要求循环风量越小，电机的转速越低。从第二类运动系统问题对控制系统的要求看，对这类对象的控制往往是与某些特定的物理量（温度、压力、流量等）相关联的，其前提条件是维持该物理量不变或者按照规定的规律变化。那么**解决第二类运动系统问题的关键**是：将实际对象的功能需求与电机的转速建立起函数关系，从而把实际问题转变为电机驱动速度实时控制的问题。工农业生产与人们日常生活中广泛应用的诸如风机、水泵、空调压缩机等负载都属于这个类型。有关统计资料表明，这类负载占据了整个工业生产能量消耗的50%～60%。鉴于水泵、风机、压缩机电机的控制都是单向、周期的，因此这一类问题可以归纳为单轴运动控制的周期式旋转控制问题。

1.1 运动控制研究的问题

1.1.1 第一类运动系统问题

什么是第一类运动系统？

定义：凡是被控制对象的空间位置或者运动轨迹随着运动而发生改变的运动问题都属于第一类运动系统问题，能够解决这一类运动问题的控制系统就是第一类运动控制系统。

因为第一类运动系统的控制在理论上完全遵循牛顿力学定律和运动学原则，为了便于对第一类运动系统进行分析与解析，我们把第一类运动系统的控制问题转化为物理学的牛顿运动学问题。把对被控对象的研究转化为对被控物体在笛卡儿坐标系中的位移、速度及加速度与运动时间的关系上。

第一类运动系统的解析**关键是**研究被控对象的运动轨迹，分析运动路径、运动速度、运动对象的加速度（力或者力矩）与时间的联系，利用牛顿定律建立求解方程，从而探求快速、平稳、精确的控制方法和控制策略。第一类运动控制问题均可使用典型曲线特征点对其位置轨迹或者速度轨迹加以描述，因此运动轨迹的研究实质上是分析各类运动轨迹的特征点，找出其规律性。典型的第一类运动问题有如下几类。

1. 一维运动

一维运动的特点是运动形式十分简单。其基本运动形式分为两类：一是直线运动，二是旋转运动；此外，还可以是两类基本运动的复合，如图 1-1 所示。

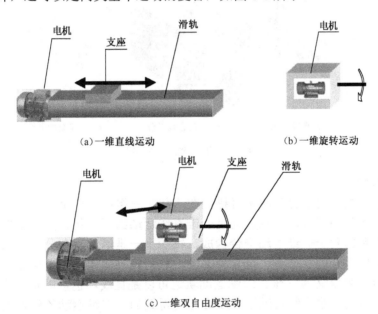

(a)一维直线运动　　　　　　　　(b)一维旋转运动

(c)一维双自由度运动

图 1-1　一维运动

图 1-1（a）所示是一维带电机驱动的单轴平台或者直线滑轨，其运动的特点是支座在电

机的驱动下，可以沿着滑轨做左右直线往复运动，运动的**相关要素是**<u>开始位置、停止位置及两点之间的距离</u>；图 1-1（b）所示是一维旋转运动，其**相关要素是**<u>开始角度位、停止角度位和旋转角度值</u>，图 1-1（a）、（b）所示都是一维单自由度运动；图 1-1（c）所示是图 1-1（a）、（b）的复合，具有典型的一维双自由度的运动特征，即滑轨上的支座可以沿着导轨做直线往复移动，而固定在支座上的电机可以沿着电机轴的切线方向做顺时针或者逆时针的旋转运动。常用运动学公式详见表 1-1。

表 1-1　常用运动学公式

	匀 速 度	匀 加 速 度
1	匀速度 = 路程变化量除以时间变化量 $$\bar{v} = \frac{\Delta x}{\Delta t}$$	匀加速度 = 速度变化量除以时间变化量 $$a = \frac{\Delta v}{\Delta t}$$
2	—	末速度 = 加速度与时间的乘积加上初速度 $$v_f = at + v_0$$
3	—	路程 = 初速度乘以时间，加上加速度与时间平方的乘积的一半 $$\Delta x = v_0 t + \frac{1}{2}at^2$$
4	—	末速度的平方 = 初速度的平方，加上加速度与路程乘积的 2 倍 $$v_f^2 = v_0^2 + 2a\Delta x$$

注：空间运动都可以看成质点或者刚体运动，遵守运动学基本定律和公式。

图 1-2 所示是一维直线运动实物图。其中，图 1-2（a）是带电机驱动的直线滑轨，图 1-2（b）是不带电机驱动的直驱型直线平台，图 1-2（c）是不带电机驱动的几款直线滑杆。

（a）一维直线滑轨　　　（b）一维直线平台　　　（c）一维直线滑杆

图 1-2　一维直线运动实物图

2. 二维运动

把两个一维直线运动平台互相垂直搭接在一起，就组成了一个二维运动平台。显然，一维运动是二维运动的特例，二维运动是一维直线运动的平面化，是一维轨迹的延伸和拓展。二维运动平台由两个一维运动平台构成，每一个一维运动平台分别代表一个坐标轴，其中与坐标系 x 轴重合的那个平台定义为 x 轴，它的轨迹变化就是 x 轴坐标变化；另一个平台与 y 轴重合，被定义为 y 轴。二维运动轨迹可以是直线，也可以是曲线，曲线轨迹是通过构成二维平台的一维直线运动平台复合运动得到的。二维运动的轨迹是平面曲线，直线是其特例。根据平面坐标系的约定，把二维运动轨迹分析转化为平面坐标 xy 的平面几何曲线分析。图 1-3 所示是二维运动简图，图中有一个 xy 坐标系，分别由两个独立的一维直线平台实现。

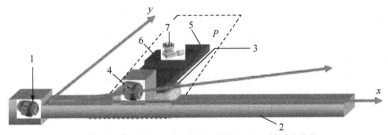

1—x 轴平台驱动电机；2—x 轴平台滑轨；3—x 轴平台载架；
4—y 轴平台驱动电机；5—y 轴平台滑轨；6—y 轴平台载架；7—工作装置

图 1-3　二维运动简图

二维运动平台的工作原理是：y 轴平台驱动电机 4 驱动 y 轴平台载架 6 在 y 轴平台滑轨 5 内做往复直线运动，即 y 轴方向运动；x 轴平台驱动电机 1 驱动 x 轴平台载架 3 在 x 轴平台滑轨 2 内做往复式直线运动，即 x 轴方向运动。只要有针对性地驱动 x 和 y 轴电机，工作装置 7 就可以得到任何平面曲线轨迹。

我们把工作装置 7 当成一个运动质点，把 x、y 轴平台载架的运动轨迹看成 x、y 坐标的参数变化，那么二维运动的分析就转化为平面上质点的运动路程、质点的运动速度、质点的运动加速度及质点的运动时间等逻辑关系问题。速度、加速度是矢量，运动轨迹的速度和加速度分析就变成了速度矢量和加速度矢量的分析问题。路程是标量，不可能为负，具有单向性。时间也是标量，也具有单向性。就平面二维运动的轨迹看，轨迹的一般形式是平面曲线，直线是特例。平面运动的特点就是二维双轴的质点复合运动。

图 1-4 所示是二维运动平台实物图，其中图 1-4（a）是二维运动平台不带电机驱动的实物图，图 1-4（b）是二维运动平台带电机驱动的实物图。

（a）二维运动平台不带电机驱动　　（b）二维运动平台带电机驱动

图 1-4　二维运动平台实物图

图 1-5 所示是平面运动的另外一种形式——平面复合运动。需要注意的是，平面复合运动是特定的轨迹段，如图 1-5 所示的两条曲线，其中折线 1 由两条直线段构成，曲线 2 是复合路径。平面复合运动在现实生产中是一类典型的运动实现形式，是两个运动单元的运动复合，使其运动轨迹都复合在一起。实现平面复合运动的必要条件是，必须指明两个运动矢量的运动方向和复合因数，并且一定要指明复合因数的比例大小。对于那些在两个运动单元之间连续运动的应用

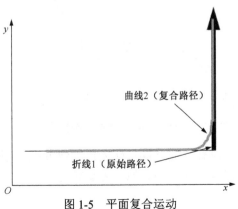

曲线2（复合路径）

折线1（原始路径）

图 1-5　平面复合运动

场合，复合是很有用的，其几何意义为折线运动路径大于复合圆弧路径。

平面复合运动存在的不足是当使用复合运动（图 1-5 中曲线 2）时，无法完全按照原来的约定轨迹（图 1-5 中折线 1）运行。

如果实际被控对象要求系统一定要严格按照原始规定的路径运动，则运动控制系统的控制模式就不能选择复合运动模式，必须考虑采用轮廓线运动控制模式，以确保被控对象的运动轨迹严格按照其轮廓线运动。

对于现实生产过程中大量应用着的取放、探针定位、物品载送等，提升其效率的有效途径之一就是复合运动。下面举一个顺序钻孔实例。如图 1-6 所示，1 号轨迹是由直线组成的折线轨迹，不具有复合功能；2 号轨迹是具有复合功能的运动轨迹。据有关文献介绍，带复合功能的系统与不带复合功能的系统相比，其效率会有比较明显的提升。在图 1-6 所示的案例中具有复合功能的 2 号轨迹比没有复合功能的 1 号轨迹提升效率 10%。

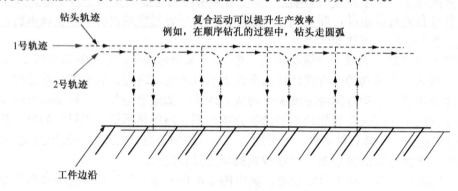

图 1-6　顺序钻孔实例

图 1-7 所示是**平面运动的轮廓线控制模式**。轮廓线由一系列特征点组成，系统的运动特征是按照轮廓线运动。其方法是把轮廓的特征点存放到一组缓冲区中，并保持相关数据，然后通过这些点建立一条光滑的路径（或者称为样条曲线），该方法的优点是可以确保经过了每一个特征点。

除了把平面运动看成一个质点平面运动之外，还有一种情况就是把运动对象看成一个刚体，刚体由一系列质点组成。图 1-8 所示为刚体的平面运动。

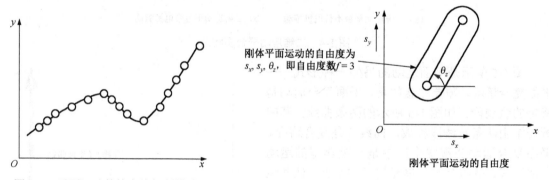

图 1-7　平面运动的轮廓线控制模式　　　　图 1-8　刚体的平面运动

刚体平面运动可能的运动情况是：刚体能够沿着 x 轴平动，也可以沿着 y 轴平移，还可以以一个端点作为原点做旋转运动，是典型的三自由度运动。

3．三维运动

三维运动从总的运动形态可以分成两大类：**三维质点运动和三维刚体运动**。三维运动是二维运动的空间化，二维运动是三维运动的一个特例。三个一维运动单元的合成就是典型的三维运动，每一维度的运动形式可以是平动（位移），也可以是旋转。其运动轨迹是空间曲线。

1）三维质点运动

三维质点运动的移动规律与平面质点的移动规律并无差异，也有三类形式：第一类为空间点对点的移动，可以是直线移动，也可以是旋转运动；第二类为复合移动，是在三个运动轴按照一定的复合比例所做的运动；第三类为空间轮廓线运动。图 1-9 所示是典型的空间质点移动矢量关系，也就是从坐标原点到空间点（x_0, y_0, z_0）的笛卡儿坐标关系。三维空间质点移动的轨迹问题还可以转化为复合移动问题和轮廓线追踪问题。

2）三维刚体运动

图 1-10 所示是空间刚体运动。与图 1-8 相比，图 1-10 中放置于三维空间坐标系内的刚体 A 的运动要比二维平面刚体的运动复杂，平面刚体如前所述只有三个自由度，而空间刚体可以沿着 x 轴平动 s_x，也可以沿着 y 轴平动 s_y，还可以沿着 z 轴平动 s_z。刚体 A 还可以以 x 轴为轴心做旋转运动 θ_x，类似地，也可以以 y 轴和 z 轴为轴心做旋转运动。因此，空间刚体 A 具有沿着 x、y、z 轴的三个平移自由度和三个旋转自由度，所以空间刚体具有六个自由度。

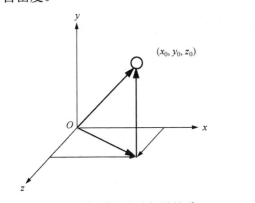

图 1-9　空间质点移动矢量关系

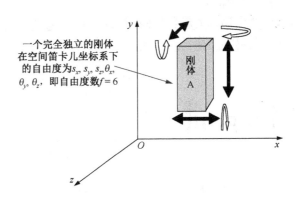

图 1-10　空间刚体运动

图 1-11 所示是三维空间平台的实物。其中，图 1-11（a）是龙门架式结构，其特点是受力均匀，这是最常见的一种应用形式；图 1-11（b）是悬臂式结构，往往是当空间受限时所采用的结构，很明显，这种结构的受力是不均匀的；图 1-11（c）是塔架式结构；图 1-11（d）是悬臂式实物图。

4．运动控制系统的轴

1）运动轴

通常，我们把一个在直线段上移动的物体或者按照预定旋转方向旋转的物体定义为运动轴。轴一般分为**两类：线性轴和旋转轴**。

2）线性轴

线性轴的定义：只有开始位置和结束位置，而且轴的当前实际位置一定是在其开始位置与结束位置之间。

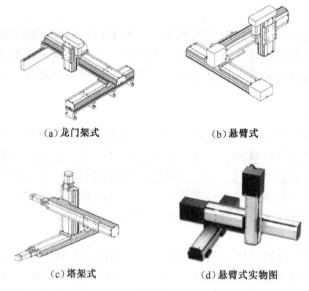

（a）龙门架式　　　　　　　　（b）悬臂式

（c）塔架式　　　　　　　（d）悬臂式实物图

图 1-11　三维空间平台的实物

图 1-12 所示是线性轴的两种表现形式。图 1-12（a）是直线平移，图的左边点是起点，右边点是终点。图 1-12（b）是旋转平移，同样地，左边点是起点，右边点是终点。

3）旋转轴

一个周期式的旋转轴做圆周运动，其起始点是 $0°$，完成一个循环之后，又重新回到 $0°$。这种情况也称为模轴，如图 1-13 所示。

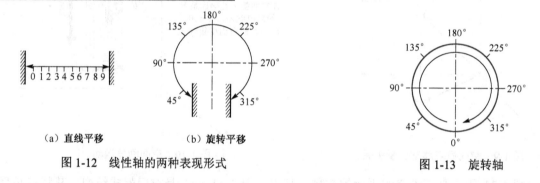

（a）直线平移　　　　（b）旋转平移

图 1-12　线性轴的两种表现形式

图 1-13　旋转轴

1.1.2　第二类运动系统问题

第二类运动系统问题与风机、水泵、压力、温度等大量实际生产、生活问题是相关联的。根据风机、水泵等的驱动特点，第二类运动系统的控制问题都可以转化为单轴运动控制的周期式旋转控制问题，又称模轴控制问题。

对于单轴周期式旋转控制问题，**由三个要素组成**：开始速度、目标速度和结束速度。图 1-14 所示是速度与时间的关系梯形图，梯形由三段构成：①从开始速度位起的加速度阶段；②恒速阶段，该阶段的典型特征是速度按照目标速度运行；③减加速度阶段，该阶段将速度降到零，到达结束速度位。

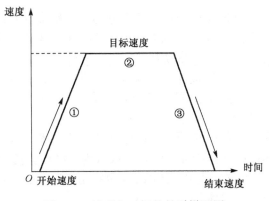

图 1-14　速度与时间的关系梯形图

1.2　运动控制系统

定义：运动控制系统就是依照具体对象的运动轨迹要求，根据其负载情况，配置合理的驱动器，驱动执行电机，完成相应的运动轨迹要求的系统。运动感知、运动控制与运动执行是运动控制系统的三大要素。一个典型的运动控制系统由以下部分构成：运动控制器、驱动执行器、运动反馈单元等，如图 1-15 所示。其中，运动控制器是运动控制系统的核心，运动控制器主要由三大要素构成：轨迹生成器、插补器与控制回路。运动控制器是运动控制系统的大脑，是完成运动控制任务的关键，其作用就是根据被控对象的运动轨迹需要和要求，对完成运动的任务的方案进行选择和配置，形成控制轨迹，并输出到驱动器。因为运动形式的

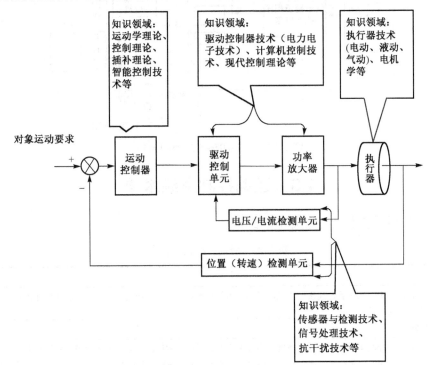

图 1-15　运动控制系统的构成

变化与具体要求不同，故可以把运动的最终需求分为：①**精确位置控制需求**，如钻孔，典型的代表就是集成电路板生产的孔位、机械零件的定位孔（尤其是模具组件）等；②**移动速度的快速控制**，关注重点是<u>启动速度、启动加速度、稳态速度、减加速度、调速范围、静差率等</u>；③二者的复合需求，即既有位置控制的需求，又有对快速响应性的需求。

图 1-15 不仅是系统构成的反映，更是各个要素单元所涉及的知识领域的阐述。其中，运动控制器所涉及的知识领域为：运动学理论、控制理论、插补理论、智能控制技术等；驱动控制单元与功率放大器所涉及的知识领域为：驱动控制器技术（电力电子技术）、计算机控制技术、现代控制理论等；执行器所涉及的知识领域为：执行器技术（电动、液动、气动）、电机学等；位置（转速）检测单元与电压/电流检测单元所涉及的知识领域为：传感器与检测技术、信号处理技术、抗干扰技术等。

图 1-16 所示是一套数控系统控制的主轴闭环运动控制系统，主要由 NC 控制器发出主轴定位控制命令，主要参数为主轴定位角、主轴与位置编码器的齿轮比、定向输出极性与上限速度频率等。其控制信号传递通道是 NC—供电磁场相序控制电路—主轴伺服单元 CN—主轴电机；经由主轴伺服单元控制主轴电机，主轴电机驱动主轴，同时主轴上机械同轴装有位置编码器，负责把主轴位置速度信号反馈给主轴伺服单元和 NC 控制器，实现闭环运动控制。

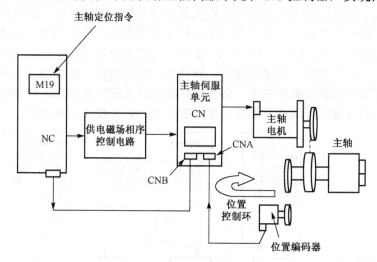

图 1-16　主轴闭环运动控制系统

1.3　运动控制系统术语

有关运动控制系统术语的定义详见表 1-2。

表 1-2　运动控制系统术语

1. 运动控制
自动化的分支，涉及机器的位置、速度、力或者压力，由某种类型的气动、液动、电动或者机械装置控制，如液压泵、线性执行器、电机或齿轮组
2. 运动控制系统
运动控制系统是一个控制某些机器位置、速度、力或者压力的系统。例如，一套基于运动控制系统的电气机械系统是由运动控制器（系统的大脑）、驱动器（接收来自运动控制器的弱电指令信号，并且把相关指令信号变换成高电压/大电流的功率信号）、电机（其作用是把电能转换为机械能）、反馈装置（其作用是把受控信号反馈到运动控制器，运动控制器依据设定与反馈信号给出需要的调节量，直到系统达到期望的结果为止

| 3. 运动控制系统的类别 | （1）开环控制系统 | 没有反馈装置来验证输出的实际值是否达到所期望的结果的系统。绝大多数步进电机都是开环工作的 |
| | （2）闭环控制系统 | 使用反馈装置来验证输出是否满足所期望的结果的系统。例如，使用编码器作为反馈元件，把相关位置或者速度信息送到运动控制器。伺服电机系统需要使用反馈单元 |

4. 运动控制器

运动控制器是运动控制系统中最重要的智力单元，也称为大脑，其职责就是根据期望的路径或者轨迹，计算并且产生输出命令，控制驱动放大器驱动执行器，从而完成相应的任务。运动控制器的复杂性是依据任务的复杂性而变化的，就伺服电机控制而言，典型的运动控制器通常由三部分组成：轨迹生成器、插补器及控制回路。例如，使用步进电机控制时，对于三相或五相步进电机，硬件电路还需要增加步进脉冲相序控制模块，也就是早期的步序发生器电路

（1）轨迹生成器	轨迹生成器依据所期望的目标位、最大速度、加速度、减加速度及抖动计算移动路径的各个段设置特征点，并确定移动的三个主要阶段——加速度阶段、恒速度阶段和减加速度阶段花费了多少时间
（2）插补器	内置于运动控制器的算法按照由轨迹生成器生成的设置特征点精确地计算出其空间位置，依据三次样条方程的形式计算得出。插补器的结果送给控制回路
（3）控制回路	内置于运动控制器的算法根据所期望的位置/速度与实际的位置/速度之间的偏差，计算出误差信号。运动控制器通常使用的控制算法是典型的PID（比例、积分、微分）算法。这种算法具有增强控制能力的效果。改变PID参数设置，就意味着改变控制回路的响应性。有关智能控制算法的改进就在这部分
（4）步序发生器	内置于运动控制器的算法按照所期望的运动路径精确地产生数字步序指令脉冲

1.4 运动控制系统的发展历程与未来发展趋势

1. 运动控制系统与驱动技术的发展历史

运动控制系统的发展过程见表1-3。

表1-3 运动控制系统的发展过程

发展阶段	技术分类	主要技术特征（典型代表）
最早期	模拟时代（步进时代）	步进控制器 + 步进电机 + 电液脉冲马达
20世纪70年代	直流模拟时代	基于微处理器技术的控制器 + 大惯量直流电机
20世纪80年代	交流模拟时代	基于微处理器的控制器 + 模拟式交流伺服系统
20世纪90年代	数字化初级阶段	数字/模拟/脉冲混合控制，通用计算机控制器 + 脉冲控制式数字交流伺服系统
21世纪初至2014年	全数字化时代	基于PC的控制器 + 网络数字通信 + 数字伺服系统+智能控制
2014年至今	人工智能技术时代	人工智能+网络+全数字控制

2. 运动控制系统目前存在的问题

1）控制方式的问题

（1）脉冲信息处理与交换存在双重瓶颈，不能满足高速控制的需求。

（2）混合轨迹控制不能实现高精度控制，算法需要创新。

（3）无协议信息交换的传递可靠性低，制约系统综合性能的提高。

（4）硬件规模大，影响系统可靠性的提高。

（5）开发、生产和使用成本高，扩展性差。

图 1-17 所示是数控机床运动控制系统框图。系统由两大层次组成：一个是脉冲信息处理层，另一个是脉冲信息交换层。目前，问题是脉冲信息处理层和脉冲信息交换层之间存在着信息交换瓶颈。

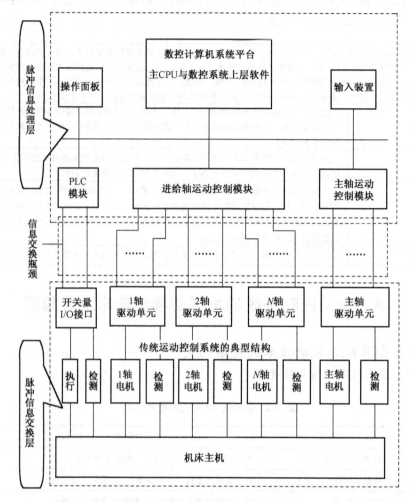

图 1-17　数控机床运动控制系统框图

2）发展先进运动控制技术的意义

（1）运动是机器的本质特征，运动控制系统是数控机床、机器人及各类先进装备高质高效运行的关键环节，运动系统的智能化控制是装备领域和制造行业的核心技术。

（2）我国正处于工业化进程中，制造业作为国民经济的支柱产业，急需先进运动智能控制技术和各类高性能运动控制产品。

（3）智能化的运动控制系统及其装备属于战略物资，最先进的技术是买不来的，必须立足于自力更生。

（4）历史的经验与教训表明，我国发展运动控制技术与产品必须走人工智能+PC 化+网络化的道路。

（5）在人工智能+PC 化+网络化运动控制技术的研究、开发和应用方面，我国已经落后国外发达经济体，需要我们广大科技工作者更加努力，机遇与挑战并存。

随着信息化、人工智能及网络化的飞速发展，人类对运动系统控制的智能化的要求也越来越高，基于网络化、全数字化的人工智能集成制造运动控制系统是运动控制系统的发展方向。

1.5　本课程的主要内容和适用对象

本书在原有《运动控制系统》这本教材的基础上新增智能控制器技术与无人驾驶汽车应用实例等内容，面向开设有运动控制系统课程的机械设计与自动化、电气工程及其自动化、机电一体化和自动化等专业。在先修课程中，学生学习了运动控制系统中所涉及的"自动控制理论"、"计算机控制技术"、"传感器与检测技术"及实现电气能量形态变换的"电力电子技术"与"电机学"等课程。运动控制系统的课程特点是具有**典型的集成性**，它把学生前期学到的专业知识做了一次总复习和综合应用。

1.　课程介绍

本书分四篇九章，第一篇运动系统与运动控制器由第 1～3 章组成，第 1 章讲述有关运动的概念，分析了两类运动系统及运动轴，有关运动系统的解析方法就是借助牛顿力学与运动学的基本理论体系，解构运动轨迹；第 2 章讲述运动控制器的组成、典型运动轨迹特征值的求取方法、运动轨迹的生成、查补计算与控制回路，介绍了运动控制器的硬件组成方案及软件开发工具；第 3 章结合最新科学技术发展趋势，介绍智能运动控制器技术，主要围绕模糊PID 技术及运动自适应控制技术展开。第二篇执行器设计与驱动控制技术由第 4～7 章组成，重点讲述运动控制系统的驱动执行技术。其中，第 4 章讲述有关执行器的通用设计方法、各类驱动执行方式的基本原理及运动学特征，从控制驱动执行的角度讨论执行器（电机）及负载的选型与计算；第 5 章主要介绍直流电机控制技术，主要是单闭环速度调节器设计及 PI控制算律；第 6 章介绍交流电机控制技术，以 PWM 调制技术为主，讲述标量控制、矢量控制与直接转矩控制，介绍商用变频器的使用方法；第 7 章讲述伺服电机控制技术及商用伺服驱动器使用。第三篇运动感知技术由第 8 章组成，主要讲述有关运动要素的感知技术，距离、路径、速度、加速度、力和力矩的测量。第四篇运动系统应用实例由第 9 章组成，提供了七个具体应用实例，结合感知、运动控制器及执行器，按照实际工程需求，结合运动轨迹分析，按照输出→输入→控制器这样的思维逻辑，对运动控制系统进行解析。

那么，为什么要学习这门课程呢？

（1）从控制系统的角度看，运动控制系统具有系统的典型系统集成性和应用的广泛性。

运动控制系统在国民经济中应用广泛，作用重大。大部分的运动控制系统都具有与图 1-15 所示系统相似的结构，只是控制目标、执行机构和被控对象因系统的不同而不同。

（2）从知识体系的角度看，其知识体系和内容具有较好的代表性和综合性。

运动控制系统所涉及的知识领域及所需要的支撑学科可以用图 1-18 说明，计算机控制技术、控制理论、信号检测与

图 1-18　知识体系

处理技术、微电子技术、电力电子技术、智能控制和电机学七个学科构成了运动控制系统的理论基础，而每个学科都有各自的相关课程。本课程结合运动系统自身特色，将有关支撑学科知识集成为运动控制系统。通过运动控制系统课程学习使学生掌握专业知识综合，也就是专业术语系统集成。学生通过对运动控制系统课程的学习，可以加深对自动化专业的理解。

本书所介绍的内容可大致归纳为一个主题和三条主线。

（1）一个主题：运动控制系统。

（2）三条主线：①以距离、位置、速度、加速度、力或者压力为检测对象的反馈检测技术；②以运动控制器为核心研究对象的运动控制技术；③以满足运动需求为目的的执行器设计与驱动技术。

2. 本书的学习重点

1）第一篇重点内容

第 1 章　运动系统分类方法，运动轴的定义（见图 1-12 和图 1-13），运动控制系统的构成（见图 1-15），表 1-1 常用运动学公式，表 1-2 运动控制系统术语。

第 2 章　运动控制器构成要素（运动轨迹、插补和控制回路），运动轨迹分类，运动轨迹特征曲线与特征点计算；插补的目的，低阶插补计算方法（直线插补、圆弧插补）；控制回路 PID 算法；掌握运动控制器硬件构成方法与软件开发工具；控制器设计三要素。

第 3 章　模糊 PID 控制器设计及自适应控制器设计。

2）第二篇重点内容

第 4 章　执行器设计原则与步骤，转动惯量矩计算，运动方程与电机功率计算。

第 5 章　直流电机 PWM 调压控制技术，三种电压调节主电路拓扑图（见图 5-7、图 5-9、图 5-12 及图 5-14）；速度单闭环控制器原理与电路、双闭环控制器原理与电路，掌握图 5-20、图 5-31、图 5-46 和图 5-48 的电路分析，并能说出有关相同点与差异点。

第 6 章　交流电机解耦基本理论、四组方程（电压、磁链、转矩和运动），坐标变换；交流电机 PWM 标量控制技术、交流电机矢量控制技术和直接转矩控制技术；掌握变频器使用。

第 7 章　伺服电机系统要求与构成、系统框图（见图 7-1），商用伺服驱动器使用。

3）第三篇重点内容

第 8 章　距离检测手段（激光测距、超声测距与视频摄像头）、位置检测手段（光栅、磁栅和同步感应器）、角位移检测手段（旋转变压器和光电编码器）、速度检测手段（直流测速发电机和光电式速度传感器），以及力和力矩检测手段等。

由于受到课时的制约，本书的带星号章节供教师根据实际情况节选使用，也可供广大读者进一步深入阅读之用。

第 2 章　经典运动控制器技术

在现实生活中，房屋的价值主要是由房屋所处的地理位置决定的，位置是房屋价值的核心，而运动控制器在运动系统中的作用完全类似于房屋的位置。在运动控制系统的设计应用中，不论系统自身是简单的还是复杂的，评判一个运动控制系统是否成功，最重要的判别依据都是所选运动控制器及其运动控制软件是否合适。

运动控制器作为运动控制系统的核心，对运动控制系统的性能起着关键的作用。由于实际运动系统的种类和被控对象要求千差万别，为了适应实际系统的需要，运动控制器必须要做到通用性和专用性兼顾，功能系统化，使用简单化。

2.1　运动控制系统简介

2.1.1　运动控制系统的构成

运动控制系统是由运动需求、运动控制器、驱动控制器、执行器及位置或速度反馈单元构成的，如图 2-1 所示。其中，运动需求是运动控制器控制命令的发布者，即运动控制器任务的设定者。运动需求与运动控制器之间的信息通道是"设定"通道。根据控制系统对运动控制的要求，控制器接收命令的形式是多种多样的。最直接的输入设定方式是键盘，除了键盘以外还有串口，如 RS232、RS485、USB 等，总线方式如 PCI 总线、Profibus 现场总线等。运动控制器与驱动控制器之间的连接通道是"控制"通道，它把运动控制器的指令转换为对驱动控制单元的控制信号。驱动控制器与执行器之间是"驱动"通道，驱动控制器是功率放大单元，它通过"驱动"通道完成机电控制转换。位置或速度反馈单元由"检测"通道把执行器的执行结果送回运动控制器，从而实现闭环运动控制。

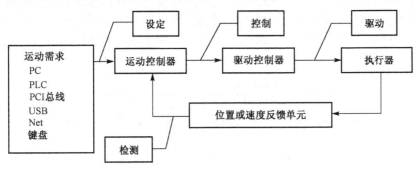

图 2-1　运动控制系统框图

2.1.2　运动控制系统的任务

什么是任务？

任务是具体对象对运动系统的要求，其形态可以是路径、位置增量或位移、移动速度，也可以是速度的变化率——加速度，还可以是驱动力或驱动力矩。图 2-2 所示是三维空间运动任务。

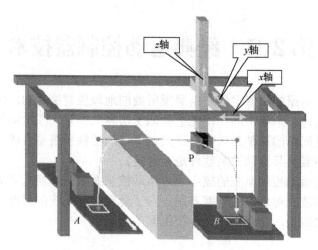

图 2-2　三维空间运动任务

如图 2-2 所示，这是一个搬运机械手的三维空间运动控制问题，其任务是吸头 P 负责把点 A 的货物搬移到点 B，其行进轨迹如图所示。吸头 P 的三维空间运动轨迹是由 x、y、z 三轴组合控制而实现的。首先输送带以速度 V 输送物品到点 A，然后由吸头 P 吸住物品搬移至点 B，从而完成一件物品的搬移。很显然，物品的搬运过程是一个复合运动。

2.2　运动控制器的基本原理

2.2.1　运动控制器的构成

运动控制器由轨迹生成器、插补器、控制回路和步序发生器四部分构成，如图 2-3 所示。其基本原理为：运动控制器根据任务的需要，首先由轨迹生成器计算出任务希望的理想轨迹，插补器根据位置或速度反馈单元的实际状态，按照轨迹生成器的要求，计算出驱动单元下一步将要执行的命令，然后交由控制回路进行精确控制。如果是步进电机，则还有一部分就是步序发生器，步序发生器根据控制回路控制指令进一步生成控制相序和脉冲，达到控制运动对象的目的。

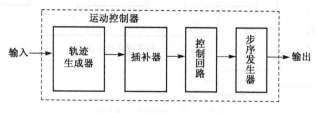

图 2-3　运动控制器构成

2.2.2　轨迹生成器

1．轨迹生成器的作用

轨迹生成器的主要作用就是根据运动任务要求，为系统生成运动轨迹，作为运动系统控制器插补器的输入设定。

2. 轨迹生成器的职责

轨迹生成器的**职责**是把运动控制器的输入转化为系统希望得到的理想轨迹。运动轨迹是运动系统必须要完成的运动任务。就运动控制器而言，轨迹生成器是运动控制器三个核心部件之一，轨迹生成器性能的好坏对运动控制器起着至关重要的作用。这里所说的轨迹是广义上的轨迹，广义上的轨迹可以是路径或轮廓轨迹，也可以是速度轨迹，还可以是加速度轨迹。狭义上的轨迹则特指路径或轮廓轨迹。

下面借助图 2-4 说明轨迹问题。图 2-4 中有三个子图，分别表示三种停止操作过程。图中所示的速度变化曲线就是一条速度运行轨迹。由于电机的转速与供电电源频率成正比，因此尽管纵坐标表示的是频率，实质上还是电机的转速。其中，F_L 表示电机最低转速值，F_H 表示电机最高转速值，横坐标 t 表示时间，t_0 表示立即停止命令发出的时刻，即运动控制器在 t_0 时刻向电机驱动单元发出停止信号。很显然，从图 2-4（a）可以看出，系统恒速运行的特征是最低速度与最高速度相同，即 $F_L=F_H$，当 $t \geq t_0$ 时，频率 $F_L(F_H) = 0$，表示电机转速从某一个常数值立刻下降到 0。图 2-4（b）所示是一条典型的速度梯形曲线，电机最低速度是 F_L，然后经过 t' 时间达到最高速度 F_H，这个时段加速度是常数；在 t_0 时刻到来之前，系统按照 F_H 运行；当 $t = t_0$ 时，又经过 t' 时段，电机转速将由 F_H 降到 F_L，这个时段减加速度也是一个常数。图 2-4（c）所示是一条典型的速度 S 曲线，系统从 $t=0$ 时刻开始，初始速度是 F_L，经过 t' 时间段，系统稳态速度变为 F_H，速度的变化率是变化的，不是一个定值；当 $t' \leq t < t_0$ 时，系统速度为 F_H；当 $t \geq t_0$ 时，系统速度由 F_H 变化为 F_L，速度变化遵循 S 曲线。图 2-4 所示的三种操作模式可以采用编码方式预先内置到控制器中。例如，恒速操作的编码为 001，变速（线性）操作的编码为 002，变速（S 曲线）操作的编码为 003。控制编程时，可以通过提前往控制器之中预设编码值来选择启动/停止操作的方式。

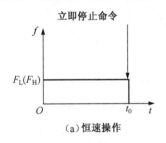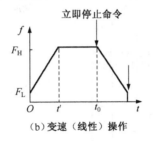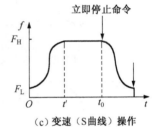

图 2-4　预设编码值与停止指令

3. 点对点运动轨迹

虽然有很多种运动轨迹可以选择，但是最简单、最直接的运动曲线是点对点运动轨迹。

下面举一个简单的例子，图 2-5 所示就是一个点对点的运动轨迹。由图可知，运动的起点从 20° 开始，运动的终点到 100° 结束。通常情况下，就位置或速度系统而言，运动控制器更常用的方法是用编码器脉冲数来取代角度。点对点运动的应用范围十分宽广，包括各种大型医疗自动化诊疗设备，如 CT 机、MR 核磁共振等；机械制造业使用的各类加工中心、数控机床等；科学研究领域的自动检测与定位仪器；军事领域中的自动定位跟踪、自动瞄准系统等；民用自动设施，如电梯等（需要注意的是，自动扶梯不是点对点运动方式）。点对点运动方式的特点是运动需求描述简单，控制容易。对于点对点运动方式，负载速度从零开始，加速到设定速度，稳定运行，然后减速至停止，此时被控对象到达目标位置——终点。在一个典型的点对点运动中，速度从零开始到零结束，并且启动加速和停止减速都是平滑的。

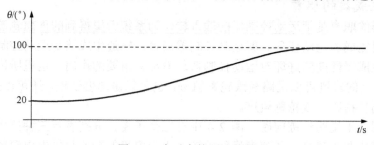

图 2-5　点对点的运动轨迹

最常见的点对点运动有两种速度轨迹曲线，分别是 S 曲线和梯形曲线。**点对点运动的主要研究方法是特征值描述法，其主要研究内容是运动速度轨迹特征曲线和运动加速度轨迹特征曲线。**如图 2-6（a）所示，S 曲线由七个不同的运动时序段构成，不论是速度曲线还是加速度曲线均有七个时序段。对于这七个时序段，时序段 I 中运动对象从静止开始运动，速度平滑增加，而加速度则线性增加，直到最大加速度；时序段 II 中运动对象的速度是线性增加，而加速度则维持在最大加速度，直到时序段 II 结束；时序段 III 中速度继续圆滑上升至最高速度，加速度则呈线性下降，直至加速度为零；时序段 IV 中速度保持恒定，直至时序段 IV 结束，此时速度达到最大值，加速度则为零；时序段 V、VI、VII 是减速方式，它们与时序段 I、II、III 的加速方式完全是对称的。

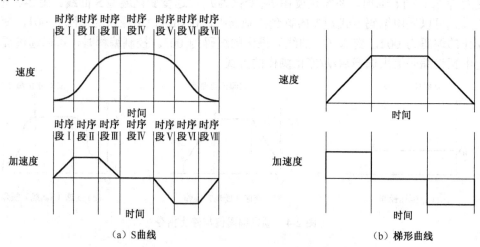

（a）S 曲线　　　　　　　　　　　　（b）梯形曲线

图 2-6　点对点运动轨迹特征曲线

梯形曲线由三个时序段构成，如图 2-6（b）所示。很显然，梯形曲线是 S 曲线的一个子集，与 S 曲线相比，它仅具有时序段 II（恒加速）、时序段 IV（恒速）和时序段 VI（恒减速）三个时序段。

将 S 曲线与梯形曲线进行对比，可以看出 S 曲线的速度曲线的平滑性远远优于梯形曲线的速度曲线；同时，也发现 S 曲线的加速度曲线是连续的，而梯形曲线的加速度曲线是阶跃函数，存在突变点，这表明前者的平稳性大大优于后者。因此，对于需要高的运动平稳性的场合，可以优先选用 S 曲线。

下面以梯形曲线为研究对象，进行分析计算。图 2-7 所示是梯形曲线的特征点，图中纵坐标为距离（速度）轴，用θ表示距离，单位是度（°）；用ω表示角速度，单位是（°/s）；横坐标是时间轴，单位是秒（s）。ω_{max}为最大角速度，α_{max}为最大角加速度，t_{acc}为加速度时间，t_{dec}为减速度时间，t_{max}为最大速度时间，t_{total}为整个运动时间，则有如下公式：

$$t_{acc} = t_{dec} = \frac{\omega_{max}}{\alpha_{max}} \tag{2-1}$$

$$t_{total} = t_{acc} + t_{max} + t_{dec} \tag{2-2}$$

$$\theta = \frac{1}{2}t_{acc}\omega_{max} + t_{max}\omega_{max} + \frac{1}{2}t_{dec}\omega_{max} = \omega_{max}\left(\frac{t_{acc}}{2} + t_{max} + \frac{t_{dec}}{2}\right) \tag{2-3}$$

$$t_{max} = \frac{|\theta|}{\omega_{max}} - \frac{|t_{acc}|}{2} - \frac{|t_{dec}|}{2} \tag{2-4}$$

注意，如果由式（2-4）计算出的时间是负值，则说明实际速度不可能达到最大速度，而且速度曲线不是一个梯形，而是一个三角形。式（2-1）～式（2-4）是梯形速度曲线特征点的基本关系式。

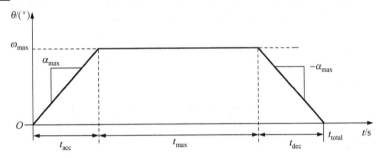

图 2-7　梯形曲线的特征点

【例 2-1】　对于如图 2-5 所示的点对点运动，启动点是 20°，结束点是 100°，加速时间和减速时间各为 0.5 s，最大速度时间为 7.5 s。因此，已知$\theta_{start}=20°$，$\theta_{end}=100°$，$\omega_{max}=10°/s$，$\alpha_{max}=20°/s^2$，求梯形曲线特征点参数。

解题思路：按照式（2-1）～式（2-4），可以计算出梯形曲线特征点。

解：由式（2-1），可知

$$t_{acc} = t_{dec} = \omega_{max}/\alpha_{max} = 10(°/s)/20(°/s^2) = 0.5\ s$$
$$\theta = \theta_{end} - \theta_{start} = 100° - 20° = 80°$$

由式（2-4），求出

$$t_{max} = \theta/\omega_{max} - t_{acc}/2 - t_{dec}/2$$
$$= 80°/10(°/s) - 0.5\ s/2 - 0.5\ s/2 = 7.5\ s$$

由式（2-2），有

$$t_{total} = t_{acc} + t_{max} + t_{dec} = 0.5\ s + 7.5\ s + 0.5\ s = 8.5\ s$$

【例 2-2】　已知$\theta_{start}=20°$，$\theta_{end}=22°$，$\omega_{max}=10°/s$，$\alpha_{max}=20°/s^2$，求梯形曲线的特征点参数。

解题思路：按照式（2-1）～式（2-4），可以计算出梯形曲线特征点。

解：

$$t_{acc} = t_{dec} = \omega_{max}/\alpha_{max} = 10(°/s)/20(°/s^2) = 0.5 \text{ s}$$

$$\theta = \theta_{end} - \theta_{start} = 22° - 20° = 2°$$

$$t_{max} = \theta/\omega_{max} - t_{acc}/2 - t_{dec}/2$$
$$= 2°/10(°/s) - 0.5 \text{ s}/2 - 0.5 \text{ s}/2 = -0.3 \text{ s}$$

由于时间绝不可能是负值，因此改变的是加速和减速时间。

$$\theta/2 = \frac{1}{2}\alpha_{max}t_{acc}^2$$

$$t_{acc} = \sqrt{(\theta/\alpha_{max})} = \sqrt{0.1} = 0.316 \text{ s}$$

所以，得出

$$t_{max} = -0.116 \text{ s}$$

时间不可能为负，所以　　　　　　　　　　　$t_{max}=0$

其结论是速度不可能达到最大速度。由于梯形曲线特征点参数设置不合理，故导致梯形曲线变化成三角形曲线，显然这种状况属于异常情况。

根据已知参数计算运动曲线，设置曲线的特征点可以根据下述方程确定。

假设初始时间点 $t = 0$ s，当时间条件为 $0 \le t < t_{acc}$ 时，则

$$\theta(t) = \theta_{start} + \frac{1}{2}\alpha_{max}t^2 \tag{2-5}$$

当 $t_{acc} \le t < t_{acc} + t_{max}$ 时，则

$$\theta(t) = \theta_{start} + \frac{1}{2}\alpha_{max}t_{max}^2 + \omega_{max}(t - t_{acc}) \tag{2-6}$$

当 $t_{acc} + t_{max} \le t < t_{acc} + t_{max} + t_{dec}$ 时，则

$$\theta[t] = \frac{1}{2}\alpha_{max}t_{max}^2 + \omega_{max}t_{max} + \frac{1}{2}\alpha_{max}(t - t_{max} - t_{acc})^2 + \theta_{start} \tag{2-7}$$

当 $t_{acc} + t_{max} + t_{dec} \le t$ 时，则

$$\theta(t) = \theta_{end} \tag{2-8}$$

式（2-5）～式（2-8）在进行曲线特征点设置时使用，可实现程序化控制。程序 2-1 是计算梯形曲线特征点的 C 语言子程序。

程序 2-1　计算梯形曲线特征点的 C 语言子程序

```
void generate_setpoint_table(
    double t_acc, double t_max, double t_step.
    double vel_max, double acc_max.
    double theta_start, double theta_end.
    double setpoint[ ], int *count){
        double t, t_1, t_2, t_total;
        t_1 = t_acc;
        t_2 = t_acc + t_max;
        t_total = t_acc + t_max + t_acc;
        *count = 0;
        for(t = 0.0; t <= t_total; t += t_step){
                if(t < t_1){
                        setpoint[*count] = 0.5*acc_max*t*t + theta_start;
                } else if((t >= t_1)&&(t < t_2)){
```

```
                    Setpoint[*count] = 0.5*acc_max*t_acc*t_acc
                              +vel_max*(t – t_1) + theta_start;
            } else if((t >= t_2)) && (t < t_total)){
                        setpoint[*count] = 0.5*acc_max*t_acc*t_acc
                            + vel_max*(t_max)
                            + 0.5*acc_max*(t-t_2)*(t-t_2) + theta_start;
            } else {
                        setpoint[*count] = theta_end;
            }
            *count++;
        }
        setpoint[*count] = theta_end;
        *count++;
    }
```

说明：程序 2-1 可以用来计算梯形曲线的特征值，其特点是时间轴的步长是定值，位置设定值可以置入设定点阵列，这个阵列值表可以随后用于梯形曲线原理计算展示。

梯形曲线的缺陷是加速度和减加速度是定值，则在加速度段和减加速度段，负载会发生抖动。在某些场合，这种抖动希望能减小到最小，故多项式曲线就起到这样的作用。图 2-8 所示是一种典型的多项式曲线。由图可见，在加速度段和减加速度段，速度由多项式 $\omega(t) = At^2 + Bt + C$ 表示。这种多项式曲线的最大特色为速度平滑，稳定性好，不存在负载抖动的问题。**这就是为什么在高速飞驰的动车上硬币不倒的原因之一。**

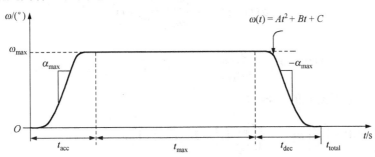

图 2-8　多项式曲线

对于图 2-8 所示的多项式曲线，纵坐标是位置或距离轴，横坐标是时间轴。符号说明：t_{acc}、t_{dec}、t_{max}、t_{total} 分别为加速时间、减速时间、最大速度时间和总时间，ω_{max} 是最大角速度，α_{max} 是最大角加速度。

已知四个参数值 θ_{start}、θ_{end}、ω_{max}、α_{max}，即起点位置、结束位置、最大角速度与最大角加速度，并且如图 2-8 所示的速度多项式的约束条件为

$$\omega(0) = 0 \qquad\qquad \omega\left(\frac{t_{acc}}{2}\right) = \frac{\omega_{max}}{2}$$

$$\frac{d}{dt}\omega(0) = 0 \qquad\qquad \frac{d}{dt}\omega\left(\frac{t_{acc}}{2}\right) = \alpha_{max}$$

因此，按照上述约束条件，可以计算出多项式的系数 A、B 和 C。

$$0 = A \cdot 0^2 + B \cdot 0 + C \quad\Rightarrow\quad C = 0$$

$$0 = 2A \cdot 0 + B \quad\Rightarrow\quad B = 0$$

$$\omega_{\max} = At_{\mathrm{acc}}^2 \quad \Rightarrow \quad A = \frac{\omega_{\max}}{t_{\mathrm{acc}}^2}$$

$$\alpha_{\max} = 2At_{\mathrm{acc}} \quad \Rightarrow \quad A = \frac{\alpha_{\max}}{2t_{\mathrm{acc}}}$$

故

$$A = \frac{\omega_{\max}}{t_{\mathrm{acc}}^2} = \frac{\alpha_{\max}}{2t_{\mathrm{acc}}}$$

$$t_{\mathrm{acc}} = \frac{2\omega_{\max}}{\alpha_{\max}}$$

则

$$A = \frac{\alpha_{\max}^2}{2t_{\mathrm{acc}}} = \frac{\alpha_{\max}}{2\left(\dfrac{2\omega_{\max}}{\alpha_{\max}}\right)} = \frac{\alpha_{\max}^2}{4\omega_{\max}}$$

可以求得图 2-8 中所描述的第一段曲线的方程为

$$\omega(t) = \frac{\alpha_{\max}^2}{4\omega_{\max}} t^2 \qquad 0 \leqslant t < \frac{t_{\mathrm{acc}}}{2} \tag{2-9}$$

同理，第二段曲线的方程为

$$\omega(t) = \omega_{\max} - \frac{\alpha_{\max}^2}{4\omega_{\max}} (t_{\mathrm{acc}} - t)^2$$

$$\omega(t) = \omega_{\max} - \frac{\alpha_{\max}^2}{4\omega_{\max}} (t^2 - 2t_{\mathrm{acc}}t + t_{\mathrm{acc}}^2) \qquad \frac{t_{\mathrm{acc}}}{2} \leqslant t < t_{\mathrm{acc}} \tag{2-10}$$

第一段曲线（加速段）的路程为

$$
\begin{aligned}
\theta_{\mathrm{acc}} &= \int_0^{\frac{t_{\mathrm{acc}}}{2}} \frac{\alpha_{\max}^2}{4\omega_{\max}} t^2 \mathrm{d}t + \int_{\frac{t_{\mathrm{acc}}}{2}}^{t_{\mathrm{acc}}} \left[\omega_{\max} - \frac{\alpha_{\max}^2}{4\omega_{\max}} (t^2 - 2t_{\mathrm{acc}}t + t_{\mathrm{acc}}^2) \right] \mathrm{d}t \\
&= \frac{\alpha_{\max}^2}{12\omega_{\max}} t^3 \bigg|_0^{\frac{t_{\mathrm{acc}}}{2}} + \left[\omega_{\max} t - \frac{\alpha_{\max}^2}{4\omega_{\max}} \left(\frac{t^3}{3} - t_{\mathrm{acc}}t^2 + t_{\mathrm{acc}}^2 t \right) \right] \bigg|_{\frac{t_{\mathrm{acc}}}{2}}^{t_{\mathrm{acc}}} \\
&= \frac{\alpha_{\max}^2}{12\omega_{\max}} \frac{t_{\mathrm{acc}}^3}{8} + \omega_{\max} t_{\mathrm{acc}} - \frac{\alpha_{\max}^2}{4\omega_{\max}} \left(\frac{t_{\mathrm{acc}}^3}{3} - t_{\mathrm{acc}}^3 + t_{\mathrm{acc}}^3 \right) - \omega_{\max} \frac{t_{\mathrm{acc}}}{2} + \frac{\alpha_{\max}^2}{4\omega_{\max}} \left(\frac{t_{\mathrm{acc}}^3}{24} - \frac{t_{\mathrm{acc}}^3}{4} + \frac{t_{\mathrm{acc}}^3}{2} \right) \\
&= \frac{\alpha_{\max}^2}{96\omega_{\max}} t_{\mathrm{acc}}^3 + \frac{\omega_{\max} t_{\mathrm{acc}}}{2} - \frac{\alpha_{\max}^2}{12\omega_{\max}} t_{\mathrm{acc}}^3 - \frac{7\alpha_{\max}^2}{96\omega_{\max}} t_{\mathrm{acc}}^3 \\
&= \frac{-14\alpha_{\max}^2}{96\omega_{\max}} t^3 + \frac{\omega_{\max} t_{\mathrm{acc}}}{2}
\end{aligned}
\tag{2-11}
$$

第二段曲线（最大速度）的时间为

$$t_{\max} = \frac{(\theta - 2\theta_{\mathrm{acc}})}{\omega_{\max}} \tag{2-12}$$

4. 路径轨迹

什么是路径轨迹？

所谓路径轨迹是指沿着一条路径的所有位置点来描述的轨迹曲线。路径轨迹曲线还有其他说法，如位置轨迹曲线和轮廓轨迹曲线，都是表述行走的路径，但是路径与轮廓还是有所差别的，路径更强调行驶线路，而轮廓则更加强调走过的具体位置及其精度。那么，什么样的场合适合采用路径轨迹曲线呢？通常，当运动需求没有速度或加速度要求，而对路径或形状有很严格的要求时，采用这种方法。路径轨迹曲线的运动表述法利用的是参数函数"$p(u)$"。当参数值 u 的值域是 0～1 时，函数值的变化范围也是 0～1。无论如何，函数的参数选择条件是，运动开始与停止时的速度都是 0，这样就使得最终多项式方程简化为式（2-13）。随后这个方程结合式（2-14）与式（2-15），使控制器能够在起点和终点之间产生一条光滑的运动路径。

$$\theta(t) = \theta_{start} + (\theta_{end} - \theta_{start}) p\left(\frac{t - t_{start}}{t_{end} - t_{start}}\right) \tag{2-13}$$

式中，θ_{start} 为运动的起点位置，θ_{end} 为运动的结束位置，t_{start} 为运动的开始时间，t_{end} 为运动的结束时间。

$$p(u) = Au^3 + Bu^2 + Cu + D \tag{2-14}$$

式中，多项式的系数是

$$p(0) = 0 \qquad p(1) = 1$$
$$\frac{\mathrm{d}}{\mathrm{d}t} p(0) = 0 \qquad \frac{\mathrm{d}}{\mathrm{d}t} p(1) = 0$$

然后按照下列计算式计算求出，即

$$0 = 3A \cdot 1^3 + 2B \cdot 0 + C \qquad 0 = 3A \cdot 0^2 + 2B \cdot 0 + C \qquad 0 = A \cdot 0^3 + B \cdot 0^3 + C \cdot 0 + D$$
$$1 = A \cdot 1^3 + B \cdot 1^3 + 0 \cdot 0 + 0$$
$$B = -\frac{3}{2}A$$

所以
$$D = 0 \qquad C = 0 \qquad B = 3 \qquad A = -2$$

简化求出

$$p(u) = -2u^3 + 3u^2 \tag{2-15}$$

借助式（2-13）～式（2-15）可以生成光滑的运动路径。

【例 2-3】 已知 $p(u) = A\sin(Bt + C) + D$，利用三角函数多项式取代给出的多项式生成位置曲线，并且按照程序 2-2 给出的相关 C 语言子程序求出相关特征点。

解题思路：结合式（2-13）～式（2-15），即可求出多项式系数 A、B、C、D。

解：

$$p(u) = A\sin(Bt + C) + D$$

$$\frac{\mathrm{d}p(u)}{\mathrm{d}t} = \frac{\mathrm{d}[A\sin(Bt + C) + D]}{\mathrm{d}t} = AB\cos(Bt + C)$$

$$\frac{\mathrm{d}p(0)}{\mathrm{d}t} = AB\cos(B \cdot 0 + C) = 0$$

故
$$\cos(C) = 0$$

$$C = -\frac{\pi}{2}$$

$$\frac{\mathrm{d}p(1)}{\mathrm{d}t} = AB\cos(B \cdot 1 + C) = 0$$

故
$$\cos(B + C) = 0$$

$$B + C = \frac{\pi}{2}, \quad \text{所以 } C = \pi$$

$$p(0) = A\sin\left(B \cdot 0 - \frac{\pi}{2}\right) + D = 0, \quad \text{所以 } A=D$$

$$p(1) = A\sin\left(\pi \cdot 1 - \frac{\pi}{2}\right) + D = 1$$

所以
$$A(1) + A = 1 \qquad B = \pi \qquad A = D \qquad A = \frac{1}{2}$$

因此，就可求得

$$p(u) = \frac{1}{2}\sin\left(\pi t - \frac{\pi}{2}\right) + \frac{1}{2}$$

结论：按照 $p(u)$ 函数即可生成光滑的运动路径。

程序 2-2 是按照 $p(u)$ 函数更新路径轨迹曲线特征点的 C 语言子程序。函数 table_init( )只在程序开始设置全局时间和表值时调用一次。当一个新目标位置由调用函数 table_generate( )指定时，就会生成设置表。每次中断扫描检查设置点时，函数 table_update( )就被调用，并且更新全局设置点变量。函数 point_current( )用于安排时间，在这个函数中还包含一个简单的时钟记忆系统。

程序 2-2 更新路径轨迹曲线特征点的 C 语言子程序

```
#define         TABLE _SIZE    11
int     point_master[TABLE_SIZE] = {0, 24, 95, 206, 345, 500, 655, 794, 905, 976, 1000};
int     point_position[TABLE_SIZE];
int     point_time[TABLE_SIZE];
int     point_start_time;
int     point_index;

int     ticks; /* variables to keep a system clock count */
int     point_current; /* a global variable to track poition */

int table_init( ) { /* initialize the setpoint table */
    ticks = 0; /* set the clock to zero */
    point_current = 0; /* start the system at zero */
    point_index = TABLE_SIZE; /* mark the table as empty */
}

void table_generate(int start, int end, int duration_sec) {
    unsigned i;

    point_time[0] = ticks + 10; /* delay the start slightly */
```

```
point_position[0] = start;

for(i = 1; 1 < TABLE_SIZE; 1++){
        point_time[1] = point_time[0] +
                (unsigned long)i + duration_nec * 250 / (TABLE_SIZE - 1);
        point_position[1] = start + (long int) (end - start) * point_mastor[1] / 1000;
}
point_index = 0;
}
int table_update( ){/* interrupt driven encoder update */
Ticks++; /* update the clock */}

if (point_index < TABLE_SIZE){
        if(point_time[point_index] == ticks){
                point_current = point_position[point_index++];
                outint16(point_current);
                putch("\n");
        }
}
return point_current;
}
```

5. 多轴运动轨迹

除了单轴运动之外，很多机器的运动轨迹都是多轴运动复合的产物。例如，一个机器人完成平面运动，从一个位置点到达另一个新的位置点，必须完成两点之间的复合运动。

在机械加工领域，工作装置头的运动往往是一种多轴运动。对于平面二维复合运动，有办公室里广泛使用的打印机、绘图仪，机械加工领域中的车床、排钻等；对于空间三维点位运动，有机械加工中的数控钻、数控坐标镗、数控坐标铣、加工中心与柔性制造系统，大型物流中心中的自动运搬机、行车等。

6. 往复运动轨迹

除了点对点运动之外，还有一个范围广泛的应用就是往复运动。往复运动的运动轨迹是周期的，其特点是由一个主定时器或编码器做运动索引。电子凸轮也属于运动索引范畴，它还有一个功能就是变速器，其变速功能是通过电子齿轮实现的。

电子凸轮（也称电子轴）的设定方式有两种：①输入特征参数；②使用可下载表格（这种方式基本上是通过串口或数据总线完成的）。表格的数据用来为主编码器或主时钟提供基本数据，每一项表格数据对应编码器的一个位置，每一个编码器位置确定对应的一个运动目标点。可以提前把各类运动轨迹编制成数据表，用户根据实际需要下载一个梯形曲线或一个 S 形曲线。更常见的是，还可以自定义一个配置文件，模拟一个专门的机械凸轮的功能。

有很多方法可以指定主时钟和控制轴之间的关系。最常见的方法是使用编码器计数的数值换算对应主编码器旋转的角度。例如，用主编码器旋转 360° 对应编码器计数数值变化，并允许在表的每个位置定义一个或多个输出点。当执行表时，在阅读表的最后一个位置的数据之后，运动控制器将对表格数据进行覆盖，并重新从起点开始，因此开始和结束位置的目标必须是相同的，这样才能避免产生跳跃运动。

2.2.3 插补器

1. 插补的定义

插补是运动控制器中的算法。所谓"插补"，就是在一条已知起点和终点的曲线上进行数据点的密化。通常，可以采用的形式有简单的一次插补、二次插补或更为复杂一些的三次样条函数插补。插补结果将送入控制回路。

由插补的定义可以看出，在轮廓控制系统中，插补是最重要的功能，是轮廓控制系统的本质特征。插补算法的稳定性和精度将直接影响到 CNC 系统的性能指标，所以为使高级数控系统能发挥其功能，不论是在国外还是国内，精度高、速度快的插补算法一直是科研人员希望能够突破的难点，也是各数控公司保密的核心技术。例如，西门子、Fanuc 公司的数控系统，其许多功能都是对用户开放的，但其插补算法却从不对用户开放。

2. 插补的种类

插补的种类很多。按插补工作是由硬件电路还是软件程序完成的，可将其分为硬件插补和软件插补。图 2-9 所示为直线插补和圆弧插补，以及二者的组合。

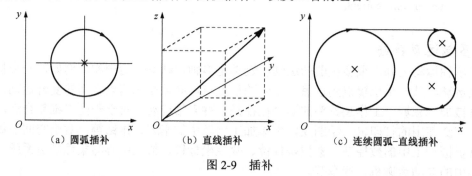

（a）圆弧插补　　　　（b）直线插补　　　　（c）连续圆弧-直线插补

图 2-9　插补

按照数学模型，可分为一次（直线插补）、二次（圆弧插补、抛物线插补、椭圆插补、双曲线插补、二次样条曲线插补）和高次（样条线插补）。

目前，应用最多的插补分为两类：基准脉冲插补和数据采样插补。

下面对插补方法进行详细的分析。

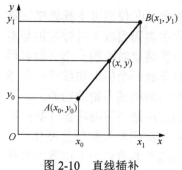

图 2-10　直线插补

1）直线插补

（1）直线插补原理。若坐标点 (x_0, y_0) 和 (x_1, y_1) 已知，则直线插补就是这两点之间的直线。对于 $x \in (x_0, x_1)$，符合直线规则的 y 值可以由下式求出：

$$\frac{y - y_0}{x - x_0} = \frac{y_1 - y_0}{x_1 - x_0} \tag{2-16}$$

如图 2-10 所示，$A(x_0, y_0)$ 和 $B(x_1, y_1)$ 是已知点，直线 AB 上的点 (x, y) 是两个点间的直线插值，直线插补依据 x 就能求得 y，即

$$y = y_0 + (x - x_0)\frac{y_1 - y_0}{x_1 - x_0} = y_0 + \frac{(x - x_0)y_1 - (x - x_0)y_0}{x_1 - x_0} \tag{2-17}$$

式（2-17）还可以被看成加权平均数，加权值大小反比于终点与未知点之间的距离，距离越近，影响越大。权值是 $\dfrac{x-x_0}{x_1-x_0}$ 和 $\dfrac{x_1-x}{x_1-x_0}$。

在这个区间之外，计算采用的是与式（2-17）形式相同的线性归纳法。例如，已知 (x_{k-1}, y_{k-1}) 和 (x_k, y_k)，对于 $x_{k-1} < x_* < x_k$，y_* 值由下式求得：

$$y_*(x_*) = y_{k-1} + \frac{x_* - x_{k-1}}{x_k - x_{k-1}}(y_k - y_{k-1}) \tag{2-18}$$

在计算机图形学中会经常应用到直线插补。两个值间的直线插补是基本的操作，常用单词"lerp"作为计算机图形学领域中的术语，"lerp"的确切含义就是直线插补。

"lerp"操作被固化在所有现代计算机图形处理器中。它们通常用来作为基石，完成更复杂的操作。因为这种操作实现方便，光滑（平滑）函数不需要太多地输入表项，它可以利用快速查询能力实现精准的查询操作。

（2）直线插补步骤。直线插补一般有三个步骤：①偏差函数的构造；②偏差函数递推计算；③终点判别。

① 偏差函数的构造。如图 2-11 所示，$P_i(x_i, y_i)$ 是直线 OA_e 上的任意一点，点 $O(0, 0)$ 是起始点，$A_e(x_e, y_e)$ 是终止点，对于 OA_e 直线上的任何一点 P_i，应满足 $\dfrac{x_i}{y_i} = \dfrac{x_e}{y_e}$。假设实际点坐标为 $F_i'(x_i, y_i)$，用 F_i 表示 x_i/y_i，若 $F_i = 0$，则表明 F_i 在直线上；若 $F_i > 0$，则表明实际点位于直线 OA_e 上方；若 $F_i < 0$，则表明实际点位于直线 OA_e 下方。

② 偏差函数递推计算。偏差函数的计算采用的是递推方式，即由前一个点的坐标计算后一个点的位置，即

$$F_i = y_i x_e - x_i y_e \tag{2-19}$$

若 $F_i \geq 0$，规定向+x 方向走一步，即

$$\begin{aligned} x_{i+1} &= x_i \\ F_{i+1} &= x_e y_i - y_e(x_i + 1) = F_i - y_e \end{aligned} \tag{2-20}$$

若 $F_i < 0$，规定向+y 方向走一步，即

$$\begin{aligned} y_{i+1} &= y_i + 1 \\ F_{i+1} &= x_e(y_i + 1) - y_e(x_i) = F_i + x_e \end{aligned} \tag{2-21}$$

③ 终点判别。直线插补的终点判别方法有三种：判别插补总步数；分别判别各子坐标插补步数；仅判别插补步数多的那一个坐标轴。建立终点判别插补总步数 Σ，并把 Σ 值放入终点判别计数器，每插补一次，计数器执行减 1 操作，直至 $\Sigma = 0$ 才停止插补。

【例 2-4】 直线 OA_e 的终点坐标为 $A_e(6, 4)$，求递推关系。

解：对于直线 OA_e，终点坐标为 $x_e = 6$，$y_e = 4$，插补从直线起点 0 开始，故 $F_0 = 0$。终点判别插补总步数 $\Sigma = 6 + 4 = 10$。由于 $\Sigma = 10$，所以插补总步数就是 10 步。具体过程如图 2-12 所示，计算过程见表 2-1。

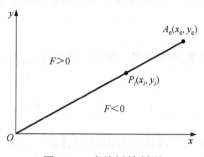

图 2-11　直线插补判别

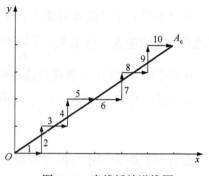

图 2-12　直线插补递推图

表 2-1　插补终点判别表

步　数	判　别	插补方向	偏差计算	终点判别
0			$F_0 = 0$	$\Sigma = 10$
1	$F_i = 0$	$+x$	$F_1 = F_0 - y_e = -4$	$\Sigma = 10 - 1 = 9$
2	$F_i < 0$	$+y$	$F_2 = F_1 + x_e = 2$	$\Sigma = 9 - 1 = 8$
3	$F_i > 0$	$+x$	$F_3 = F_2 - y_e = -2$	$\Sigma = 8 - 1 = 7$
4	$F_i < 0$	$+y$	$F_4 = F_3 + x_e = 4$	$\Sigma = 7 - 1 = 6$
5	$F_i > 0$	$+x$	$F_5 = F_4 - y_e = 0$	$\Sigma = 6 - 1 = 5$
6	$F_i = 0$	$+x$	$F_6 = F_5 - y_e = -4$	$\Sigma = 5 - 1 = 4$
7	$F_i < 0$	$+y$	$F_7 = F_6 + x_e = 2$	$\Sigma = 4 - 1 = 3$
8	$F_i > 0$	$+x$	$F_8 = F_7 - y_e = -2$	$\Sigma = 3 - 1 = 2$
9	$F_i < 0$	$+y$	$F_9 = F_8 + x_e = 4$	$\Sigma = 2 - 1 = 1$
10	$F_i > 0$	$+x$	$F_{10} = F_9 - y_e = 0$	$\Sigma = 1 - 1 = 0$

2）圆弧插补

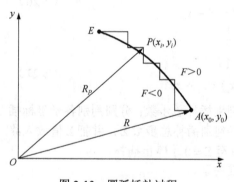

图 2-13　圆弧插补过程

（1）圆弧插补原理。圆弧插补算法针对的是多轴运动，其思想就是用弦进给代替弧进给。圆弧插补分为顺时针圆弧插补和逆时针圆弧插补两种。对于机械加工而言，当加工圆弧时，可以将加工点到圆心的距离与该圆的半径相比较，以此来反映加工时的偏差。以第一象限逆圆弧为例，可推导出圆弧插补的偏差计算公式。

要加工如图 2-13 所示的圆弧 AE，圆弧 AE 位于第一象限，逆时针走向，半径为 R，以原点为圆心，起点坐标为 $A(x_0, y_0)$，将圆弧上任一加工点的坐标设为 $P(x_i, y_i)$。点 P 与圆心的距离的平方为 $R_P^2 = x_i^2 + y_i^2$。

运用上述法则，使用偏差公式，便可加工出如图 2-13 所示折线的近似圆弧。

（2）圆弧插补步骤。圆弧插补的具体步骤与直线插补完全相同，也是三个步骤：①偏差函数的构造；②偏差函数递推计算；③终点判别。

① 偏差函数的构造。

● 若 $x_i^2 + y_i^2 = x_0^2 + y_0^2 = R^2$ 成立，则 $P(x_i, y_i)$ 刚好落在圆弧上。

- 若 $x_i^2 + y_i^2 > x_0^2 + y_0^2$，则 $P(x_i, y_i)$ 在圆弧外侧，即 $R_P > R$，$F > 0$。
- 若 $x_i^2 + y_i^2 < x_0^2 + y_0^2$，则 $P(x_i, y_i)$ 在圆弧内侧，即 $R_P < R$，$F < 0$。

故偏差判别式为

$$F = (x_i^2 - x_0^2) + (y_i^2 - y_0^2) \tag{2-22}$$

② 偏差函数递推计算。对于逆圆弧，若 $F_i \geq 0$，则规定向 $-x$ 方向插补一步，即

$$\begin{cases} x_{i+1} = x_i - 1 \\ F_{i+1} = (x_i - 1)^2 + y_i^2 - R^2 = F_i - 2x_i + 1 \end{cases} \tag{2-23}$$

若 $F_i < 0$，则规定向 $+y$ 方向插补一步，即

$$\begin{cases} y_{i+1} = y_i + 1 \\ F_{i+1} = (x_i)^2 + (y_i + 1)^2 - R^2 = F_i + 2y_i + 1 \end{cases} \tag{2-24}$$

对于顺圆弧，若 $F_i \geq 0$，则规定向 $-y$ 方向插补一步，即

$$\begin{cases} y_{i+1} = y_i - 1 \\ F_{i+1} = (x_i)^2 + (y_i - 1)^2 - R^2 = F_i - 2y_i + 1 \end{cases} \tag{2-25}$$

若 $F_i < 0$，规定向 $+x$ 方向插补一步，即

$$\begin{cases} x_{i+1} = x_i + 1 \\ F_{i+1} = (x_i + 1)^2 + y_i^2 - R^2 = F_i + 2x_i + 1 \end{cases} \tag{2-26}$$

③ 终点判别。圆弧插补的终点判别方法有如下两种。
一是判别插补的总步数，即

$$\Sigma = |X_A - X_B| + |Y_A - Y_B| \tag{2-27}$$

二是分别判别各坐标轴的插补步数，即

$$\Sigma_x = |X_A - X_B| \qquad \Sigma_y = |Y_A - Y_B| \tag{2-28}$$

【例 2-5】已知第一象限起点 $A(4，0)$，终点 $B(0，4)$，计算插补过程。

解题思路：根据图 2-14 所示，起点 $A(4，0)$，终点 $B(0，4)$，显然此插补属于圆弧插补类别中的逆圆弧插补，按照式（2-23）、式（2-24）计算，流程如图 2-14 和表 2-2 所示。

解：首先根据图 2-14 所示的起点和终点坐标，判断出本题需要采用逆圆弧插补的方法，因此需要按照式（2-23）和式（2-24）计算，从而求出表 2-2。

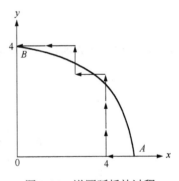

图 2-14 逆圆弧插补过程

表 2-2 逆圆弧插补计算

步数	判别	插补方向	偏差计算	坐标计算	终点判别
起点			$F_0 = 0$	$x_0 = 4$，$y_0 = 0$	$\Sigma = 8$
1	$F_i = 0$	$-x$	$F_1 = F_0 - 2x_0 + 1 = -7$	$x_1 = 4 - 1 = 3$ $y_1 = 0$	$\Sigma = 8 - 1 = 7$
2	$F_i < 0$	$+y$	$F_2 = F_1 + 2y_1 + 1 = -6$	$x_2 = 3$ $y_2 = y_1 + 1 = 1$	$\Sigma = 7 - 1 = 6$

步数	判别	插补方向	偏差计算	坐标计算	终点判别
3	$F_i < 0$	$+y$	$F_3 = F_2 + 2y_2 + 1 = -3$	$x_3 = 3$ $y_3 = y_2 + 1 = 2$	$\Sigma = 6 - 1 = 5$
4	$F_i < 0$	$+y$	$F_4 = F_3 + 2y_3 + 1 = 2$	$x_4 = 3$ $y_4 = y_3 + 1 = 3$	$\Sigma = 5 - 1 = 4$
5	$F_i > 0$	$-x$	$F_5 = F_4 - 2x_4 + 1 = -3$	$x_5 = 3 - 1 = 2$ $y_5 = 3$	$\Sigma = 4 - 1 = 3$
6	$F_i < 0$	$+y$	$F_6 = F_5 + 2y_5 + 1 = 4$	$x_6 = 2$ $y_6 = y_5 + 1 = 4$	$\Sigma = 3 - 1 = 2$
7	$F_i > 0$	$-x$	$F_7 = F_6 - 2x_6 + 1 = 1$	$x_7 = 2 - 1 = 1$ $y_7 = 4$	$\Sigma = 2 - 1 = 1$
8	$F_i < 0$	$-x$	$F_8 = F_7 - 2x_7 + 1 = 0$	$x_8 = x_7 - 1 = 0$ $y_8 = 4$	$\Sigma = 1 - 1 = 0$

3）抛物线插补

抛物线插补算法是一种新型插补算法。抛物线函数是一种简单函数，既可以利用硬件，也可以利用软件来实现。

抛物线插补算法以抛物线顶点的坐标值作为原点，抛物线的起点和终点都换算成以抛物线顶点为原点的相对坐标。抛物线的开口方向不同，它的数学表达式也不一样。为简明起见，以一种情况为例说明抛物线插补计算的方法和过程。设抛物线方程为

$$x^2 = 2py \tag{2-29}$$

抛物线采用八个特征点 A、B、C、D、E、F、G 和 H。抛物线插补在相关特征点之间进行，如图 2-15 所示为抛物线特征点图。根据高等数学有关曲率的计算公式，采用三次样条函数。

$$R = \frac{1}{K} = \frac{(1 + y')^{3/2}}{|y''|} \tag{2-30}$$

式中，y' 和 y'' 分别是 y 对 x 的一阶和二阶导数。

$$y' = \frac{dy}{dx} = \frac{1}{p}x \qquad y'' = \frac{d^2y}{dx^2} = \frac{1}{p}$$

$$R = p\left(1 + \frac{1}{p^2}x^2\right)^{3/2} = p\left(1 + \frac{2}{p}y\right)^{3/2} = (p + 2y)\sqrt{1 + \frac{2y}{p}} \tag{2-31}$$

式中，$\sqrt{1 + \frac{2y}{p}}$ 只有在抛物线顶点时等于 1，其他情况都是大于 1，因此抛物线曲率圆半径 R 可用式（2-30）表示。根据式（2-30），计算抛物线周期插补绝对值 Δ_i 时，可以把抛物线看成半径 $R = p + 2y$ 的圆弧。利用增量式圆弧插补计算法，计算插补增量绝对值 $\Delta_i = \max(|\Delta x|, |\Delta y|)$，并以此作为抛物线插补增量 Δ_i，如图 2-16 所示。抛物线方程为

$$x^2 = 2py$$

$$(x + \Delta x)^2 = 2p(y + \Delta y) \tag{2-32}$$

可得

$$(2x + \Delta x)\Delta x = 2p(y + \Delta y) \qquad (2\text{-}33)$$

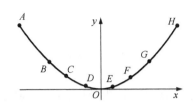

图 2-15 抛物线特征点图

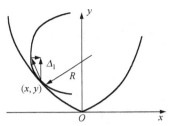

图 2-16 抛物线插补增量 Δ_i

为了便于计算机软件处理，令

$$F_x = |x| \qquad F_y = |y|$$
$$\Delta_1 = \max(|\Delta x|, |\Delta y|) \qquad (2\text{-}34)$$
$$\Delta_s = \min(|\Delta x|, |\Delta y|)$$

把 Δ_s 标志为二进制，即

$$\Delta_s = \sum_{i=0}^{m} a_i 2^i \quad a_i = \begin{cases} 0 \\ 1 \end{cases} \qquad (i = 0, \cdots, m) \qquad (2\text{-}35)$$

如果 $p \geqslant |x|$，则插补增量绝对值 $|\Delta x| \geqslant |\Delta y|$，那么 $\Delta_1 = |\Delta x|$，$\Delta_s = |\Delta y|$。
式（2-33）可以写成绝对值表达式（2-36），即

$$(2F_x + W\Delta_1)\Delta_1 = 2p\Delta_s = 2p\sum_{i=0}^{m} a_i 2^i \qquad (2\text{-}36)$$

式中，$W = \begin{cases} -1 \\ 1 \end{cases}$ 是算子。

如果 $p < |x|$，则插补增量绝对值 $|\Delta x| < |\Delta y|$，那么 $\Delta_1 = |\Delta y|$，$\Delta_s = |\Delta x|$。
式（2-33）可以写成

$$2p\Delta_1 = (2F_x + W\Delta_1)\Delta_1 = \left(2F_x + W\sum_{i=0}^{m} a_i 2^i\right)\sum_{i=0}^{m} a_i 2^i \qquad (2\text{-}37)$$

按照式（2-36）和式（2-37），可计算圆弧插补增量绝对值 Δ_s。

式（2-36）和式（2-37）是用绝对值表示的，当从抛物线上任一点向顶点方向插补时，插补点 (x, y) 的绝对值是逐渐缩小的，故这种情况下 $W = -1$；反之，当从抛物线开口小的方向向开口大的方向插补时，插补点 (x, y) 坐标的绝对值是逐渐增大的，$W = 1$。

图 2-17 所示是插补增量图，图中 $a(x_0, y_0)$ 是抛物线起点，$b(x_e, y_e)$ 是抛物线终点。I 是抛物线起点坐标中的二次项符号，即

$$I = \begin{cases} 0, & x_0 \geqslant 0 \\ 1, & x_0 < 0 \end{cases}$$

J 是抛物线终点坐标中的二次项符号，即

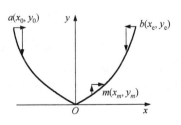

图 2-17 插补增量图

$$J = \begin{cases} 0, & x_e \geqslant 0 \\ 1, & x_e < 0 \end{cases}$$

为了便于逻辑或运算，令

$$K = I + J \qquad (2\text{-}38)$$

如果 $K = 1$，则说明是跨象限插补，式（2-36）和式（2-37）中的 $W = -1$。

如果 $K = 0$，则抛物线插补不跨象限。

还可以比较起点和终点坐标的 $|x_0|$ 和 $|x_e|$：如果 $|x_0| < |x_e|$，则 $W = 1$；如果 $|x_0| > |x_e|$，则 $W = -1$。

4）样条插补

为了满足快速成形制造及模具加工领域中高速度和高精度的要求，利用 B 样条曲线良好的局部控制性和计算机 CPU 处理速度快的优点，开发出基于三次非均匀 B 样条曲线的插补算法。

（1）样条插补原理。快速成形制造系统读入 STL 文件后，首先利用拟合算法将这些离散的数据点拟合为分段的三次非均匀无理 B 样条；然后构造一链表用来保存每段 B 样条的系数和长度；插补时读入此链表，根据分段标志，以当前插补点为控制目标，求出下一插补点的坐标值，完成变速度自适应插补。B 样条的参数表达式为

$$\begin{cases} x = a_{i0} + a_{i1}u + a_{i2}u^2 + a_{i3}u^3 \\ y = b_{i0} + b_{i1}u + b_{i2}u^2 + b_{i3}u^3 \end{cases} \qquad (0 \leqslant u \leqslant 1) \qquad (2\text{-}39)$$

式中，a_{i0}、a_{i1}、a_{i2}、a_{i3}、b_{i0}、b_{i1}、b_{i2} 和 b_{i3} 为各小段系数。

式（2-39）中，如果三次项系数为零，则表示抛物线；如果三次项和二次项系数均为零，则表示直线，因此可以把三次非均匀无理 B 样条、抛物线和直线用同一个公式统一起来。

（2）样条插补步骤。样条插补算法采用参数化数据采样原理来实现插补过程，其基本思想是按照给定的采样周期将时间轴分成非均匀间隔的小区间，插补过程中根据进给速度、加减速要求和允许误差，在各采样周期产生空间小直线段 $\Delta L_1, \Delta L_2, \Delta L_3 \cdots, \Delta L_m \cdots$ 去逼近被插补曲线，逐步求得伺服控制所需的各插补直线段端点 $P_1, P_2, P_3, \cdots, P_m \cdots$ 的坐标值，即以当前插补点的速度为控制目标，以插补周期 T 内的插补步长等于曲线上的弧长为依据，最终求出下一插补点的坐标。在给出当前点所在的曲线表达式

$$\begin{cases} x = x(u) = a_0 + a_1u + a_2u^2 + a_3u^3 \\ y = y(u) = b_0 + b_1u + b_2u^2 + b_3u^3 \end{cases} \qquad (0 \leqslant u \leqslant 1) \qquad (2\text{-}40)$$

之后，就可求得当前插补点的曲率半径为

$$\begin{aligned} R &= (\dot{x}^2 + \dot{y}^2)^{3/2} / (\dot{x}\ddot{y} - \ddot{x}\dot{y}) \\ &= \left[(a_1 + 2a_2u + 3a_3u^2)^2 + (b_1 + 2b_2u + 3b_3u^2)^2 \right]^{3/2} \\ &\quad / \left[(a_1 + 2a_2u + 3a_3u^2)(2b_2 + 6b_3u) - (b_1 + 2b_2u + 3b_3u^2)(2a_2 + 6a_3u) \right] \end{aligned} \qquad (2\text{-}41)$$

当前插补点误差要求的最大插补直线段长度 $\Delta L_{\max}$ 如图 2-18 所示。当前样条段弧长 s 根据各段的弧长 $s_1, s_2, \cdots, s_m \cdots$，进而求得样条总弧长 $s = \sum s_i$。根据其他一系列条件求出当前插补点的插补速度 V，从而完成插补运算。具体实现如下：

$$\Delta L_{\max} = [4\delta(2R - \delta)]^{1/2} \qquad (2\text{-}42)$$

样条每小段弧长为

$$s = \int \mathrm{d}s = \int_0^1 \frac{\mathrm{d}s}{\mathrm{d}u} \mathrm{d}u = \int_0^1 \left[\left(\frac{\mathrm{d}x}{\mathrm{d}u} \right)^2 + \left(\frac{\mathrm{d}y}{\mathrm{d}u} \right)^2 \right]^{1/2} \mathrm{d}u$$

$$= \int_0^1 \left[(a_1 + 2a_2 u + 3a_3 u^2)^2 (b_1 + 2b_2 u + 3b_3 u^2)^2 \right]^{1/2} \mathrm{d}u \tag{2-43}$$

（3）样条插补计算。因为 B 样条曲线是一分段曲线，为便于计算，引入一新的参变量 ω，取值域为 $[0, m]$，m 为样条曲线的总段数，并用 ω_1 表示 ω 的整数部分，ω_2 表示 ω 的小数部分，即 $\omega = \omega_1\omega_2$。这样，可将式（2-39）写为

$$\begin{cases} x = a\omega_1^0 + a\omega_1^1\omega_2 + a\omega_1^2\omega_2^2 + a\omega_1^3\omega_2^3 \\ y = b\omega_1^0 + b\omega_1^1\omega_2 + b\omega_1^2\omega_2^2 + b\omega_1^3\omega_2^3 \end{cases} \tag{2-44}$$

插补计算不是一种静态的几何计算，它不仅要使当前插补点与前一插补点间的距离满足进给速度及加减速等要求，而且还要保证这两点间的插补直线段与被插补曲线间的误差在给定的允许范围内。为满足上述要求，本插补算法采取以瞬时加工速度为控制目标，以允许误差等为约束条件的实时插补算法，其基本过程如下。

如图 2-19 所示，已知插补前一点 P'、速度 V'（初始值为 0）、参数 ω'、半径 R'，由速度 V' 和插补周期 T 求得插补直线段：$\Delta L = V'T$，由此（使弧 $P'P$ 的弧长等于 ΔL）得到下一个插补点 P，从而求得点 P 参数 ω、ω_1 和 ω_2，再根据式（2-41），计算求出曲率半径 R，最终得到如下几个约束条件。

- $V_{\min} \le V \le V_{\max}$
- $VT \le \Delta T_{\max} \Rightarrow V \le \Delta L_{\max} / T = [4\delta(2R - \delta)]^{1/2}$
- $V^2 / R \le A_R \Rightarrow V \le (A_R R)^{1/2}$
- $V \le V^1 + A_T T$
- $V^2 \le 2A_D D_1 \Rightarrow V(2A_D B)^{1/2}$

式中，$V_{\min}$、$V_{\max}$ 分别是最低和最高运动速度，T 是插补周期，δ 是插补误差范围，A_R 是向心加速度，A_T、A_D 分别是切向加、减速度，D_1 是当前插补点与终点之间的距离，是实时判断是否到达终点的标志。

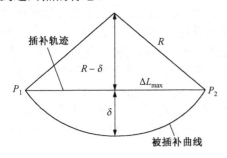

图 2-18 插补误差示意图

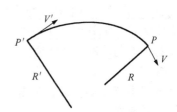

图 2-19 插补示意图

如图 2-20 所示，用 A、B、C、D、E、F、G 表示，六个小段分别用 s_1、s_2、s_3、s_4、s_5 和 s_6 表示。假设 O 是当前插补点，距离终点 G 的距离是 D_1，从点 G 开始向后探索，逐步比较 D_1 与各段弧长，即可迅速确定当前插补点位置是介于 CD 之间的，即弧 $OD = D_1 - (s_4 + s_5 +$

s_6)，则弧 $CO = s_3 - OD$，$\omega_1 = 2$。

设置 $\omega_2 = CO/s_3$，代入弧长公式求得临时弧长 O_1C，比较 O_1C 与 OC 的大小，如图 2-21 所示，采用迭代法即可精确求出 O_1 的位置，也就是求出 ω_2 值；代入式（2-44），即可求出下一个插补点坐标，然后循环就可以求出全部插补点。

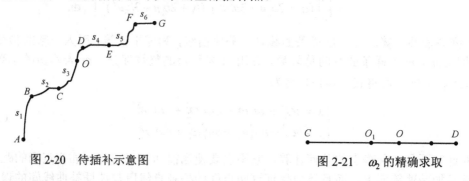

图 2-20 待插补示意图   图 2-21 ω_2 的精确求取

5）基准脉冲插补

基准脉冲插补又称为行程标量插补或脉冲增量插补。这种插补算法的特点是每次插补结束，运动控制装置向每个运动坐标输出基准脉冲序列，每个脉冲插补的实现方法比较简单，只有加法和移位，可以利用硬件实现。目前，随着计算机技术的迅猛发展，多采用软件完成这类算法。脉冲的累积值代表运动轴的位置，脉冲产生的速度与运动轴的速度成比例。

基准脉冲插补方法有很多，常用的有以下几种：数字脉冲乘法器插补法、逐点比较法、数字积分法、矢量判别法、比较积分法、最小偏差法、目标点跟踪法、直接函数法、单步跟踪法、加密判别和双判别插补法等。

早期常用的基准脉冲插补算法有逐点比较法、单步跟踪法等，插补精度常为一个脉冲当量。20 世纪 80 年代后期，插补算法改进为直接函数法、最小偏差法等，使插补精度提高到半个脉冲当量，但执行速度不很理想，因此在插补精度和运动速度要求均高的 CNC 系统中应用受限。近年来的插补算法有改进的最小偏差法、映射法等，兼有插补精度高和插补速度快的特点。

总的说来，最小偏差法插补精度较高，并且有利于电机的连续运动。

6）数据采样插补

数据采样插补又称为时间标量插补或数字增量插补。这类插补算法的特点是数控装置产生的不是单个脉冲，而是标准二进制字。插补运算分两步完成。第一步为粗插补，它是在给定起点和终点的曲线之间插入若干个点，即用若干条微小直线段来逼近给定曲线，每一微小直线段的长度 ΔL 都相等。粗插补在每个插补运算周期中计算一次，因此，每一微小直线段的长度 ΔL 与进给速度 F 和插补周期 T 有关，即 $\Delta L = FT$。第二步为精插补，它是在粗插补算出的每一微小直线段的基础上再进行"数据点的密化"工作。这一步相当于直线的基准脉冲插补。

在数控系统中，采样周期的选取对于实际加工的精度影响很大，如果采样周期选取太大，加工精度就不能得到保证；但是采样周期选取太小，又会影响加工速度，所以在实际选取时要尽量二者兼顾。

数据采样插补适用于闭环、半闭环以直流和交流伺服电机为驱动装置的位置采样控制系统。粗插补在每个插补周期内计算出坐标实际位置增量值，而精插补则在每个采样周期内采样闭环或半闭环反馈位置增量值及插补输出的指令位置增量值。然后算出各坐标轴相应的插补指令位置和实际反馈位置，并将二者相比较，求得跟随误差。根据所求得的跟随误差算出相应轴的进给速度，并输出给驱动装置。一般粗插补运算用软件实现，而精插补可以用软件，也可以用硬件实现。

数据采样插补方法很多，常用的方法有：<u>直接函数法、扩展数字积分法、二阶递归扩展</u><u>数字积分圆弧插补法、圆弧双数字积分插补法、角度逼近圆弧插补法、ITM（Improved Tustin</u><u>Method）法</u>。近年来，众多学者又研究了更多的插补类型及改进方法，有改进 DDA 圆弧插补算法、空间圆弧的插补时间分割法、抛物线的时间分割插补方法、椭圆弧插补法、B 样条等参数曲线的插补方法、任意空间参数曲线的插补方法。

上述方法均为基于时间分割的思想，根据编程的进给速度，将轮廓曲线分割为插补周期的进给段（轮廓步长），即用弦线或割线等逼近轮廓轨迹，然后在此基础上，应用上述不同的方法求解各坐标轴分量。不同的求解方法有不同的逼近精度和不同的计算速度。

随着 STEP 标准的颁布，NURBS 曲线、曲面插补方法的应用越来越广泛。由于 NURBS法囊括了圆弧等二次曲线及自由曲线和曲面的表达式，故使得未来的 CNC 系统的线型代码指令可以"瘦身"为直线和 NURBS 两大类。

<u>如果脱离速度控制谈插补算法，那么插补只能应用于计算机图形学中，所以只有将加减</u><u>速控制与插补算法有机结合起来，才能构成完整的 CNC 系统运动控制模块</u>。在基准脉冲插补算法中，可以靠改变插补周期来控制进给速度，而在数据采样算法中，进给速度与插补周期没有直接联系。数据采样算法的加减速控制分为插补前加减速控制和插补后加减速控制。由于插补后加减速控制是以各个轴分别考虑的，不但损失加工精度，而且可能导致终点判别错误，所以在高精度加工中均采用插补前加减速控制。但是对于任意曲线、曲面加工来说，插补前加减速控制的减速点预测是非常困难的。

加减速控制的方法有：<u>直线、梯形、指数、抛物线和复合曲线加减速法等</u>。直线加减速方法计算简单，但是存在冲击；指数加减速方法没有冲击，但速度慢于直线加减速方法，而且计算复杂；复合曲线加减速方法不存在冲击，速度适中，但计算复杂。所以，根据所需不同的控制精度、控制速度选择合适的加减速控制方法是很重要的。

3. 运动进程表

随着定位进程表技术的发展，运动曲线轮廓可以由定位点表确定。定位点表将依据时钟确定定位点的修改。图 2-22 所示是一个定位点表的流程。在这个系统中，总运动时间看作系统时间，定位点表是一个中断驱动子程序。随着时间的流逝，程序执行到定位点表的下一个值，中断频率时间间隔必须小于或等于用于计算定位点的时间步长。另外，伺服驱动模块还需要增加一个算法，如 PID 算法。

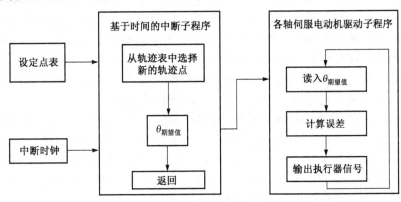

图 2-22 定位点表的流程

按照定位点表的输出修正每一步时间的步序，引导输出始终跟随目标值，这样产生的误差就很小，如图 2-23 所示。图 2-23 中纵坐标是速度，横坐标是时间，轨迹步序图标曲线是由轨迹表时间节拍构成的，从图中可以看出轨迹是由节拍的末端点组成的折线。轨迹设定点表，时间节拍（trajectory table time step）是此种方法的核心要素。

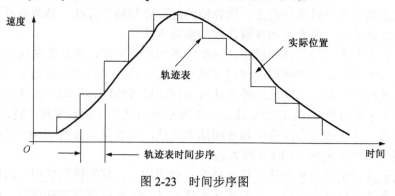

图 2-23　时间步序图

如图 2-24 所示是理论期望的位置与实际得到的位置误差关系图，其中实线是期望的位置，虚线是实际得到的位置。

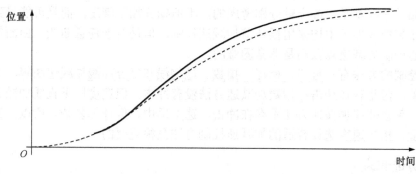

图 2-24　理论期望的位置与实际得到的位置误差关系图

2.2.4　控制回路

在运动控制器中固化有控制算法，由算法依据期望的位置或速度与实际的位置或速度的差值信号进行计算。运动控制器通常使用增强型 PID（比例、积分、微分）算法，使得控制功能更加强大。PID 的增益设定值决定控制回路的控制能力。下面结合前馈控制研究实际运动控制系统控制回路的基本架构，如图 2-25 所示，图中包括两个组成部分：一是实时控制回路，二是物理系统。这里所说的物理系统就是执行器，具体在本系统中是电机。图 2-25 中 θ_d 是位置输入设定；θ_a 是位置实际输出，实时控制回路的作用是为物理系统提供控制指令；ω_d 是前馈控制输入设定值，通过 ω_d 的变更，就可以实现对算法的修正。

图 2-26 所示是多回路运动控制器的组合控制回路。该系统具有灵活的组合性，可以实现单回路（位置、速度、力矩）控制，也可以实现双回路控制，还可以实现三回路控制。其基本控制程序也是三种调节器的控制算法（位置、速度、力矩），已经固化在只读存储器中。用户与运动控制器的通信可以通过 CAN、RS232、RS485 来实现。系统中还有八路 I/O 控制接口，其中六路输入、两路输出，具体如图 2-26 所示。

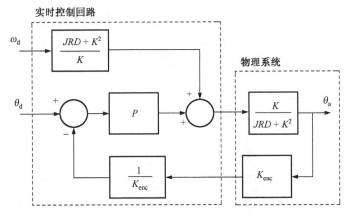

图 2-25 前馈控制运动控制器

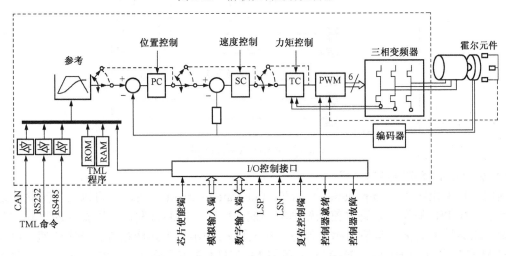

图 2-26 多回路运动控制器的组合控制回路

2.3 运动控制器的硬件

随着微电子技术与计算机技术的快速发展，各种功能越来越强大的新型可编程逻辑器件不断涌现，使得实现运动控制功能的控制器变得越来越多。从硬件实现的角度分析，运动控制器的硬件可以按照运动控制器核心器件的组成和数据的传递形式进行分类。

2.3.1 按照运动控制器核心器件的组成分类

1）基于微处理器（MCU）的技术

以 8 位或 16 位的 MCU 单片机技术为核心，如 MCS-51、MCS-96 等，再配以存储器电路、编码器信号处理电路及 D/A、A/D 电路。这类电路设计的特点是：整体方案比较简单，可以实现一些简单的控制算法，具有一定的灵活性，能提供简单的人机界面管理。随着微电子技术的不断发展，虽然 MCU 本身的处理速度和运算能力都有大幅度的提升，使由新型器件制造的运动控制器的性能会大幅度提升，但是就目前技术水平来看，基于 MCU 技术的运动控制器主要目标对象还是简易型运动控制对象。图 2-27 所示的 MCU 运动控制器就是一个基于 MCU 技术的电机控制系统。由图可以看出，系统十分简单，主要由 PIC MCU、变频组件 Inverter、电机和反馈单元构成。**其基本工作原理是：**由 MCU 控制驱动单元中的变频组件，使之输出驱动电压和频率控制一台三相异步交流电机。电机输出结果通过反馈单元送到控制器，使控制器随时掌握电机的运行状态。反馈包括电流反馈与位置反馈，控制算法采用 PID，磁场定向控制。

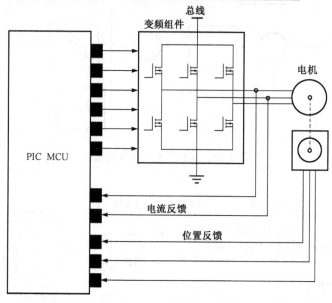

图 2-27　MCU 运动控制器

2）基于专用集成电路的技术

利用一块专用芯片（Application Specific Integrated Circuit，ASIC）可以实现某些特定的控制算法，如 PID 算法、编码器信号处理等功能。用户可以通过发送专用指令的方式对其进行控制。此类技术的优点是使用相对容易，系统输入/输出指令跟随性强、响应快速、可靠性高。NPM 公司的 PCL6045B、NOVA 公司的 MCX314 等就是专用运动控制芯片。这类控制器的不足之处在于不易升级，控制算法变更升级不易，硬件成本价格高。图 2-28 所示是 PCL6045B 封装引脚图。芯片采用 QFP44X4 封装形式。图 2-29 所示是 PCL6045B 内部电路功能块图，其主要特点是有四套完全相同的电路单元，可以同时驱动四台伺服电机工作。

图 2-30 所示为 PCL6045B 子模块电路单元，是图 2-29 的分项子图，图 2-31 所示是 X 轴的电路功能块图，图 2-32 是 PCL60×× 的实物图。PCL6045B 是四轴运动控制器，采用 QFP 封装形式。

3）基于 PC 的技术

由于 PC 发展迅速，技术成熟，软件资源丰富，因此充分利用 PC 资源，并将其功能集成到运动控制器中，已成为世界各国发展研究的重点。具体来说，PC NC 就是在 PC 硬件平台和操作系统的基础上，利用公共软件和硬件板卡，按照运动控制器的要求，构造出运动控制系统。由于 PC 总线是一种开放性的总线，PC 系统的硬件体系结构具有开放性、模块化、可嵌入的特点，为广大用户通过开发应用软件给数控系统追加功能和实现功能个性化提供了保证。PC 运动控制器的缺点是与专用运动控制系统相比实时性会差，可靠性也不如专用运动控制系统高，对实际编程者的水平要求较高，尤其是要利用 PC 进行高性能运动控制算法开发，经验变得十分重要，而且验证平台本身的成本也不低，故基于 PC 的运动控制器系统比较适合于中高档、多用途的运动系统对象。

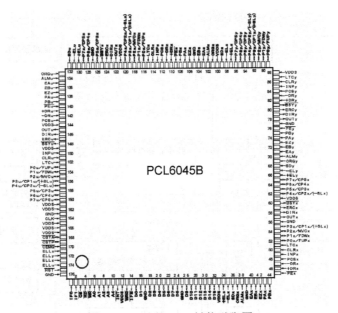

图 2-28 PCL6045B 封装引脚图

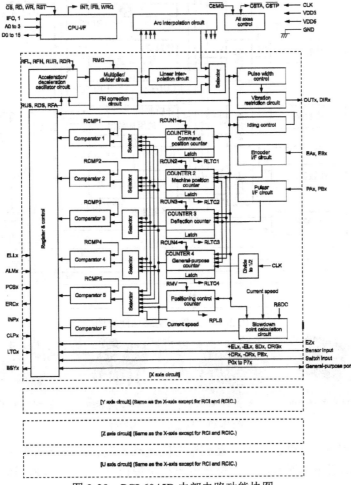

图 2-29 PCL6045B 内部电路功能块图

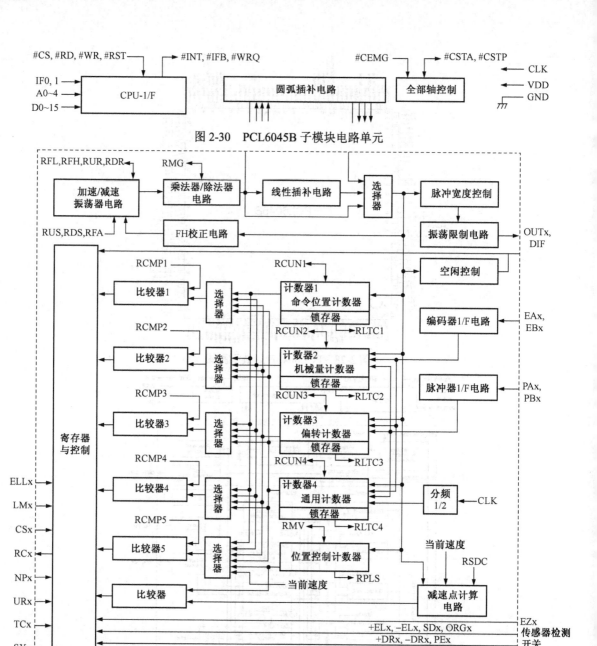

图 2-30　PCL6045B 子模块电路单元

图 2-31　X 轴的电路功能块图

图 2-32　PCL60×× 实物图

图 2-33 所示是基于 PC 开发的一套三维空间运动系统。主控制器采用 PC，PC 控制四个驱动器，四个驱动器驱动四台电机，每一台电机单独控制一根运动轴，通过四根轴的组合运动来满足加工需求。

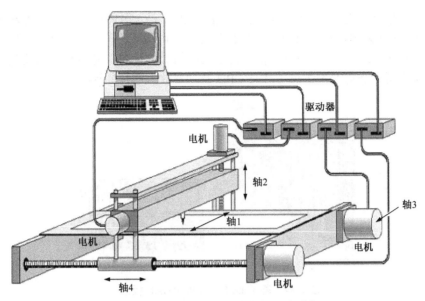

图 2-33　基于 PC 的三维空间运动系统

4）基于 DSP 的技术

20 世纪 90 年代以来，随着微电子技术水平的快速提升，数字信号处理（DSP）芯片因其高速运算能力而被越来越广泛地用于运动控制系统中。DSP 芯片使复杂算法的实时性得到有效保证，因此 DSP 在运动控制器中得以应用。目前，主流的运动控制器都采用 DSP 技术。比如，美国 Delta 公司的 PMAC 运动控制卡采用了 Motorola 公司的 DSP56001；国内固高科技有限公司的 GT-400 运动控制卡采用了 ADI 公司的 ADSP2181。

PMAC 是多轴控制器，可以提供运动控制、离散控制、控制器内部事物处理、同主机的交互等数控的基本功能。PMAC 内部使用了一片 Motorola 公司的 DSP56001 芯片，它的速度、分辨率、带宽等指标远优于一般的控制器。PMAC 是开放的运动控制器。

PMAC 与各种产品的匹配性能如下。

（1）与不同伺服系统的连接。伺服接口有模拟式和数字式两种，能连接模拟、数字伺服驱动器。

（2）与不同检测元件的连接。如与测速发电机、光电编码器、光栅、旋转变压器等进行连接。

（3）PLC 功能的实现。内装软件化的 PLC，可扩展到 2048 个 I/O 口。

（4）界面功能的实现。按用户的需求定制。

（5）与 IPC 的通信。PMAC 提供了三种通信手段——串行方式、并行方式和双口 RAM 方式。采用双口 RAM 方式可使 PMAC 与 IPC 进行高速通信，串行方式能使 PMAC 脱机运行。

（6）CNC 系统的配置。PMAC 以计算机标准插卡的形式与计算机系统共同构成 CNC 系统，它可以通过 PC-XT&AT、VME、STD32 或 PCI 总线形式与计算机相连。

图 2-34 所示是两种基于 DSP 技术的 PMAC 板卡。

5）基于可编程逻辑控制器的技术

在可编程逻辑控制器上实现运动控制器的算法和电路，可以提高系统的集成度和性能，具有很大的灵活性。但整个系统需要大量的逻辑单元，编程难度大，价格昂贵。所以，这种方式的实现也只有在一些功能较简单、快速性要求较高的场合。SOPC（System-On-a- Programmable-

Chip）技术的出现，给这种方式提供了新的思路。SOPC 是一种特殊的嵌入式处理器系统，它可以包含至少一个嵌入式内核，具有灵活的设计方式，可裁减、扩充、升级，并具备软硬件可编程的功能。SOPC 芯片在应用的灵活性和价格上有极大的优势，是将来运动控制器的发展方向之一。图 2-35 所示是可编程逻辑芯片与 CPU 及功率放大芯片的连接图。

图 2-34　基于 DSP 技术的 PMAC 板卡

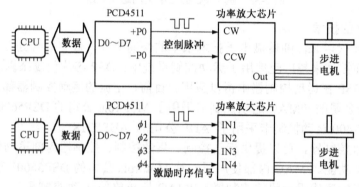

图 2-35　可编程逻辑芯片与 CPU 及功率放大芯片的连接图

6）基于多核处理器的技术

此类控制器在一个芯片内部集成了多个处理器内核。如 TI 公司的达芬奇平台集成了一个 DSP C64X 内核和一个 ARM9 内核，其中 DSP 用于运算，ARM 用于控制。多核处理器技术是未来处理器发展的一个方向。

2.3.2　按照数据的传递形式分类

运动控制器的数据传递形式可以分为总线式和网络式。运动控制器的总线式有 ISA、PCI、VME、USB、SPI、STD、CAN 总线；网络式有 Motionnet、Ethernet、Internet 等。

图 2-36 所示是数据连接关系示意图，它反映的是传统数据交换方式和新的串口数据交换方式。新的串口数据交换方式一般由四条线构成：①MOSI——主器件数据输出，从器件数据输入；②MISO——主器件数据输入，从器件数据输出；③SCLK——时钟信号，由主器件产生；④SS——从器件使能信号，由主器件控制。

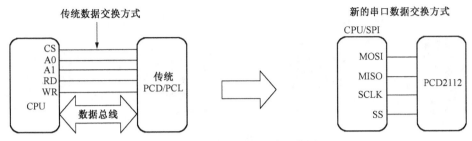

图 2-36 数据连接关系示意图

图 2-37 所示是四组总线运动控制器的实物图，其中图 2-37（a）是四轴运动控制板，其主要控制芯片是 PCL6045B；图 2-37（b）是四轴运动控制卡，其数据交换采用的是 104 总线；图 2-37（c）是基于 VME 总线的四轴运动控制卡；图 2-37（d）是利用 USB3601 进行运动控制的一种解决方案。

图 2-38 所示是 Motionnet 网络连接示意图，这种方式最多可以有 64 个运动控制驱动器，主链路是 G9001A～G9004A。G9001A 是中心驱动器，G9002 是本地输入/输出设备，G9003 是 PCL 脉冲发生器设备，G9004A 是本地设备 CPU 仿真器。

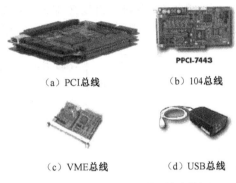

（a）PCI总线　　　　　　　（b）104总线

（c）VME总线　　　　　　　（d）USB总线

图 2-37　总线运动控制器的实物图

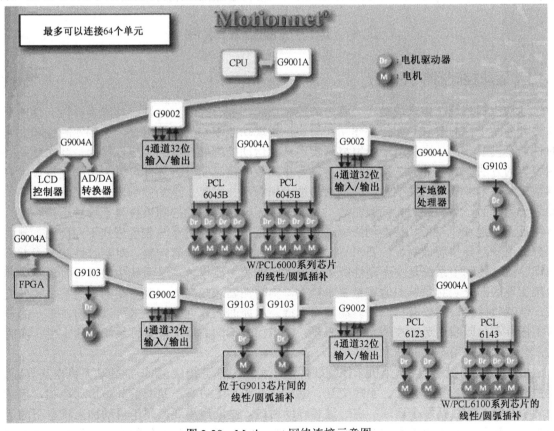

图 2-38　Motionnet 网络连接示意图

图 2-39 所示是 G900×系列芯片的封装外形图，均采用 QFP 封装。

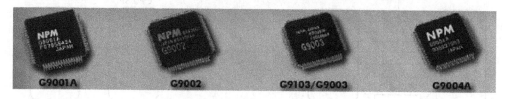

图 2-39　G900×系列芯片

图 2-40 所示是利用 Motionnet 芯片构成多用途技术解决问题的方案。G9004A 可以分别与 PCL6045B（四轴脉冲发生器）、FPGA（用户接口或用户逻辑电路）、AD/DA 转换器、现场 CPU 及液晶显示控制器进行通信与连接。

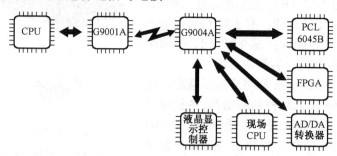

图 2-40　利用 Motionnet 芯片构成多用途技术解决问题的方案

2.4　运动控制器的软件

2.4.1　运动控制器软件体系

运动控制系统总体来说是一个复杂的控制系统，兼有控制实时性、功能多样性、性能层次性和界面个性的要求。如何构建功能模块，实现功能模块的有机组合，达到实时性和非实时性的有机统一，是采用所谓引擎机制实现具体运动控制器产品的决定性技术。其实质是采用特定的方法完成软件的二次组装并实现可靠高效的信息交互。软件可以采用的支撑技术有参数定制技术、软件组装技术、进程通信技术和脚本技术等。运动控制器软件系统可以简单地划分为界面、运动控制和伺服驱动三大部分。无论现代运动控制系统属于哪种结构类型，其特征无非是 PC、NC、智能伺服驱动三者之间任务的分配关系与表现形式不同而已。界面部分的用户差异体现最明显，要求界面美观，个性突出，可任意定制，对实时性的要求并不迫切。运动控制子系统是实现高性能运动控制功能的主要模块，是系统中最核心、最复杂和最难实现的部分，对系统的运算量要求较大，实时性要求较高。伺服驱动部分通常由硬件完成，但其软件接口需要有相关的驱动程序支持。从前面的软件支撑技术可以看出，单一的技术手段并不足以满足运动控制系统的需要，应当综合不同的需求，兼顾系统的稳定性、实时性，分层次地采用不同的技术来实现。

由图 2-41 可以看出，整个机床控制软件系统由三大部分构成。第一部分是人机交互界面，涵盖有系统管理、程序交互、手控交互、远程交互和加工仿真。第二部分是运动控制，运动控制子系统通常包括两个通道：主通道和辅助通道。主通道主要应用于自动加工状态下的运动指令；辅助通道主要起到配合人机接口子系统，响应用户手动操作的作用。显然，主通道的性能从本质上反映了一个数控系统的技术水平，是系统的重点与核心，所有的运动控制系统在这一层次上得到基本统一。主通道一般由指令解释、刀具补偿、加减速规律、前瞻处理、插补、位置控制、SMT处理等构成。第三部分是驱动接口，通常指数控系统中与数控设备直接关联的硬件部分及与之配合的驱动程序和数据交互接口软件，用于将运动控制所产生的运动指令以合适的电参数具体地传递给机床执行元件，驱动其完成运动目的。

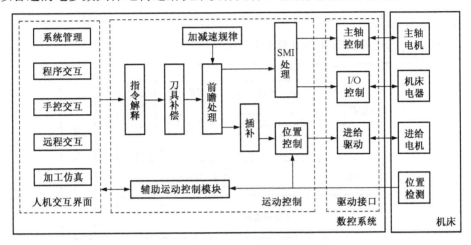

图 2-41　数控机床的软件模块框图

1. 开放性需求分析

开放层次是开放式数控系统需要考虑的基本问题。对面向不同层次的用户对象进行分级开放的观点已达成共识，但分级的具体层次尚没有明确的界定标准。主流的观点认为，可分为下列三个由浅入深的级别。

1) 一级开放

所谓一级开放是指参数与人机界面的简易定制。这个级别面向终端用户开放，用户无须关心系统内部的具体实现方法，主要依据修改各种配置参数得以实现。根据现场的实际应用环境和人机接口风格的喜好，在基础系统上通过参数设置来实现系统与执行机构的集成。这一层次上的用户仅需要阅读操作手册即可完成集成。

2) 二级开放

所谓二级开放是指人机界面的用户化定制。这个级别主要面向销售商开放。在产品销售的过程中，客户可能会对产品提出具体的界面要求，如修改界面风格以适应操作工的知识背景、特殊显示某些系统变量、增加对刀指引等，此时需要彻底地改变原系统的界面风格，可能牵涉与系统内核的交互。这一层次的开放需要按照开放规则编辑少量的代码，并与系统完成基础通信，不会直接影响系统的运行效果。可通过这种开放实现比专有系统更好的人机交互能力，并且具有更好的上层应用系统集成能力。

3) 三级开放

所谓三级开放是指功能定制。这个级别主要面向具有运动控制理论基础的用户开放，他们可能需要实现原系统中所没有的指令功能，如增加特殊曲线插补功能、实现特殊的加减速等。这个层次的开放需要与系统内核进行深层次的交互（通信交互、事件交互、实时响应等），甚至影响到系统的运动效果。通过这个层次的开放，可以将用户的使用经验与研究成果很好地集成到系统中，实现在特殊场合的应用。

事实上，还需要有四级的开放。四级开放是面向具体的产品编程人员，实现源代码级的开放。随着系统功能的不断增强、不断完善，系统代码量越来越大，不可能在人人都掌握源代码的各个具体细节的基础上进行再开发，这样也会形成千奇百怪的系统，带来新的小错误而影响系统的稳定性。采用软件工程的管理模式，实现面向对象设计和面向方面设计等新设计思想，界定必要的数据接口和数据结构是实现这个层次开放的必由之路。

2. 软件功能模块

图 2-42 所示是运动控制系统的软件结构图。

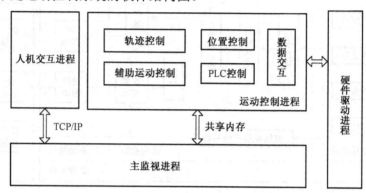

图 2-42　运动控制系统的软件结构图

由图 2-42 可以清楚地看出运动控制系统软件架构体系，其四大部分为主监视进程、人机交互进程、运动控制进程和硬件驱动进程。

2.4.2　运动控制器的开发应用软件简介

基本硬件平台不同，所使用的开发工具会有很大差异。总体来看，控制器核心芯片技术都需要相应的开发平台。对于利用 MCU 这类芯片的运动控制单元，通常借助 C 语言作为基本开发语言。很多有实力的制造商也会提供各自的应用开发工具。利用 MCU 也能开发出与各种数据总线配合使用的实际板卡，然后由开发商提供相应的开发工具。本节主要介绍 μC/OS-II 和 NI-Motion v7.0。

1. μC /OS-II

1）μC /OS-II 简介

μC/OS-II 是一个完整的、可移植、可固化、可裁剪的占先式实时多任务内核。μC/OS-II 绝大部分的代码是用 ANSI 的 C 语言编写的，包含一小部分汇编代码，使之可供不同架构的微处理器使用。至今，从 8 位到 64 位，μC/OS-II 已在超过 40 种不同架构的微处理器上运行。μC/OS-II 已经在世界范围内得到广泛应用，包括很多领域，如手机、路由器、集线器、不间断电源、飞行器、医疗设备及工业控制上。实际上，μC/OS-II 已经通过了非常严格的测试，并且得到了美国航空管理局的认证，可以用在飞行器上。除此之外，μC/OS-II 另一个鲜明的特点就是源码公开，便于移植和维护。

2）μC/OS-II 内核结构

多任务系统中，内核负责管理各个任务，或者说为每个任务分配 CPU 时间，并且负责任务之间的通信。内核提供的基本服务是任务切换。μC/OS-II 可以管理多达 64 个任务。由于其开发者占用和保留了 8 个任务，所以留给用户应用程序的最多可有 56 个任务。赋予各个任务的优先级必须是不同的。这意味着μC/OS-II不支持时间片轮转调度法。μC/OS-II为每个任务设置独立的堆栈空间,可以快速实现任务切换。μC/OS-II近似地每时每刻让优先级最高的就绪任务处于运行状态,为了保证这一点,它在调用系统 API 函数、中断结束、定时中断结束时总是执行调度算法。μC/OS-II通过事先计算好数据简化了运算量,通过精心设计就绪表结构使延时可以预知。

如果需要利用 MCU 进行开发,可提前参阅相关书籍,全面了解 μC/OS-II。

3)软件系统开发流程

软件系统开发流程包含五个主要步骤,如图 2-43 所示。

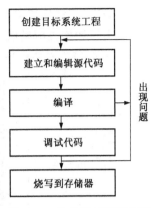

图 2-43　软件系统开发流程

2. NI-Motion v7.0

1)NI-Motion v7.0 运动控制模块介绍

该软件模块是用于与 NI 运动控制器通信的高级软件命令集。本软件包括各种 LabVIEW VI 和实例,可以快速创建运动控制应用程序。NI Motion Assistant可生成 NI-Motion 驱动程序代码,作为应用开发的基础。NI-Motion 与 LabVIEW 实时兼容,其 NI Measurement & Automation Explorer 用于运动系统的配置和调试。图 2-44 所示就是 LabVIEW VI 运动模块。

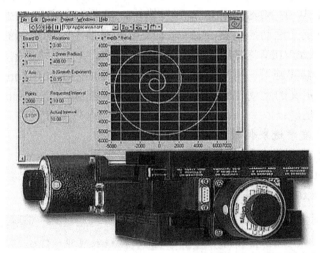

图 2-44　LabVIEW VI 运动模块

功能强大的 LabVIEW VI 具有以下特点:

● 可控制每个 National Instruments 运动控制器;

● 实例程序涵盖了简单和复杂的运动;

● 用于 LabWindows/CVI、Visual Basic 和 C/C++的编程实例。

2)NI-Motion Assistant 运动助手

图 2-45 所示是 NI-Motion Assistant 软件界面。这个软件的主要目的是提供一种易于使用的交互式环境。使用 NI-Motion Assistant 可加速运动应用的开发和测试。任何通过 NI-Motion Assistant 编程的应用程序都可转换为适于最终机器部署的 C 代码或 NI LabVIEW VI,无须任何其他编程。新发布的 NI-Motion Assistant 2.0 版添加了导入在 CAD 创建的运动文档或广泛

接受的 DXF 文件格式的打包草稿功能。该新特性加上 NI 公司正在申请专利的智能造型算法，可以让用户轻松完成精确的切割或划线运动。

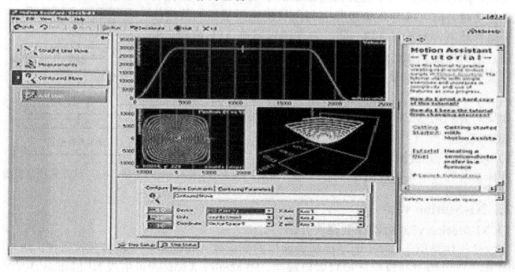

图 2-45　NI-Motion Assistant 软件界面

3）NI-SoftMotion 开发模块

通过用于 LabVIEW 的 NI-SoftMotion 开发模块，机器生产商和 OEM 生产商可创建具有更出色机器性能的自定义运动控制器，而研究人员可实现用于运动控制的高级控制设计算法。本模块的功能包括在 LabVIEW 实时和/或 LabVIEW FPGA 中实现轨道生成、样条插值、位置/速度 PID 控制和编码器实施等。用户可根据其性价比，利用 NI-SoftMotion，通过插入式数据采集模块等来创建自定义的运动控制器。图 2-46 所示就是 NI-SoftMotion 模块的一个开发界面图，具有如下基本功能：

● 通过软件，开发步进或伺服的自定义运动控制器；
● 包括轨迹发生器、样条插值和位置与速度控制方法；
● 用于 CompactRIO、M 和 R 系列数据采集模块；
● 与 LabVIEW 8.0、LabVIEW 8.2 和更新的版本配合使用。

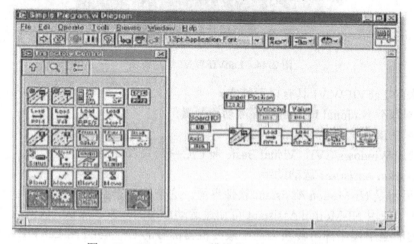

图 2-46　NI-SoftMotion 模块的一个开发界面图

2.5　运动控制器设计要素

运动控制器的设计重点包括实时性、鲁棒性和通用性。

1.　实时性

对于运动控制系统而言，实时性是系统首要考虑的性能指标。根据负载对速度的要求，控制器的输出频率响应必须大于负载最高频率2倍。

2.　鲁棒性

在现实系统中，由于温度、湿度、环境压力、振动、电网波动等诸多因素的影响，控制器的固有特性或结构参数发生变化是不可避免的，也就是常说的温度漂移和时间漂移。为了抑制漂移对系统的影响，需要对控制系统的鲁棒性提出要求，重点集中在控制回路的控制算法上，围绕控制系统的增益和时间常数进行有针对性的设计。模糊PID与分数PID算法对于提升系统的鲁棒性都有益处。

3.　通用性

为了扩大批量生产，降低研发成本，控制器要具有一定的通用性，尤其是某些行业的机械具有很显著的共性需求，因此控制器的通用性也显得十分必要。

*2.6　运动控制器实例

图 2-47 所示是一个双平面工作台，每个平台由 x、y 轴端电机驱动。系统由一个上位机（CPU）与 Motionnet 公司 G9000 系列控制芯片构成，这是一个开放式运动控制系统。在这个系统中，上位机的 CPU 负责制定两个工作台的运动轨迹，然后经由主控制器 G9001A 把控制命令传递给四个 G9003 驱动四套电动机驱动器来驱动电机。G9004A 芯片用于为系统提供运动仿真。G9002 芯片则为系统提供 I/O 接口。平台的位置感测传感器（限位开关）经由 G9002 送给 G9003，对电机进行实时控制与保护，还给外部提供电机运转状态信息。

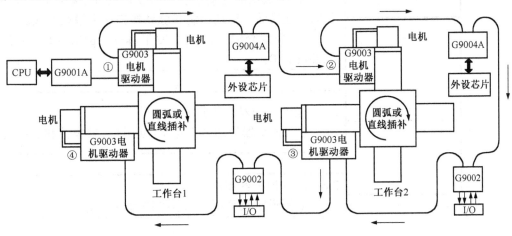

图 2-47　双平面工作台控制解决方案

本章小结

2.1 运动控制系统简介

1．运动控制系统的构成。

2．运动控制系统的任务。

2.2 运动控制器的基本原理

1．运动控制器的构成——轨迹生成器、插补器、控制回路和步序发生器。

2．轨迹生成器，包括点对点运动轨迹、路径轨迹、多轴运动轨迹和往复运动轨迹。

3．基本插补理论，包括直线插补、圆弧插补、抛物线插补、样条插补、基准脉冲插补和数据采样插补。

4．控制回路结构，模糊 PID 控制器参数设计。

2.3 运动控制器的硬件

1．按照运动控制器核心器件的组成分类，包括基于MCU 的技术、基于专用集成电路的技术、基于 PC 的技术、基于 DSP 的技术、基于 PLC 的技术、基于多核处理器的技术等。

2．按照数据传递形式分类，包括总线式和网络式。

2.4 运动控制器的软件

1．分层次对运动控制系统软件进行了解析，主要由人机交互界面、运动控制和驱动接口三大模块组成。

2．分别介绍了两款开发工具——μC/OS-II 和 NI-Motion v7.0。

2.5 运动控制器设计要素

运动控制器设计的重点是：实时性、鲁棒性和通用性。

2.6 运动控制器实例

举例说明双平面工作台控制解决方案。

习题与思考题

1．什么是插补？常用的插补算法有哪两种？

2．点位控制、直线控制和轮廓控制各有什么特点？

3．已知启动点是 10°，结束点是 110°，$\omega_{max}=10$ °/s，$\alpha_{max}=20$ °/s^2，求梯形曲线各特征点时间。

4．已知加速时间和减速时间各为 0.5 s，最大速度时间为 7.5 s，$\omega_{max}=10$ °/s，$\alpha_{max}=20$ °/s^2，求启动点和结束点。

5．已知 $\theta_{start}=20$°，$\theta_{end}=24$°，$\omega_{max}=10$ °/s，$\alpha_{max}=20$ °/s^2，求出梯形曲线的特征点。

6．已知 $p(u)=A\cos(Bt+C)+D$，求位置特征点。

7．已知起点坐标为 $A(2,3)$，终点坐标为 $B(9,6)$，请使用逐点比较法，计算插补过程，写出流程表。

8．逐点比较法直线插补的偏差判别函数是什么？

9．起点坐标为 $A(0,6)$，终点坐标为 $B(6,0)$，要求使用逐点递推法计算插补流程。

10．顺圆弧插补的判定依据是什么？

11．起点坐标为 $A(-4,0)$，终点坐标为 $B(4,0)$，要求使用逐点递推法计算插补流程。

12．起点坐标为 $A(-1,-1)$，终点坐标为 $B(-5,-5)$，要求使用逐点递推法计算插补流程。

13．运动控制器的硬件组成方式有哪几种？

14．基于 MCU 的运动控制器的特点是什么？

15．基于 PC 的运动控制器的特点是什么？

16．基于 DSP 的运动控制器的特点是什么？

17．运动控制器的软件架构是什么？

第3章 智能运动控制器设计

3.1 模糊控制技术与模糊控制器

3.1.1 模糊控制技术

1. 什么是模糊控制技术

模糊控制技术以模糊数学为理论基础，"模糊理论"最早是由美国加州大学 L.A Zadeh 教授在 1965 年所发表的 *Information and Control* 期刊论文中提出的，是为了解决现实世界中普遍存在的模糊现象而发展的一门学科，其精髓是使用模糊数学模型来描述语义式的模糊信息的方法。目前在一般消费类电子产品、图像辨识处理、语音识别、智能控制及运动（智能）控制等领域都得到了广泛应用。尤其是近些年模糊控制技术与神经网络技术结合，使得机器人技术更加具有智能特征。

2. 模糊理论

1）基本概念

现实生活中我们经常会听到这样的话语：今天温度真高，今天的雨真大，今天气温真低，房间很冷，这个人很漂亮、身材修长、长发飘逸等。这些话语共同的特点是很难用数量化的术语去衡量，很明显，这些话语具有一定的模糊不确定性。那么什么是模糊呢？我们认为所谓模糊应该具有以下特征：

（1）不完整（incomplete）。不完整的特点是：语言传递的信息不够完整，有可能导致无法理解对方所要表达的意思。

（2）暧昧性（ambiguity）。例如，一个画在门上的烟斗图案既可代表男厕所也可代表吸烟室。

（3）不精确性（imprecision）。例如，电视画面受到干扰导致收看效果不佳。

（4）随机性（randomness）。例如，掷色子。

（5）模糊性（fuzziness）。例如，这座山高吗？就是典型的模糊说法，因为高的标准没有确定，也即缺乏参照物。

图 3-1 所示是一套模糊系统的框架，由模糊规则库、输入模糊集合 U、模糊推论机理和输出模糊集合 V 组成。

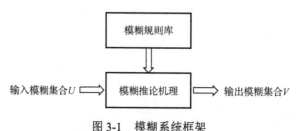

图 3-1 模糊系统框架

模糊集合（Fuzzy Sets）的特点如下。

（1）不是 0 或 1 的表示方式，而是程度上"多"或"少"的差别。

（2）传统的明确集合是属于二元的，论域中的元素对某一集合的关系只有两种，也就是"属于"与"不属于"。

（3）模糊集合利用隶属函数（membership function）的大小作为主要的选择机制。例如，我们可以确定地区分男生和女生的性别，却无法明确地辨别温度的高和低。因此，要对语义中的模糊性进行数值化描述时，模糊集合是一个非常好用的工具。

2）布尔逻辑与模糊逻辑

（1）布尔逻辑。布尔函数可以用真值表表示法、布尔表达式、规范表达式表示，每个布尔函数，无论多复杂，都可以只用三个布尔算子（And、Or、Not）表示，而且可以用 Nand 门（可以称为与非门，是最基本的门）表示。

（2）模糊逻辑。模糊逻辑用于处理变量的归属度（membership）和确定度（degrees of certainty）：

- 温度——"温度很高"；
- 电压——"电压有点偏低"；
- 速度——"速度非常慢"。

3）模糊理论分类

图 3-2 所示为模糊理论框架结构图。

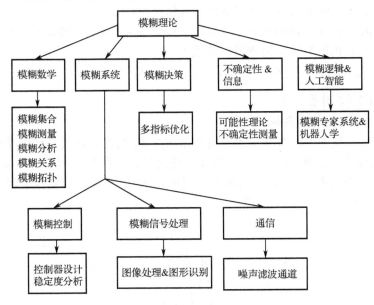

图 3-2　模糊理论框架结构图

3.1.2　模糊 PID 控制器及其设计

1. 模糊 PID 控制器

随着智能控制技术的发展，新型运动控制系统控制回路均采用模糊 PID 算法。

图 3-3 所示是一个模糊 PID 控制器系统框图，其基础算法是 PID 算法，但 P、I、D 参数（K_P、K_I、K_D）是依据输入与输出的误差及误差的变化率来决定的。

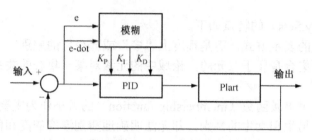

图 3-3　模糊 PID 控制器系统框图

模糊 PID 控制器按照下列步骤进行设计。

（1）根据被控制对象的线性模型和所期望的性能指标设定 PID 控制器增益的标称值。

（2）K_P、K_I、K_D 是在 PID 控制器增益的标称值基础上设计出的模糊调谐值。

2. PID 标称值设计

图 3-3 所示的 PID 控制器的控制算法可以用式（3-1）表示。K_P、K_I、K_D 分别为控制器的比例、积分和微分增益系数。

$$Ge(t) = K_P e(t) + K_I \int_0^t e(t)\mathrm{d}t + K_D \frac{\mathrm{d}e(t)}{\mathrm{d}t} \tag{3-1}$$

利用 Simulink Response Optimization Toolbox 构建控制对象的线性模型，依据所构建的线性模型确定 PID 控制器增益的标称值。由 Toolbox 设定期望的响应，使系统达到稳态时的误差尽可能小。为了实现期望响应，设定下述参数值。

Rise time = 0.1 s，Settling time = 0.4 s，Overshoot = 5%，%settling = 0.001

最后，可以得出 PID 控制器的增益标称值为

$$K_P = 19.21,\ K_D = 0.3,\ K_I = 0.1$$

3. 模糊 PID 控制器设计

1）模糊控制器比例增益系数 K_P

模糊 PID 控制器第一个参数是比例增益系数 K_P。K_P 的输入是误差和误差变化率。图 3-4 所示为 K_P 误差隶属函数。图 3-5 所示为 K_P 误差变化率隶属函数。图 3-6 所示为 K_P 输出值隶属函数。模糊 PID 控制器 K_P 的输入与输出规则见表 3-1。最后，模糊控制器 K_P 的输出值通过采用中心面积法对 K_P 去模糊化求得。

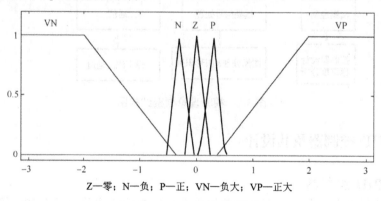

Z—零；N—负；P—正；VN—负大；VP—正大

图 3-4　K_P 误差隶属函数

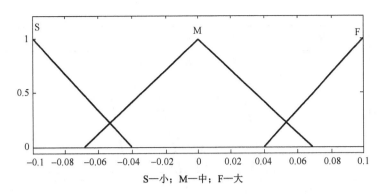

S—小；M—中；F—大

图 3-5　K_P 误差变化率隶属函数

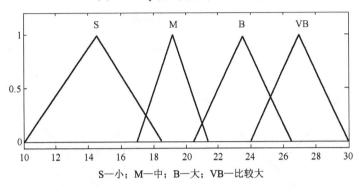

S—小；M—中；B—大；VB—比较大

图 3-6　K_P 输出值隶属函数

表 3-1　模糊 PID 控制器 K_P 的输入与输出规则

误差变化率	误 差				
	VN	N	Z	P	VP
SL	S	B	S	M	
M	VB	B	VB	B	
F	VB	VB	VB	VB	

注：表中各字母含义与图 3-4～图 3-6 中相同。

2）模糊控制器微分增益系数 K_D

模糊 PID 控制器第二个参数是微分增益系数 K_D。K_D 的输入是误差及误差变化率。图 3-7 所示为 K_D 误差隶属函数。图 3-8 所示为 K_D 误差变化率隶属函数。图 3-9 所示为 K_D 输出值隶属函数。模糊 PID 控制器 K_D 的输入与输出规则见表 3-2。最后，模糊控制器 K_D 的输出值通过采用中心面积法对 K_D 去模糊化求得。

表 3-2　模糊 PID 控制器 K_D 的输入与输出规则

误差变化率	误 差				
	VN	N	Z	P	VP
SL	VB	M	B	M	VB
M	M	M	S	M	M
F	S	S	M	S	S

注：表中各字母含义与图 3-7～图 3-9 中相同。

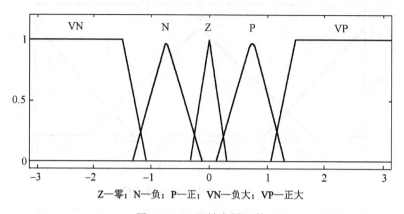

Z—零；N—负；P—正；VN—负大；VP—正大

图 3-7 K_D 误差隶属函数

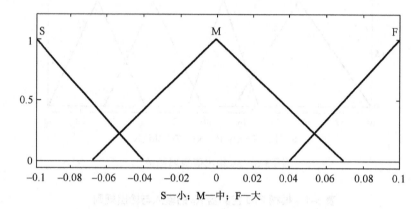

S—小；M—中；F—大

图 3-8 K_D 误差变化率隶属函数

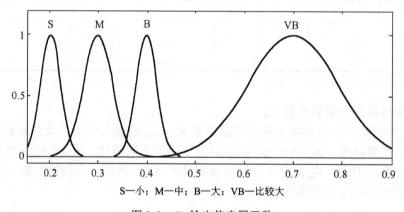

S—小；M—中；B—大；VB—比较大

图 3-9 K_D 输出值隶属函数

3）模糊控制器积分增益系数 K_I

模糊 PID 控制器第三个参数是积分增益系数 K_I。K_I 的输入是误差和误差变化率。图 3-10 所示为 K_I 误差隶属函数。图 3-11 所示为 K_I 误差变化率隶属函数。图 3-12 所示为 K_I 输出值隶属函数。模糊 PID 控制器 K_I 的输入与输出规则见表 3-3。最后，模糊控制器 K_I 的输出值通过采用中心面积法对 K_I 去模糊化得到。

表 3-3　模糊 PID 控制器 K_I 的输入与输出规则

误差变化率	误差		
	N	Z	P
SL	S	S	S
M	M	S	M
F	B	M	S

注：表中各字母含义与图 3-10～图 3-12 中相同。

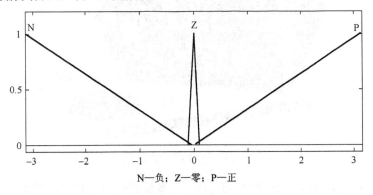

N—负；Z—零；P—正

图 3-10　K_I 误差隶属函数

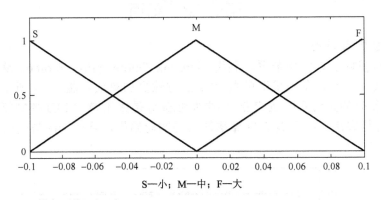

S—小；M—中；F—大

图 3-11　K_I 误差变化率隶属函数

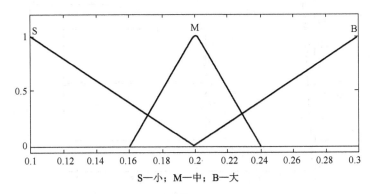

S—小；M—中；B—大

图 3-12　K_I 输出值隶属函数

下面举一个实例。

图 3-13 所示为一个模糊 PID 实验装置,任务就是实现点对点的运动。它由一套伺服电机驱动器、伺服电机、编码器和 PC 组成。控制器是 PC,PC 上运行的控制软件是利用 MATLAB 的实验程序。这是一个结构简单的点对点模糊 PID 实验装置(旋转位置系统)。

图 3-13　模糊 PID 实验装置

忽略系统的非线性,按照牛顿学有关定律,这套旋转位置系统实验装置的动态数学模型为

$$\frac{\theta_1(s)}{Vm(s)} = \frac{64.12}{s(s+36.43)} \tag{3-2}$$

4. 控制结果与讨论

借助点对点模糊 PID 实验装置,利用 Simulink Optimization Toolbox 设定 PID 参数增益标称值进行实验对比,发现采用模糊 PID 的方法更加有效。图 3-14 所示为本实验装置在输入 90°步长时的系统实时响应图,图中实线部分是采用模糊 PID 控制算法得到的实际结果,虚线部分是采用传统经典 PID 算法得出的实验结果。经典 PID 与模糊 PID 性能对比见表 3-4。

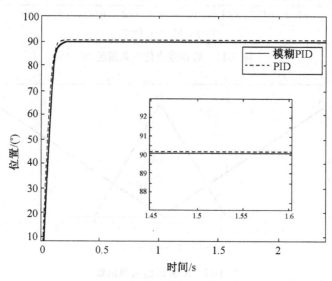

图 3-14　输入 90°步长时的系统实时响应图

表 3-4　经典 PID 与模糊 PID 性能对比

实验对象	控 制 器	位置/(°)	时间/s	精度误差
标称	PID	0	0.18	0.176
	模糊 PID	0	0.17	0.088
增加惯量	PID	1.6	0.28	0.356
	模糊 PID	1.6	0.24	0.088

从表 3-4 可以看出，模糊 PID 算法的性能要优于经典 PID 算法，尤其是系统的稳定时间和位置精度指标大幅度优于经典 PID 算法。本实验位置测量传感器是一种光纤编码器，把光纤编码器安装在负载轴上，测量负载轴的角度位置，90°时编码器的输出是 4096 个计数单位，也可以进行相对角度的测量。

此外，利用本实验装置还对模糊 PID 和经典 PID 的鲁棒性进行了性能对照。为了评测系统的鲁棒性，需要给旋转位置单元增加惯量。图 3-15 所示为增加旋转位置装置惯量后采用模糊 PID 与经典 PID 的实验结果曲线，相应的实验数据见表 3-4。

从表 3-4 中可以得出，随着惯量的增加，模糊 PID 的性能没有改变，因此可以得出结论：模糊 PID 对惯量改变的鲁棒性要优于经典 PID。

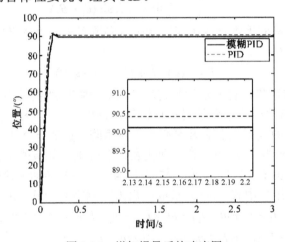

图 3-15　增加惯量后的响应图

*3.1.3　双关节机械手

1. 机械手结构

图 3-16 所示是双自由度机械手机械结构运动分析图。这个系统由两个可以旋摆的单臂（机械臂）组成，第一个单臂（机械臂 1）与基座相连，臂的长度是 l_1；第二个单臂（机械臂 2）的一个端点与第一个单臂的第二端头做轴连，另外一个端点是机械手的夹手，第二个单臂的长度是 l_2。系统以基座的第一个运动轴中心为坐标原点。图中符号说明：θ 是机械臂与水平面之间的夹角，其中 θ_1 是机械臂 1 与水平面的夹角；θ_2 是机械臂 2 与水平面的夹角。机械手夹手中心点的坐标就是 (x,y)。用 m 表示机械臂质量；用 m_0 表示机械手夹持的物体质量；用 m_1 表示机械臂 1 的质量；用 m_2 表示机械臂 2 的质量。用 T 表示驱动机械手所需转矩，用 T_1 表示机械臂 1 所需要的转矩；用 T_2 表示机械臂 2 所需要的转矩。用 g 表示地球重力加速度。

用（x_{G1},y_{G1}）表示机械臂 1 的几何中心点；用（x_{G2},y_{G2}）表示机械臂 2 的几何中心点。用 ω 表示机械臂转动速度，用 ω_1 表示机械臂 1 相对坐标原点的旋转速度；用 ω_2 表示机械臂 2 相对转轴中心 2 的旋转速度。用（x_1,y_1）描述旋转轴 2 的平移坐标原点。

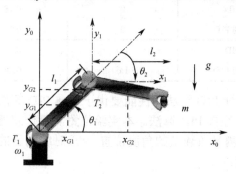

图 3-16 双自由度机械手机械结构运动分析图

要实现对机械臂的控制，首先就要对夹手的坐标进行分析计算，机械手中心坐标（x,y）用式（3-3）求取。

$$\begin{cases} x = l_1 \cos\theta_1 + l_2 \cos(\theta_1 + \theta_2) \\ y = l_1 \sin\theta_1 + l_2 \sin(\theta_1 + \theta_2) \end{cases} \tag{3-3}$$

那么如何有效地对机械手进行控制呢？此时有必要对机械臂的转矩计算进行分析，下面就对机械臂转矩进行研究。

$$T = J(\theta) \times \ddot{\theta} + C(\theta,\dot{\theta}) + g(\theta) \tag{3-4}$$

式中，T 是一个 2×1 维矩阵，它表示的是转轴 T_1 和转轴 T_2 所需的驱动转矩；J 是一个 2×2 维矩阵，它表示的是 2 自由度机械臂的对称正转动惯量矩阵，分别为 J_{11}、J_{12}、J_{21} 和 J_{22}；$C(\theta,\dot{\theta})$ 是 2×2 维矩阵，它表示的是科里奥利及离心力矢量矩阵；g 是一个 2×1 维矩阵，分别是机械臂 1 和机械臂 2 的重力影响；θ、$\dot{\theta}$、$\ddot{\theta}$ 分别代表每个机械臂关节的位置、速度和加速度。机械臂所需的驱动转矩就由式（3-4）求取。与式（3-4）有关的转动惯量矩阵由式（3-5）求取，科里奥利及离心力矢量矩阵由式（3-6）求取，重力影响矩阵由式（3-7）求取。

$$\begin{aligned} J_{11}(\theta) &= I_1 + I_2 + m_1 \times l_{G1}^2 + m_2 \times l_{G2}^2 + m_2 \times l_1 + 2 \times m_2 \times l_1 \times l_{G2} \times c_2 \\ J_{12}(\theta) &= J_{21}(\theta) = I_2 + m_2 \times l_{G2}^2 + 2 \times m_2 \times l_1 \times l_{G2} \times c_2 \\ J_{22}(\theta) &= 2 \times I_2 + m_2 \times l_{G2}^2 \end{aligned} \tag{3-5}$$

式中，I_1、I_2 是机械臂转轴 1 和 2 的驱动电机转子转动惯量；C_1、C_2 分别是机械臂 1 和机械臂 2 的科里奥利力。

科里奥利及离心力矢量矩阵的分项元素计算由式（3-6）求取。

$$\begin{aligned} C_{11}(\theta,\dot{\theta}) &= -m_2 \times l_1 \times l_{G2} \times \dot{\theta}_2 \times s_2 \\ C_{12}(\theta,\dot{\theta}) &= -m_2 \times l_1 \times l_{G2} \times s_2(\dot{\theta}_1 + \dot{\theta}_2) \\ C_{21}(\theta,\dot{\theta}) &= m_2 \times l_1 \times l_{G2} \times \dot{\theta}_1 \times s_2 \\ C_{22}(\theta,\dot{\theta}) &= 0 \end{aligned} \tag{3-6}$$

式中，s_2 代表的是机械臂 2 的线速度。

重力矢量矩阵 g_1、g_2 由式（3-7）求取。

$$g_1(\theta) = (m_1 + m_2) \times g \times l_{G1} \times c_1 + m_2 \times g \times l_{G2} \times c_{12}$$
$$g_2(\theta) = m_2 \times g \times l_{G2} \times c_{12}$$

(3-7)

2. 机械手控制框图

图 3-17 所示是一个多输入多输出机械手模糊控制逻辑框图,很明显双自由度机械手是一个双输入双输出的控制系统。多输入多输出模糊逻辑控制器是一个组合控制器,由主模糊控制器和解耦逻辑控制器两个单元组成。主模糊逻辑控制器是指单独每一个关节的独立控制;而解耦逻辑控制是指两个机械臂复合动作时,相互对彼此动作的影响。

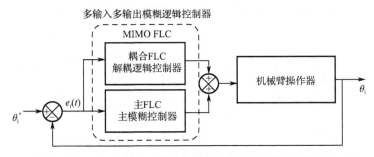

图 3-17 多输入多输出机械手模糊控制逻辑框图

细化到双自由度机械手控制具体事例就演化为图 3-18。图中,MFC 是主模糊逻辑控制器;CFC 是解耦逻辑控制器;e_1 是 $\theta_1{}^*-\theta_1$,也就是机械臂 1 的角度设定值减去实际值;e_2 是 $\theta_2{}^*-\theta_2$,也就是机械臂 2 的角度设定值减去实际值;Δe_1 是轴 1 角度差值的变化量;Δe_2 是轴 2 角度差值的变化量;T 是转矩。

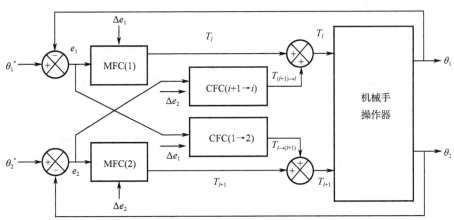

图 3-18 双自由度机械手逻辑控制框图

有关解耦逻辑控制器的计算规则与主逻辑控制器相似,耦合逻辑控制的输出转矩也就是它的输入转矩。有关双自由度机械手的控制输入转矩由式(3-8)计算。

$$T(k) = T_i(k) + T_{i\rightarrow l}(k) \qquad (i \neq l)$$

(3-8)

式中,$T_i(k)$ 表示主模糊控制器在 i 角度时刻的控制系统输入转矩;$T_{i\rightarrow l}(k)$ 表示相对于第 i 角度时刻的耦合效应控制,这是相对于耦合逻辑控制器的第 i 角度时刻耦合转矩。

3. 模拟仿真分析

图 3-19 所示是双关节单输入单输出 SISO 模糊逻辑控制器控制的机械手操纵模式;图 3-20

所示是基于智能多输入多输出 MIMO 模糊逻辑控制器控制双关节机械手操纵模式。

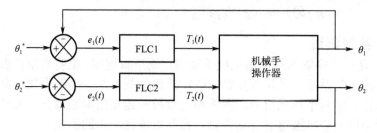

图 3-19　双关节单输入单输出 SISO 模糊逻辑控制器控制的机械手操纵模式

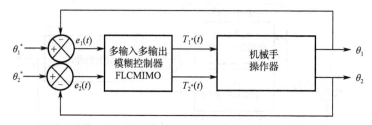

图 3-20　基于智能多输入多输出 MIMO 模糊逻辑控制器控制双关节机械手操纵模式

用 MATLAB/Simulink 作为仿真开发工具，其具体实施系统控制框图分别见图 3-19 和图 3-20，相对应的位置误差详见图 3-21 和图 3-22。

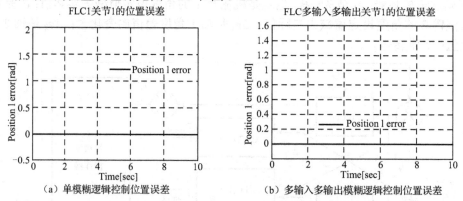

图 3-21　不同控制方法下关节 1 的位置误差

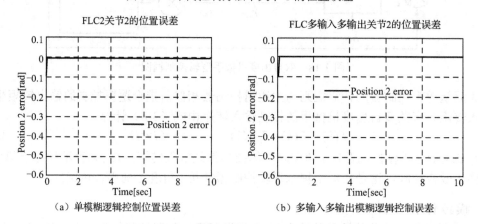

图 3-22　不同控制方法下关节 2 的位置误差

图 3-21 所示是关节 1 的位置误差，其中图 3-21（a）所示是 SISO 单输入单输出模糊逻辑控制器关节 1 的实际位置误差，单位是弧度；图 3-21（b）所示是 MIMO 多输入多输出模糊逻辑控制器关节 1 的实际位置误差。

图 3-22 所示是关节 2 的位置误差，其中图 3-22（a）所示是 SISO 单输入单输出模糊逻辑控制器关节 2 的实际位置误差，单位是弧度；图 3-22（b）所示是 MIMO 多输入多输出模糊逻辑控制器关节 2 的实际位置误差。

表 3-5 是采用 MATLAB/Simulink，利用图 3-19 及图 3-20 所示的控制框图（SISO 单输入单输出模糊逻辑控制器与 MIMO 多输入多输出模糊逻辑控制器）对双关节机械手进行仿真的效果。

表 3-5　SISO 与 MIMO 结果

控制器（controller）	单输入单输出模糊逻辑控制器 SISO FLC		多输入多输出模糊逻辑控制器 MIMO FLC	
关节（links）	关节 1（link 1）	关节 2（link 2）	关节 1（link 1）	关节 2（link 2）
位置误差（rad）	0.0033	0.0010	0.0025	0.0004
超差（overshoot）	5%	0%	0%	0%

4. 结论

上面所列举的双自由度机械手采用了两种控制策略，通过实际分析可以得出，MIMO FLC（多输入多输出模糊逻辑控制器）的控制效果明显高于 SISO FLC（单输入单输出模糊逻辑控制器）的控制效果。

3.2　自适应控制技术与自适应运动控制器

3.2.1　自适应控制技术

1. 什么是自适应控制

有关自适应控制系统的研究雏形源自 20 世纪 50～70 年代，其主要研究对象是飞行的自适应控制，内容涉及飞行试验中的没有预案的灾害问题、提出新的飞行试验想法等；到了 70～90 年代，自适应控制理论进入发展期，其典型代表为源自稳态理论的参考模型自适应控制（Mrac-Model reference adaptive control）和源自随机控制理论的自控制器（The self-tuning regulator）。

2. 自适应控制技术的研究对象

（1）自适应控制所讨论的对象，通常指对象的结构已知、参数未知，且采用的控制方法仍是基于数学模型的方法。

（2）结构和参数都未知的对象，比如一些运行机理特别复杂，目前尚未被人们充分理解的对象，难以建立有效的数学模型，因而无法沿用基于数学模型的方法解决其控制问题，需要借助新型方法解决，如基于模糊数学的模糊控制技术、神经网络技术+模糊控制技术等。

（3）自适应控制所依据的关于模型和扰动的先验知识比较少，需要在系统的运行过程中不断提取有关模型的信息，使模型越来越准确。

（4）常规的反馈控制具有一定的鲁棒性，但是由于控制器参数是固定的，当不确定性很大时，系统的性能会大幅下降，甚至失稳。

3. 自适应控制主要概念

1）与参数变化有关的概念

有关控制律的选择与参数变化的敏感度有很大关系，首先我们看鲁棒性与控制律的关系。

鲁棒控制（Robust control）的目的就是寻找对参数变化不敏感的控制律。

预设增益调节计划表（Gain scheduling）的目的是测量与参数变化有良好相关性的参数，并对控制器的参数做出修正。

自适应控制（Adaptive control）的目的是要设计一个能够适应参数变化的控制器。

双通路控制（Dual control）的目的是建立引导与督察控制。

预置控制计划表有多种形态，包括参考模型适应控制（Model reference adaptive control）、自控制器（The self-tuning regulator）和L1适应控制器［L1 adaptive control（later in LCCC）］。

2）自适应控制技术术语

表3-6所示为自适应控制术语表。

表3-6　自适应控制术语表

序　号	名　称	释　义		
1	适应（Adapt）	调节以满足特定的用途和情景		
2	调节（Tune）	为了达到适度的结果而做的调整		
3	自主的（Autonomous）	独立自主的		
4	学习（Learn）	通过已有经验、指导或学习等途径获取知识或技能		
5	推理（Reason）	从逻辑的事实推断真理或知识的过程		
6	智能（Intelligence）	获取及应用知识的能力		
7	自动控制 （Automatic control）	自动调节（Automatic tuning）		按需调整
		预置增益计划表（Gain scheduling）		
		适应调节（Adaptation）		连续调节

3.2.2　自适应运动控制器设计

1. 自适应运动控制器基本架构

图3-23所示是一个典型的自适应运动控制系统框图，它由两个回路组成，一个是主反馈回路，经典的控制理论就是这个回路，如经典PID控制；第二个回路是参数调节回路，主要涉及控制算律，常用的有模型参考自适应控制MRAC（Model Reference Adaptive Control）、自校正控制器STR（Self-Tuning Regulator）和双重控制（Dual Control）。

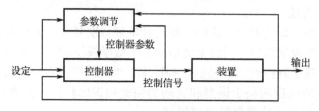

图3-23　自适应运动控制系统框图

2. 自适应控制算律

1）模型参考自适应控制器

图 3-24 所示为模型参考自适应控制系统结构图。模型参考自适应控制算律有四个步骤：①输入给定量是已知模型算律，采用的是指令信号跟随；②MIT 法则；③基于李雅普诺夫理论的推理法则；④各种参数修正。MIT 法则是 20 世纪 60 年代由美国 MIT 学者为了解决航空动力学的高阶动力学方程提出的一种解决思路，这个思路本身和梯度下降法是一回事，最早用在了动力系统里面。

图 3-24 由一个主通道回路和一个标量参数调节回路构成。主通道由设定值、预设模型、参数调节单元、控制器设计、受控对象及受控输出构成。控制器设计环节有三个输入量、一个输出量，三个输入量分别是预设给定量、输出反馈量和控制器参数调整量。受控对象有一个输入量和一个输出量。与图 3-23 相比，图 3-24 增加了一个预设模型模块，其输出作为参数调节回路的一个输入。而 MIT 法则是 1961 年由麻省理工学院的研究人员针对线性系统的模型参考自适应控制提出的标量参数调整律，其模型参考自适应控制被建模为已知稳定对象的级联和单个未知增益。

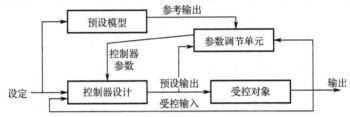

图 3-24 模型参考自适应控制系统结构图

对于参数调整而言，仅仅依靠 $e=y-y_m$ 这个线性反馈公式是不充分的。而 MIT 法则可用式（3-9）来表示。

$$\frac{\mathrm{d}\theta}{\mathrm{d}t} = -\gamma\theta\frac{\partial e}{\partial \theta} \tag{3-9}$$

相关数学表达式为

预设模型：
$$\frac{\mathrm{d}y_m}{\mathrm{d}t} = -a_m y_m + b_m u_c \tag{3-10}$$

控制器：
$$u(t) = \theta_1 \times u_c(t) + \theta_2 \times y(t) \tag{3-11}$$

理想参数：
$$\theta_1 = \theta_1^0 = \frac{b_m}{b}$$
$$\theta_1 = \theta_1^0 = \frac{a_m - a}{b} \tag{3-12}$$

处理过程：
$$\frac{\mathrm{d}y}{\mathrm{d}t} = -ay + bu \tag{3-13}$$

偏差：
$$e = y - y_m, \qquad y = \frac{b\theta_1}{a + p + b\theta_2}u_c, \qquad p = \frac{\mathrm{d}u(t)}{\mathrm{d}t}$$
$$\frac{\partial e}{\partial \theta_1} = \frac{b}{p + a + b\theta_2}u_c$$
$$\frac{\partial e}{\partial \theta_2} = -\frac{b^2\theta_1}{(p + a + b\theta_2)^2}u_c = -\frac{b}{p + a + b\theta_2}y \tag{3-14}$$

估算：

$$p + a + b\theta_2 \approx p + a_m \qquad\qquad (3\text{-}15)$$

因此有结论：

$$\frac{\mathrm{d}\theta_1}{\mathrm{d}t} = -\gamma\left(\frac{a_m}{p + a_m}u_c\right)e, \qquad \frac{\mathrm{d}\theta_2}{\mathrm{d}t} = \gamma\left(\frac{a_m}{p + a_m}y\right)e \qquad (3\text{-}16)$$

2）自校正控制器

图 3-25 所示是自调节控制器自适应控制算律框图，其中虚线部分是自调节控制器的构成。自调节控制器由三个模块构成，分别为估值计算、控制器设计和控制器。其中控制器的设计原则是最小误差自调节；估值计算采用递归估值参数法；控制器控制是依据参数估值计算控制律。控制器计算的结果作为被控对象的输入信号。

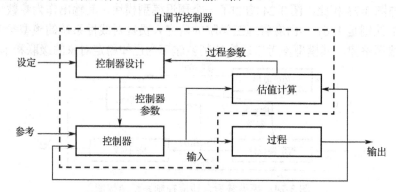

图 3-25　自调节控制器自适应控制算律框图

自适应控制的主要目的就是解决不确定性，自调节自适应控制的第一个前提是确定性等价，其含义估计正确是设计的依据。自调节自适应控制算律主通道框图如图 3-26 所示。

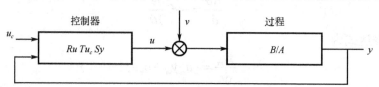

图 3-26　自调节自适应控制算律主通道框图

有关求解可用下列公式计算：

$$Ay(t) = B(u(t) + v(t)), \qquad Ru(t) = Tu_c(t) - Sy(t) \qquad (3\text{-}17)$$

相应的闭环系统：

$$y(t) = \frac{BT}{AR + BS}u_c(t) + \frac{BR}{AR + BS}v(t)$$
$$u(t) = \frac{AT}{AR + BS}u_c(t) - \frac{BS}{AR + BS}v(t) \qquad (3\text{-}18)$$

闭环特征多项式：

$$A_c = AR + BS \qquad\qquad (3\text{-}19)$$

闭环响应：

$$y(t) = \frac{BT}{AR + BS}u_c(t) \qquad\qquad (3\text{-}20)$$

所希望的响应：

$$A_m y_m(t) = B_m u_c(t) \qquad (3-21)$$

理想的模型跟随：

$$\frac{BT}{AR+BS} = \frac{BT}{A_m} = \frac{B_m}{A_m} \qquad (3-22)$$

回避已标识的不稳定进程零点：
$$B = B^+ B^-$$
$$B_m = B - B'_m, \qquad A_c = A_0 A_m B^+, \qquad R = R'_m B^+ \qquad (3-23)$$

因此可以得出的结论为

$$AR' + B^- S = A_0 A_m = A'_c, \qquad T = A_0 B'_m \qquad (3-24)$$

自调节控制算律的适应参数估计率的设计目标是，在保证所有状态有界的前提下让输出误差最小，最直观的方法就是**沿着梯度最小方向去搜索**。这个方向计算结果很多时候包含一些未知的函数，因此就看我们**能否选择距离这个梯度方向很近的方向进行搜索**，这取决于误差方程动力学。

3）双重控制

双重控制理论是控制理论的一个分支，它研究初始特性未知的系统的控制。双重控制（Dual Control）也称对偶控制，因为在这样的控制系统中，控制器的目标是双重的。

● 行动：基于现有系统知识控制系统。

● 探查：对该系统进行实验，了解其行为，并对其进行更好的控制。

这两个目标可能部分冲突。

图 3-27 所示是双重控制系统框图。其基本思路就是通过动态规划寻找最优解。

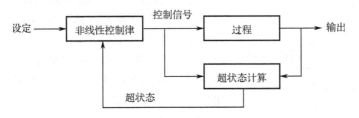

图 3-27　双重控制系统框图

为了让读者理解双通道控制器的计算很有难度，我们先给出用于描述双重控制的函数方程。为了简单起见，考虑二次损失函数 D2E。假设广义自适应模型中的超状态参数遵守分离原则，且是可预测的；最优控制器分解为两部分：估值器及反馈控制器。该估值器生成由测量值 J_k 给出的状态的条件概率分布。这种分布被称为过程的超状态，并表示为 $x(k)$。在超状态中，参数与其他状态变量之间没有区别，然后控制器能够处理非常快的参数变化。

$$V(\zeta(k),k) = \min_{u(k-)\cdots u(N-1)} E\left\{ \sum_{j=k}^{N} (y(j) - y_\gamma(j))^2 \Big| \gamma_{k-1} \right\} \qquad (3-25)$$

在式（3-25）中，对于已给定数据 γ_{k-1}，函数 $V(\zeta(k),k)$ 所代表的是最小期望损失。

图 3-28 所示就是期望损失与控制信号 u 的函数关系图。

图 3-28 所示的曲线是三种不同标量超状态 ζ 数值曲线。图中每条曲线上的黑点就是各自曲线所表征的最小值。如果函数满足 Bellman 方程，那么就一定存在最优解。

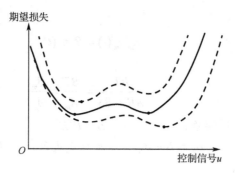

图 3-28　期望损失与控制信号 u 的函数关系图

*3.2.3　模糊自适应控制器

1. 模糊自适应控制器的设计

模糊自适应控制器的基本框架如图 3-29 所示。从图 3-29 可以看出，在自适应模糊控制的过程中，自适应规则是依据控制性能指标来设计的，随着环境的变化自适应律不断用来修正模糊控制器中的参数。而在非自适应模糊控制系统中，模糊控制器是事先已经设计好的，控制器的参数不依控制性能而改变，这就可能导致控制失效。因此，自适应模糊控制具有较好的控制性能。

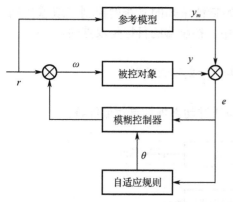

图 3-29　模糊自适应控制器的基本框架

与图 3-24 相比，图 3-29 中增加了一个模糊控制器环节。有关模糊控制器，在 3.1 节有详细的讲述，这里不再提及；有关参考自适应控制器，在 3.2.2 节中也有论述，因此不再对框图进行分析与解构。这里只对自适应规则进行说明，自适应规则是在 ω 与 θ 的变化率之间建立函数关系。

$$\ddot{\theta} = \omega(\theta, e) \tag{3-26}$$

由于自适应律在实时控制过程中能够不断地学习被控对象的动态特性，所以自适应模糊控制对被控对象的信息要求不高。即当专家给出的经验有限，或者对规则总结得粗糙时，这些都可以通过自适应模糊控制来改善。

模糊自适应控制器与传统自适应控制器相比具有如下异同点。

（1）相同点：

● 基本框架和原理或多或少有些相同；

● 在控制系统设计和分析过程中使用的数学工具非常相似。

（2）不同点：

● 与被控对象的动态特性和与控制策略有关的专家经验被嵌入模糊自适应控制器中，而传统的自适应控制是不考虑这些的；

● 模糊自适应控制器是一种非线性控制器，这种控制器对不同的被控对象来说可以是通用的，而传统的自适应控制器的结构因控制对象的不同而不同；

● 与被控对象的控制策略及动态特性相关的人类知识可以比较容易地嵌入模糊自适应控制系统中。

2. 模糊自适应控制器的分类

根据模糊控制器结构的不同,可将模糊自适应控制器分为间接型模糊自适应控制器和直接型模糊自适应控制器两种类型。

1) 间接型模糊自适应控制器

间接型模糊自适应控制器可以是多个模糊逻辑系统的线性组合,用模糊逻辑系统来逼近系统的非线性项;通过在线进行模糊系统辨识得到控制对象的模型,然后根据所得模型在线设计模糊控制器。

2) 直接型模糊自适应控制器

直接型模糊自适应控制器只含有一个模糊逻辑系统。它根据实际系统的性能指标与希望的性能指标之间的偏差,通过一定的方法来直接调整控制器的参数。

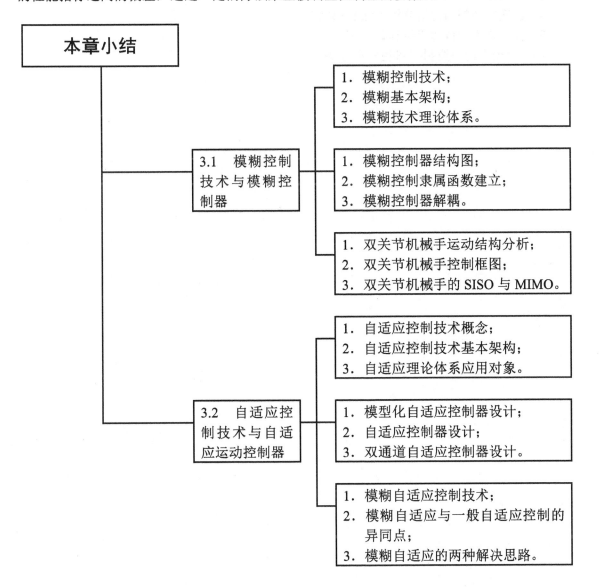

习题与思考题

1. 与传统控制方法相比，模糊控制有何特点与不同？
2. 模糊控制与智能控制的关系是什么？
3. 请简述典型模糊 PID 控制器的结构与原理，并画出结构框图。
4. 请结合图 3-17，阐述双关节机械手的运动特点与解析思路。
5. 什么是 SISO？什么是 MIMO？
6. 自适应控制系统的研究对象是什么？
7. 什么是自适应控制系统？
8. 自适应控制的常用分析方法有哪些？
9. 什么是模糊自适应控制？
10. 模糊自适应控制有哪些分析方法？

第二篇

执行器设计与驱动控制技术

第4章　执行器设计与执行器

运动是一切生命的源泉，任何一个有机的、有序的系统，均能实现特定的功能（运动），而具体完成运动的执行者就是执行器。执行器是完成运动需求不可或缺的基本元件。大千世界对运动的要求是多种多样的，因而执行器的具体形态同样也是千姿百态的。人们对执行器的认识始终在不断发展完善，从早期的利用杠杆去撬动更大的物体，实现重物的搬移，到借助动、定滑轮组实现重物的垂直提升，都是执行器的初期形态，是人力执行器的典型代表；进入工业化社会后，为了提高效率，新型工具不断产生，典型的执行器有电动执行器、液压执行器和气动执行器；随着21世纪的到来，信息化技术与微机电技术的飞速发展带动生物工程技术、医学工程、材料科学与技术等迅猛发展，从而使基于新原理的执行器不断涌现。本章将学习和了解经典执行器及新型执行器。

4.1　执行器设计基础

执行器在运动控制系统中是必不可少的元件，是现实系统完成运动任务的关键。随着现代科技的快速发展，执行器技术也有了长足的进步。执行器技术主要涉及驱动方法、基本工作原理和选型的计算依据。

1. 执行器的分类

执行器种类繁多、大小各异，但是还是可以按照其动力来源、运动轨迹特征及部件结构等特点加以区分的。

（1）按照动力来源，执行器可分为电动执行器、液压执行器、气动执行器和新型微机电执行器。

（2）按照运动部件结构特征，执行器可分为缸类执行器、马达类执行器等。

（3）按照运动轨迹特征，执行器可分为直线型执行器、旋转型执行器，旋转型执行器又可以分为位移式、周期式和往复式。

（4）对于新型执行器，有压电执行器，记忆合金执行器，电致聚合分子执行器，磁力控制执行器，电、磁流变液体执行器等。作为新兴技术，4.5节专门介绍新型执行器，希望读者关注新型执行器技术和新方法，因为新型执行器技术有可能带来新的创新应用，会对未来人类生活产生积极影响。

表4-1把全部执行器进行了汇总与分类，并确定了其运动特征。

表 4-1　执行器分类表

执 行 器	动力形式	执行器结构特征	直　线	旋　转		
				位移式	往复式	周期式
经典执行器技术	电动	电动缸	√	√		
		电动执行阀	√	√	√	√
	气动	气缸	√	√		

执行器	动力形式	执行器结构特征	运动特征			
			直　线	旋　转		
				位移式	往复式	周期式
经典执行器技术	气动	气动马达	√	√	√	√
	液压	液压缸	√	√		
		液压马达	√	√	√	√
新兴执行器技术	压电	压电缸	√	√		
		压电马达	√	√	√	√
	记忆合金执行器		√	√		
	电致聚合分子执行器		√	√		
	磁力控制	磁力缸	√	√		
		磁力马达	√	√	√	
	电、磁流变液体	流变缸	√	√		
		流变马达	√	√	√	

2. 执行器的设计

运动系统执行器的设计基础是分析运动系统的运动需求。要完成执行器设计，首先需要明确运动控制系统所要完成的运动任务，建立对系统的运动分析，主要包括运动学分析与力学分析、传动连接形态分析、负载惯量计算、运动方程与电机功率等。

通过对基本机械连接方式的分析，可计算出机械传动机构的惯性矩。机械传动的主要传动连接方式有四种：直接连接、齿轮连接、输送带连接和丝杠传动连接，如图4-1所示。

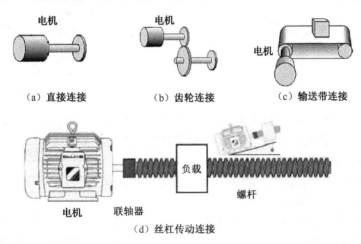

（a）直接连接　　　　（b）齿轮连接　　　　（c）输送带连接

（d）丝杠传动连接

图4-1　机械传动连接形式

在下面的分析中，式（4-1）～式（4-4）用于把负载参数等效到电机轴端。

经典的执行器设计步骤为：①选择机械传动连接形式，确定转动惯量；②确定运动方程式和运动轨迹曲线；③计算选择合适的电机和驱动功率单元（驱动器）。

1）转动惯量的计算

（1）圆柱体的转动惯量。圆柱体的转动惯量是根据圆柱体的质量和半径，或其密度、半径和长度计算而来的。式（4-1）用于计算实心圆柱体的转动惯量，它是质量 m 和半径 R 的函数，即

$$J = \frac{1}{2}mR^2 \qquad (4\text{-}1)$$

若已知圆柱体长度 L、材料密度 ρ、半径 R，则可用式（4-2）计算实心圆柱体的转动惯量，即

$$J = \frac{1}{2}\pi L \rho R^4 \qquad (4\text{-}2)$$

图 4-2 所示是一个实心圆柱体，转动惯量国际单位 SI 是 kg·m²。

（2）空心圆柱体的转动惯量。式（4-3）用于计算空心圆柱体的转动惯量，它是质量 m 和空心圆柱体内外半径 R_i、R_o 的函数，即

$$J = \frac{1}{2}m(R_o^2 + R_i^2) \qquad (4\text{-}3)$$

式（4-4）用于计算空心圆柱体的转动惯量，它是长度 L、材料密度 ρ 及空心圆柱体内外半径 R_i、R_o 的函数，即

$$J = \frac{1}{2}\pi L \rho \left(R_o^4 - R_i^4 \right) \qquad (4\text{-}4)$$

图 4-3 所示是一个空心圆柱体。

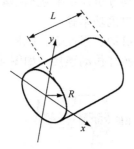

图 4-2　实心圆柱体

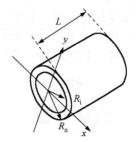

图 4-3　空心圆柱体

按照式（4-1）～式（4-4）和表4-2，可以计算出机械元件的转动惯量（如轴、齿轮、驱动轮等），然后依据负载转动惯量和摩擦力，确定所需的电机。

【例 4-1】一根钢制丝杆是实心圆柱体，其长度为 560 mm，半径为 8 mm，求其转动惯量。

分析：材料钢制，实心圆柱体，可以用式（4-2）计算。

解：由式（4-2），得

表4-2　常用材料密度表

材料名称	密度/（kg/dm³）
铜	8.906
铝	2.702
钢	7.868
塑料	0.915
木	0.544

$$J = \frac{\pi L \rho R^4}{2} = \frac{\pi \times 5.6 \times 7.868 \times (0.08)^4}{2} = 0.283 \text{ kg·m}^2$$

（3）直接连接的转动惯量。运动驱动最简单的连接形式就是直接连接，如图 4-1（a）所示。由于负载与电机直接相连，因此电机的速度与负载速度相同。因为电机必须要克服负载的摩擦力，所以这种连接总的转动惯量就是负载转动惯量加上电机转动惯量，即

$$J_t = J_1 + J_m \qquad (4\text{-}5)$$

式中，J_t为总转动惯量；J_l为负载转动惯量；J_m为电机转动惯量。

（4）齿轮连接的转动惯量。齿轮连接如图4-1（b）所示。负载与电机之间通过齿轮进行机械连接，反馈到电机轴端的负载参数如下。

电机速度：

$$S_m = S_1 \times N \quad 或 \quad S_m = \frac{S_1 \times N_1}{N_m} \tag{4-6}$$

式中，S_m为电机速度；S_1为负载速度；N为齿轮比；N_1为负载齿轮齿数；N_m为电机轴齿轮齿数。

电机转矩：

$$T_m = \frac{T_1}{N_n} \tag{4-7}$$

式中，T_1为负载转矩；N_n为齿轮比。

折算负载转动惯量：

$$J_r = \frac{J_1}{N^2} \tag{4-8}$$

式中，J_1为负载转动惯量；N为齿轮比。

总转动惯量：

$$J_t = \frac{J_r}{N^2} + J_m \tag{4-9}$$

式中，J_t为总转动惯量；J_r为负载转动惯量；N为齿轮比；J_m为电机转动惯量。

（5）输送带连接的转动惯量。同步齿形带与同步齿形带轮传动连接、齿轮与齿条传动连接、链轮与链条传动连接均属于输送带连接，如图4-1（c）所示。它们都需要把负载参数折算到电机轴端，相关参数计算如下。

电机速度：

$$S_m = \frac{V_1}{2\pi R} \tag{4-10}$$

式中，V_1为负载速度；R为带轮半径。

负载力矩：

$$T_1 = F_1 R \tag{4-11}$$

式中，F_1为负载力；R为带轮半径。

摩擦转矩：

$$T_f = F_f R \tag{4-12}$$

式中，F_f为摩擦力；R为带轮半径。

负载转动惯量：

$$J_1 = m_{lb} R^2 \tag{4-13}$$

式中，m_{lb}为负载含输送带质量；R为带轮半径。

总转动惯量：

$$J_t = J_1 + J_{p1} + J_{p2} + J_m \tag{4-14}$$

式中，J_1 为负载转动惯量；J_{p1} 为 1 号皮带轮转动惯量；J_{p2} 为 2 号皮带轮转动惯量；J_m 为电机转动惯量。

（6）丝杠传动连接的转动惯量。丝杠传动连接如图 4-1（d）所示，同前也需要把负载参数折算到电机轴端，负载转动惯量和丝杠转动惯量都必须考虑在内。如果丝杠转动惯量不便计算，则可以利用圆柱体的计算公式计算丝杠转动惯量。对于精密位置传动，为了消除或减小反冲，需要在丝杠上施加预紧力。下面是相关各参数的计算公式，其中丝杠传动效率系数 e 可以通过查表 4-3 求出；μ 是摩擦系数，可以通过查表 4-4 求得。

表 4-3　丝杠传动效率系数 e

类　　型	丝杠传动效率系数
球状螺母	0.90
塑料螺母（最大值）	0.65
金属螺母（最大值）	0.40

表 4-4　摩擦系数 μ

材　　料	摩擦系数
钢对钢（干磨）	0.58
钢对钢（润滑）	0.15
聚四氟乙烯对钢	0.04
球轴套	0.003

电机速度：

$$S_m = V_1 P_u \tag{4-15}$$

式中，V_1 为负载线速度；P_u 为丝杠的螺距。

折算负载力矩：

$$T_r = \frac{1}{2\pi} \frac{F_1}{P \times e} + \frac{1}{2\pi} \frac{F_{p1}}{P} \times \mu \tag{4-16}$$

式中，e 为丝杠传动效率系数；μ 为摩擦系数。

摩擦力：

$$F_f = \mu \times W + \cos\varphi + W\sin\varphi \tag{4-17}$$

式中，μ 为摩擦系数；W 为重量；φ 为电机安装角度。

摩擦力矩：

$$T_f = \frac{1}{2\pi} \frac{F_f}{P \times e} \tag{4-18}$$

式中，F_f 为摩擦力；P 为丝杠节距；e 为丝杠传动效率系数。

总转动惯量：

$$J_t = m\left(\frac{1}{2\pi\rho}\right)^2 + J_{ls} + J_m \tag{4-19}$$

式中，m 为质量；ρ 为密度；J_{ls} 为丝杠转动惯量；J_m 为电机转动惯量。

2）运动方程与运动轨迹

运动方程的选择是由运动控制系统的任务需求所决定的，其基础就是第 1 章所述的运动学公式。

运动轨迹的生成完全是由运动控制器的轨迹生成器根据运动控制系统的任务需要所生成的。

3）选择驱动单元和电机

首先，系统要根据运动对象的要求选择执行器的类别。对于电动执行器，先要选择电机的类型，然后根据机械负荷的惯性计算出电机功率，再选配电机功率驱动器。电机选用中，通常涉及的参数是电机额定输出功率、额定转速和额定转矩。

计算公式为

$$P = \omega \times T \tag{4-20}$$

式中，P 为电机额定输出功率；ω 为电机额定转速；T 为电机额定转矩。

电机额定转矩的计算是由负载到电机轴端的转矩再乘以一个安全系数（0.7～0.8）得到的。

$$T = T_L / (J_t \times \eta) \tag{4-21}$$

式中，T 为电机转矩；J_t 为总转动惯量；η 为安全系数；T_L 为负载转矩。

4.2 电动执行部件

电动执行部件是经典驱动执行器中应用最为广泛的一种，本节旨在全面介绍各种电动执行机构，常见的电动执行器有直线型电动执行器和角行程型电动执行器。

4.2.1 电动缸

1. 电动缸的特点

电动缸（也称为电动推杆）是一种为用户提供运动及动力的执行元件。作为一种典型的点对点位置执行器，电动缸应用广泛，其主要特点是推力大，可以作为重型载荷执行器。

2. 电动缸的工作原理

电动缸的工作原理是：电机通过丝杠把旋转运动转变为直线往复运动，并通过推杆将力传给负载，本质上也是电机驱动的一类变异执行器。电动缸有直线型和角行程型。图 4-4 所示是一个电动缸实物图，其主要部件包括基座（外壳）、推杆、丝杠、导向轮、推力轴承、定位传感器和电机。

图 4-4　电动缸实物图

3. 电动缸的主要结构特点

电动缸的主要结构特点如下。

（1）铝合金外壳：矩形结构，规格可以根据具体需要制造。

（2）不锈钢或电镀推杆。

（3）丝杠：滚动丝杠或滑动丝杠。

（4）导向：防旋转导轮。

（5）推力轴承。

（6）防尘密封。

（7）限位/回零传感器：磁性霍尔传感器。

（8）可选电机：直流伺服电机、交流伺服电机、步进电机、普通交/直流电机、减速电机等。

（9）推力范围为 10～10 000 kg。

（10）运动行程为 50～2500 mm。

（11）最高速度为 1500 mm/s。

（12）单向重复定位精度为±0.02 mm，可选高精度。

4. 电动缸的应用领域

电动缸作为重载执行器广泛应用在电力、冶金、煤炭能源、化工、机械等领域。

（1）坐标机械手，如物流传送、自动化生产线。

（2）造波机。

（3）并联机构，如实验台、仿真台、天线。

（4）并联机床。

（5）医疗设备，如 CT。

（6）专用设备，如自动调偏、阀门控制、激光加工、炼钢。

（7）实验设备，如汽车零部件的实验和测试。

4.2.2 电动执行阀

1. 电动执行阀的组成

电动执行阀与电动缸相比，控制更复杂，定位精度更高，广泛应用在各种阀门控制之中。图 4-5 所示是电动执行阀的基本结构。

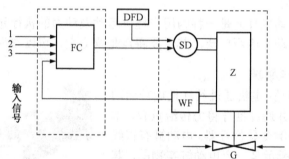

FC—伺服放大器；SD—单相伺服电机；WF—位置发送器；Z—执行机构；DFD—电动操作器；G—调节阀

图 4-5　电动执行阀的基本结构

2. 电动执行阀的工作原理

电动执行阀的工作原理是：电动执行阀的伺服电机由伺服放大器或电动操纵器控制，当选择自动操作模式时，电动执行阀受伺服放大器的控制，而伺服放大器的控制指令来自外部输入，通常是 4～20 mA 仪表信号；位置发送器把阀门的实际位置反馈给伺服放大器，进行位置检测与反馈。当阀门开度小、流量不能满足要求时，输入信号与反馈信号的差值就会增大，伺服放大器控制伺服电机增大阀门开度，加大流量；反之亦然。图 4-6 所示是电动执行阀的外形结构图。

电动执行阀有直线型和角行程型两类。角行程型的工作原理与直线型的基本相同。

3. 电动执行阀的分类

（1）自动型电动执行阀。依靠介质（液体、气体）本身的能力而自行动作的电动执行阀，如止回阀、安全阀、调节阀、疏水阀、减压阀等。

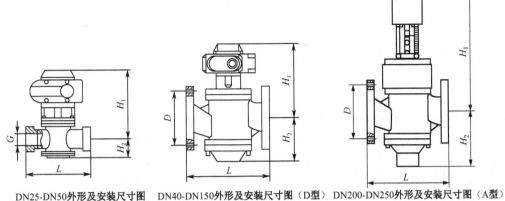

DN25-DN50外形及安装尺寸图　　DN40-DN150外形及安装尺寸图（D型）　DN200-DN250外形及安装尺寸图（A型）

图4-6　电动执行阀的外形结构图

自动型电动执行阀按照连接方法还可以分为以下几类。
- 螺纹连接电动执行阀：阀体带有内螺纹或外螺纹，与管道螺纹连接；
- 法兰连接电动执行阀：阀体带有法兰，与管道法兰连接；
- 焊接连接电动执行阀：阀体带有焊接坡口，与管道焊接连接；
- 卡箍连接电动执行阀：阀体带有夹口，与管道夹箍连接；
- 卡套连接电动执行阀：与管道采用卡套连接；
- 对夹连接电动执行阀：用螺栓直接将电动执行阀及两头管道穿夹在一起。

（2）驱动型电动执行阀。借助手动、电动、液压、气动来操纵动作的电动执行阀，如闸阀、截止阀、节流阀、蝶阀、球阀、旋塞阀等。

驱动型电动执行阀还可以分为以下几类。
- 截门阀：关闭件沿着阀座中心移动；
- 旋塞阀：关闭件是柱塞或球，围绕本身的中心线旋转；
- 闸阀：关闭件沿着垂直阀座中心移动；
- 旋启阀：关闭件围绕阀座外的轴旋转；
- 蝶阀：关闭件是圆盘，围绕阀座内的轴旋转；
- 滑阀：关闭件在垂直于通道的方向滑动。

4. 电动执行阀的应用领域

电动执行阀在航空、航天、军工、机械、冶金、化工、开采、交通、建材、食品加工、皮革处理、日常生活污水处理等方面均有广泛应用。

（1）污水处理中的应用。依据污水处理后的pH值和颗粒悬浮数量，对污水流量进行控制。

（2）石灰石/水泥厂中的应用。处理对象为干水泥、石膏或液体，控制对象为送风和引风机、调节型风门挡板、旁路型风门挡板。

（3）在天然气生产和输送中的应用。处理对象为气体流量，控制对象为管路主阀门及控制型阀门，阀门的开度大小由管道压力决定，还可以作为管道应急关断控制等。

*4.3　液压执行部件

液压执行部件的典型代表是液压缸与液压马达。液压缸和液压马达是一种把液体的压力能转换成机械能以实现旋转或往复运动的能量转换装置。

4.3.1　液压缸

液压缸是将液压能转换成机械能（做直线往复运动或摆动）的液压执行元件。它结构简单，工作可靠，在实现往复运动时，可免去减速装置，并且没有传动间隙，运动平稳，因此在各种机械的液压系统中得到广泛应用。液压缸一般由缸筒、缸盖、活塞、活塞杆、密封装置、缓冲装置与排气装置组成。除缓冲装置与排气装置视具体场合而定外，其他装置必不可少。

1. 液压缸的类型

按照结构分，有活塞式（单活塞、双活塞）、柱塞式和伸缩式。

按照作用方式分，有单向作用缸和双向作用缸。

按照用途分，有推力液压缸、摆动液压缸、拉杆液压缸、焊接型液压缸和法兰型液压缸，其中推力液压缸又可分为单作用缸、双作用缸和组合液压缸。

由于液压缸的结构有三大类，鉴于本书的重点不是讲授液压缸原理，因此本书选择最常用的单活塞式液压缸为代表对活塞缸进行介绍，以便读者对液压缸的结构有一个初步的了解。

2. 单活塞式液压缸的结构

图 4-7 所示是双作用单活塞式液压缸结构图。它由 20 个基本部件构成，缸筒一端与缸底焊接，另一端缸盖（导向套）与缸筒用卡键 6、套 5 和弹簧挡圈 4 固定，以便拆装检修，两端设有油口 A 和 B。活塞 11 与活塞杆 18 利用卡键 15、卡键帽 16 和弹簧挡圈 17 连在一起。活塞与缸孔的密封采用的是一对 Y 形聚氨酯密封圈 12，由于活塞与缸孔有一定间隙，采用由尼龙制成的耐磨环 13 定心导向。活塞杆 18 和活塞 11 的内孔由 O 形密封圈 14 密封。较长的导向套 9 则可保证活塞杆不偏离中心，导向套外径由 O 形密封圈 7 密封，而其内孔则由 Y 形密封圈 8 和防尘圈 3 分别防止油外漏和灰尘进入缸内。缸与杆端销孔与外界连接，销孔内有尼龙衬套抗磨。

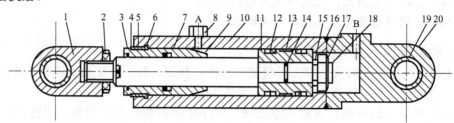

1—耳环；2—螺母；3—防尘圈；4、17—弹簧挡圈；5—套；6、15—卡键；7、14—O 形密封圈；8、12—Y 形密封圈；9—缸盖兼导向套；10—缸筒；11—活塞；13—耐磨环；16—卡键帽；18—活塞杆；19—衬套；20—缸底

图 4-7　双作用单活塞式液压缸结构图

3. 单活塞式液压缸的工作原理

单活塞式液压缸的工作原理是：利用液体的压力克服外界负载阻力，利用液体的流量维持运动速度。对于单活塞式液压缸，左、右两腔的有效工作面积不等，从左腔通压力油与从

右腔通相同的压力油，所得两个方向的推力是不相等的。把液压缸两腔互相接通并同时通压力油称为"差动连接"。

图4-8所示是液压缸实物，其中图4-8（a）采用的是法兰连接，图4-8（b）采用的是销轴连接。

4. 液压缸的应用领域

液压缸广泛应用在港口、电力、钢铁、造船、石油化工、矿山、铁路、建筑、冶金化工、汽车制造、塑料机械、工业控制、公路、大件运输、管道铺设、边坡隧

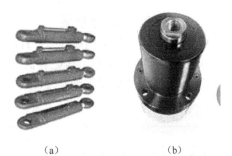

（a）　　　　　　（b）

图4-8　液压缸实物

道、井道治理防护、海上救助、海洋工程、机场建设、桥梁、航空、航天、场馆等重要行业，以及各种基础建设工程所需的机械设备上。

4.3.2　液压马达

液压马达是将液体的压力能转换为机械能的能量转换装置，它是液压设备执行机构实现旋转运动的执行元件。从工作原理上讲，它与液压泵是可逆的，但由于功用不同，它们的实际结构有所差别。

1. 液压马达的工作原理和图形符号

以叶片式液压马达为例，它通常是双作用的，其工作原理如图4-9所示。当压力油从进油口a经配油窗口输入转子与相邻两叶片间的密封容腔时，位于进油腔的两叶片2和6两侧均受进油口压力作用，作用力相互抵消，故不产生转矩；位于回油腔的两叶片4和8两侧均受回油压力作用，也不产生转矩。而位于封油区的叶片3、7和1、5，一面受进油腔压力的作用，另一面通过配油窗口与回油口b相通，受低压油作用，叶片两侧所受作用力不平衡，故叶片推动转子转动。由于叶片3和7的伸出长度比叶片1和5长，即作用面积大，故转子产生顺时针方向的转动，通过与转子相连的马达轴输出转矩和转速。当改变输油方向时，液压马达反转。

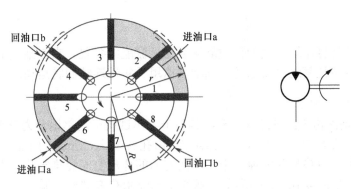

图4-9　叶片式液压马达工作原理图及液压马达图形符号

为满足液压马达正、反转的要求，叶片沿转子径向安放，进、回油口通径一样大，同时叶片根部必须与进油腔相通，使叶片与定子内表面紧密接触，并在泵体内装有两个单向阀。

2. 液压马达的分类

液压马达按其结构形式分，有齿轮式、叶片式和柱塞式；按其排量分，有定量式和变量式；按其转速分，有高速液压马达和低速液压马达，高速液压马达的额定转速大于或等于 500 r/min；低速液压马达的额定转速小于 500 r/min。高速与低速液压马达的优缺点见表 4-5。

表 4-5　高速与低速液压马达的优缺点

分　类	优　点	缺　点
高速液压马达	转速高，转动惯量小，便于启动、制动、调速和换向	启动转矩较低，速度调节范围小，低速稳定性差
低速液压马达	排量大，低速稳定性好，启动转矩大，可以直接连接负载，结构简单	体积大，转动惯量大，制动较为困难

3. 液压马达在结构上与液压泵的差异

（1）液压马达是依靠输入压力油来启动的，密封容腔必须有可靠的密封。

（2）液压马达往往要求能正、反转，因此它的配流机构应该对称，进、出油口的大小应该相等。

（3）液压马达是依靠泵输出压力进行工作的，不需要具备自吸能力。

（4）液压马达要实现双向转动，高、低压油口要能相互变换，故采用外泄式结构。

（5）液压马达应有较大的启动转矩，为使启动转矩尽可能接近工作状态下的转矩，要求液压马达的转矩脉动小，内部摩擦小，齿数、叶片数、柱塞数比液压泵多一些。同时，液压马达轴向间隙补偿装置的压紧力系数也比液压泵小，以减小摩擦。虽然液压马达和液压泵的工作原理是可逆的，但由于上述原因，同类型的液压马达和液压泵一般不能通用。

4. 液压马达的应用领域

液压马达具有鲜明的转速和力矩输出特点，可以广泛地应用在各类机械的行走、牵引、驱动及提升等场合，因此在冶金、矿山、起重、运输、船舶等机械的液压系统中经常使用。

*4.4　气动执行部件

4.4.1　气缸

气动执行部件是将压缩空气的压力能转换为机械能的装置。它包括气缸和气动马达，其中气缸用于实现直线往复运动或摆动，气动马达用于实现连续回转运动。

1. 气缸的工作原理

图 4-10 所示是冲击气缸的工作原理，其整个工作过程可简单地分为三个阶段。第一个阶段是复位阶段［如图 4-10（a）所示］，压缩空气由孔 A 输入冲击缸的下腔，蓄气缸经孔 B 排气，活塞上升并用密封垫封住喷嘴，中盖和活塞间的环形空间经排气孔与大气相通。第二个阶段是储能阶段［如图 4-10（b）所示］，压缩空气改由孔 B 进气，输入蓄气缸中，冲击缸下腔经孔 A 排气。由于活塞上端气压作用在面积较小的喷嘴上，而活塞下端受力面积较大，一般设计成喷嘴面积的 9 倍，缸下腔的压力虽因排气而下降，但此时活塞下端向上的作用力仍然大于活塞上端向下的作用力。第三个阶段是冲击阶段［如图 4-10（c）所示］，蓄气缸的压力继续增大，冲击缸下腔的压力继续降低，当蓄气缸内压力高于活塞下腔压力 9 倍时，活塞开始向下移动，活塞一旦离开喷嘴，蓄气缸内的高压气体迅速充入活塞与中间盖间的空间，

使活塞上端受力面积突然增加 9 倍，于是活塞将以极大的加速度向下运动，气体的压力能转换成活塞的动能。在冲程达到一定时，获得最大冲击速度和能量，利用这个能量对工件进行冲击做功，产生很大的冲击力。

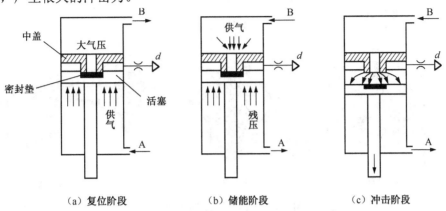

（a）复位阶段　　　　（b）储能阶段　　　　（c）冲击阶段

图 4-10　冲击气缸的工作原理

2. 气缸的分类

按有无缓冲分，有无缓冲普通气缸和有缓冲普通气缸；按动作形态分，有单动气缸和双动气缸；按功能需求分，有普通气缸和特殊气缸（包括气液阻尼缸、薄膜式气缸和冲击式气缸）。

3. 气缸的应用领域

气缸作为执行部件在印刷（张力控制）、半导体（点焊机、芯片研磨、挑粒、分选）、自动化控制、机器人等诸多领域都有着极为广泛的应用。

4.4.2　气动马达

气动马达是气动执行元件的一种。它的作用相当于电机或液压马达，即输出力矩，拖动机械机构做旋转运动。

1. 气动马达的工作原理

图 4-11（a）所示是叶片式气动马达的工作原理图。叶片式气动马达由转子、定子和机座构成，其主要结构和工作原理与叶片式液压马达相似。转子通常有 3～10 个叶片，偏心安装在定子内。转子两侧有前、后盖板，叶片在转子的槽内可径向滑动，叶片底部通有压缩空气，转子转动是靠离心力和叶片底部气压将叶片紧压在定子内表面上。定子内有半圆形的切沟，提供压缩空气及排出废气。

当压缩空气从 A 口进入定子内时，会使叶片带动转子做逆时针旋转，产生转矩。废气从排气口 C 排出；而定子腔内残留气体则从 B 口排出。如需改变气动马达的旋转方向，只需改变进、排气口即可。

图 4-11（b）所示是径向活塞式气动马达的原理图。它由气缸、活塞连杆组件、分配阀和曲柄组成。压缩空气经进气口进入分配阀（又称配气阀）后再进入气缸，推动活塞及连杆组件运动，再使曲柄旋转。曲柄旋转的同时，带动固定在曲轴上的分配阀同步转动，使压缩空气随着分配阀角度位置的改变而进入不同的缸内，依次推动各个活塞运动，由各活塞及连

杆带动曲轴连续运转。与此同时，与进气缸相对应的气缸则处于排气状态。

图 4-11（c）所示是薄膜式气动马达的工作原理图。它实际上是一个薄膜式气缸，当它做往复运动时，通过推杆端部的棘爪使棘轮转动。

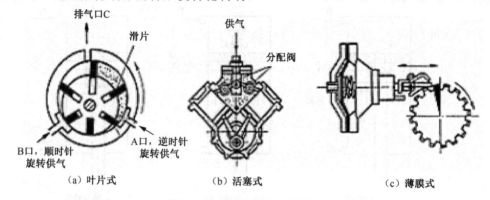

（a）叶片式　　　　　　　　（b）活塞式　　　　　　　　（c）薄膜式

图 4-11　气动马达的工作原理

2. 气动马达的分类

气动马达按结构形式分，有叶片式气动马达、活塞式气动马达和齿轮式气动马达。其中最为常见的是活塞式气动马达和叶片式气动马达。

3. 气动马达的特点

气动马达具有以下特点。

（1）安全性好，可以在易燃易爆场所工作，同时不受高温和振动的影响。

（2）温度一致性好，可以长时间满载工作而温升较小。

（3）调速性能好，可以无级调速。

（4）启动转矩大，可以直接带负载运动。

（5）结构简单，操纵方便，维护容易，成本低。

（6）输出功率相对较小，最大只有 20 kW 左右。

（7）耗气量大，效率低，噪声大。

4.4.3　控制回路

气缸主要由气路内的气体控制，气路气体由气体换向阀控制，换向阀主要有人力控制换向阀、机械控制换向阀和电磁控制换向阀。本书重点讲解电磁控制换向阀。

1. 电磁控制换向阀的工作原理

电磁控制换向阀是利用电磁力的作用来实现阀的切换以控制气流的流动方向的。下面简

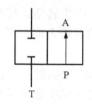

图 4-12　二通电磁换向阀气路示意图

述单动电磁控制换向阀的工作原理。单动电磁控制换向阀只有一个电磁铁，分常态和工作态两种状况。常态即激励线圈不通电，此时阀在复位弹簧的作用下处于上端位置，其通路状态为 A 与 T 相通，A 口排气。当通电时，电磁铁推动阀芯向下移动，气路换向，其通路为 P 与 A 相通，A 口进气。图 4-12 所示是二通电磁换向阀气路示意图。

2. 电磁控制换向阀的符号

如图 4-13 所示，P 表示压力的入口，A/B 表示出口，T 表示截止不通，箭头表示介质的流向。图形符号的含义一般如下。

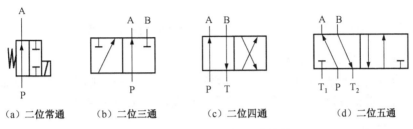

（a）二位常通　　（b）二位三通　　（c）二位四通　　（d）二位五通

图 4-13　换向阀的位与通路符号

（1）用方框表示阀的工作位置，有几个方框就表示有几"位"。

（2）方框内的箭头↑表示油路处于接通状态，但箭头方向不一定表示液流的实际方向。

（3）方框内的符号"⊥"或"T"表示该通路不通。

（4）方框外部连接的接口数有几个，就表示几"通"。

（5）一般来说，阀与系统供油路或气路连接的进油口/进气口用字母 P 表示，阀与系统回油路或气路连接的回油口/回气口用 T 表示，而阀与执行部件连接的油口/气口用 A、B 表示。

（6）换向阀都有两个或两个以上的工作位置，其中一个为常态位，即阀芯未受到操纵力时所处的位置。图形符号中的中位是三位阀的常态位。利用弹簧复位的二位阀则以靠近弹簧方框内的通路状态为其常态位。绘制系统图时，油路/气路一般应连接在换向阀的常态位上。

3. 电磁控制换向阀的分类

电磁控制换向阀一般有直动式和先导式，其中直动式又分为单电控电磁阀和双电控电磁阀。

*4.5　新型执行器

新型执行器是随着微电子技术与新材料技术的快速发展而新兴的一种执行器技术。按照新型执行器的主要驱动方式及其对应材料分，有电力型执行器（静电/压电/电致伸缩/凝胶/电磁流变体）、磁力型执行器（磁力/磁致伸缩）、热力型执行器（SMA/双金属/热气动）、光能型执行器和化学型执行器等；按照驱动材料与驱动结构的关系分，有机械微结构型和可变形微结构型。

4.5.1　压电执行器

1. 压电效应

某些电介质在沿一定方向上受到外力的作用而变形时，其内部会产生极化现象，同时在它的两个相对表面上出现正负相反的电荷，当外力去掉后，它又会恢复到不带电的状态，这种现象称为正压电效应。当作用力的方向改变时，电荷的极性也随之改变。相反，当在电介质的极化方向上施加电场时，这些电介质也会发生变形，电场去掉后，电介质的变形随之消失，这种现象称为逆压电效应，或称为电致伸缩现象。依据电介质压电效应研制的一类传感器称为压电传感器。

2. 压电材料

具有逆压电效应的材料有闪锌矿、钠氯酸盐、电气石、石英、酒石酸、蔗糖、方硼石、异极矿、黄晶及若歇尔盐。这些晶体都具有各向异性结构，各向同性材料是不会产生压电性的。

PZT 陶瓷是典型的压电材料，其弹性模量为 63 000 MPa，应变为 0.001 量级。

3. 压电执行器的工作原理

如图 4-14 所示，压电执行器的工作原理是在某类电介质材料的极化方向施加电压，由于逆压电现象，电介质就会产生机械形变，从而可以驱动特定的对象动作。

4. 压电执行器的分类

压电执行器按工作方式分，有谐振式和非谐振式。其中，谐振式又有旋转超声电机、行波超声电机和线性超声电机；非谐振式又有双压电晶片式压电执行器、堆栈式压电执行器和尺蠖执行器。

图 4-15 所示是行波超声电机的结构。通常，传播的波可用式（4-22）表述：

$$u(\phi, t) = Af(k\phi \pm \omega t) \tag{4-22}$$

式中，ϕ 为圆周角；k 为模态系数；ω 为角频率；t 为时间。负号表示波在往 ϕ 增大的方向传播；反之，正号表示波在往 ϕ 减小的方向传播。

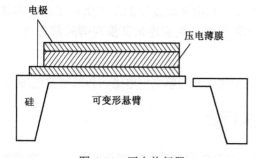

图 4-14　压电执行器

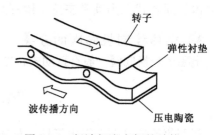

图 4-15　行波超声电机的结构

5. 实例

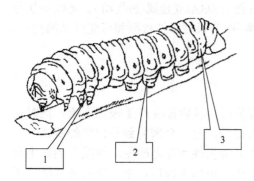

图 4-16　仿生尺蠖执行器结构图

图4-16所示是一个仿生尺蠖执行器结构图。通过对蠖虫运动过程的解析，发现蠖虫的运动可以分解为两个节拍，其中第一节拍是前肢和后肢的蜗节交替固定地形，第二节拍是蠖虫的中间段伸长和收缩交替，两个节拍嵌套提供运动。尺蠖执行器的原理与生物蠖虫完全类同，三个独立的压电陶瓷用于模拟操作前后腿（1 和 3）和中间部分（2）。压电致动器驱动 1 和 3 根据第一节拍使它们夹紧转子，根据第二节拍模仿蠖虫中间部分的伸长和收缩，从而达到相应的运动效果。

4.5.2　形状记忆合金执行器

1．形状记忆合金

形状记忆合金现象是马氏体相变的热激活。形状记忆合金具有两个稳定的状态,一个是马氏体态,也称为α相;另外一个是奥氏体态,也称为β相。图4-17所示是形状记忆合金温度与奥氏体的关系曲线。马氏体变换是可逆变换,当低温马氏体受热,温度不断升高,从A_s升高至A_f时,转换就完成了;当温度由高温不断下降,又从M_f一直下降至M_s时,反向转换结束。马氏体变换是与时间无关的变换。

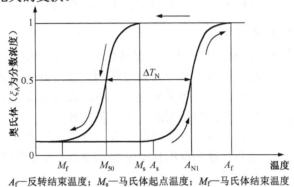

A_f—反转结束温度;M_s—马氏体起点温度;M_f—马氏体结束温度

图4-17　形状记忆合金温度与奥氏体的关系曲线

形状记忆合金具有较高的机械性能,抗蚀性能好,可恢复应变量大,恢复力大,本身既是驱动材料又是结构材料,便于实现机构的简化和小型化。

2．形状记忆效应

图4-18所示为形状记忆合金记忆过程,包括三个过程循环:自累积(冷却)过程、应力感应累积过程、恢复(受热)过程。从图4-18中可以看出,这个过程是可以循环的。只要控制温度,状态就可以循环变换。

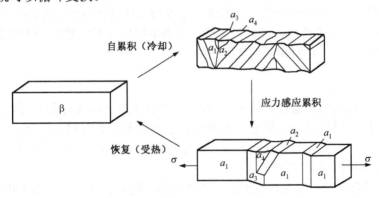

图4-18　形状记忆合金记忆过程

3．形状记忆执行器的设计

利用形状记忆合金的可逆变换性能,可制造各类执行器。图4-19所示是基于记忆效应的执行器原理示意图,对比图4-19(a)、(b),可以清楚地看出杆的形状突变的情形。

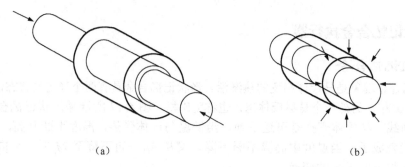

（a） （b）

图 4-19 基于记忆效应的执行器原理示意图

4. 形状记忆执行器的应用

图 4-20 所示是形状记忆合金的一个实例记忆雾灯。当雾浓度增大时，会导致灯具温度升

图 4-20 记忆雾灯

高，形状记忆合金执行器因为温度升高，到达相变点，启动雾灯开始工作；当雾浓度下降时，温度回落，形状记忆合金执行器恢复到低温初始状态，关断雾灯开关。

此外，形状记忆合金可以制成用于太空飞船的高档锁、用于控制高速列车的自动油路调节器，以及用于医疗中内窥镜的驱动元件等。

4.5.3 电致聚合体执行器

1. 基本原理

电致聚合体是一种新型材料。所谓电致伸缩是指高分子聚合材料可以借由电流的作用产生收缩现象，具有电致伸缩功能的材料就称为电致伸缩材料。

电致伸缩的工作原理是：随着施加在材料特定部位的电压的变化，材料自身会产生不同程度的形状改变。通电时，电致聚合体内部分子受到电压的影响，使分子从原本的排列变成偏往一端聚集，整个材料从外观上看就像一根纤维，可以弯曲、伸缩或伸长；当电压极性发生变化时，电致聚合体会向另一个方向弯曲。电致聚合体这种特性被称为"人工肌肉"。

图 4-21 所示是电致聚合体收缩的机理图，从图中可以清晰地看出，材料棒在未加电压时是直的，当施加电压后，材料棒发生明显弯曲。

2. 应用领域

由于高分子聚合物的重量比金属轻，因此应用在航空航天的飞行器上可以大幅减轻自重，提升运载能力。国外已经成功利用电致聚合体制造出机器人手臂和飞行舱。除了机器人手臂外，电致聚合体还可以制成机械昆虫、能在水中畅游的机械鱼，以及用于制造人工视网膜、人工味觉、人工神经传递系统等。

目前，电致聚合体的开发与应用尚处于初期阶段，现有的电致聚合体依然存在很多问题，例如，如何降低驱动电压、增加机械强度、加大电压形变比、延长反应时间等。

3. 应用实例

图 4-22 所示是基于电致聚合体执行器的触摸式显示装置原理图。这是为有视力障碍的人提供帮助的一项新的研究。利用 Braille 盲文线帮助建立计算机接口，形成一个鼠标坐标

点位，使得盲人可以感觉到屏幕内容的具体位置信息。典型的触摸点位区是 0.2 mm×0.5 mm，六个点构成一个 3×2 矩阵，只要刷新速度够快，就能满足阅读的要求。有基于压电多态的执行器，但是其价格太高，故 2002 年开始这项技术逐渐引起人们的关注。其基本工作原理是：当 PPY 执行器无效时，偏置弹簧使触摸位置处于凸位；当触摸点被触及时，触摸点被压下，处于凹位，完成一次触摸操作。

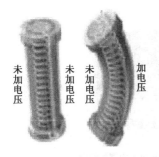

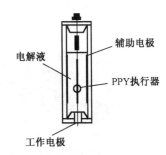

图 4-21　电致聚合体收缩的机理图　　图 4-22　基于电致聚合体执行器的触摸式显示装置原理图

4.5.4　磁致伸缩执行器

1. 磁致伸缩

所谓磁致伸缩指的是铁磁性物质由于磁化状态的改变，其尺寸在各方向上发生变化。铁磁性物质在外磁场作用下，其尺寸会伸长或缩短，去掉外磁场后，其又恢复到原来的长度，这种现象称为磁致伸缩效应。磁致伸缩是一种能量转换形式，把磁能转化为机械能。20 世纪 40～50 年代，镍及其合金材料开始作为磁致伸缩材料应用到军事与民用领域；近些年研究人员发现元素铽和元素镝的磁致伸缩效应的强度要比镍大 100～1000 倍，但工作温度更低。美国海军研究镧系元素，发现了新的合金具有很强的磁致伸缩效应。

磁致伸缩效应还有一个特例是维德曼（Wiedemann）效应。所谓维德曼效应指的是沿长度方向通过电流的铁棒在纵向磁场中发生扭转，它把螺旋磁场能转变为扭力机械能。

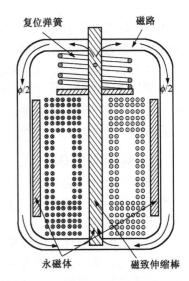

2. 磁致伸缩执行器

磁致伸缩执行器是基于磁致伸缩效应制成的一类新型执行元件，它是以新型功能材料——磁致伸缩材料作为致动元件的一类微位移执行器，具有输出行程和输出力大、响应速度快等突出优点。

图 4-23 所示是磁致伸缩执行器结构图，从图中可以看出执行器的基本结构。

3. 磁致伸缩执行器的应用

下面列举两个磁致伸缩执行器的实例：一个是直线型小输出力矩型执行器，一个是大输出力矩型执行器，如图 4-24 所示。图 4-24（a）所示的执行器是芬兰 Adaptat 公司开发

图 4-23　磁致伸缩执行器结构图

的 A5-2 型执行器，其工作行程为 3 mm，顶出力为 3 N，沿执行器输出轴线方向安装磁性形状记忆合金棒，磁场方向与执行器输出轴线垂直，为了获得更大的输出行程，A5-2 执行器的

主导 MSMA 棒由三块 0.52 mm × 2.4 mm × 28 mm 的主动导块构成；执行器的磁场由两组线圈建立，这两组线圈可以选择并联，也可以串联。绕组时间常数为 5 ms，最大工作频率为 300 Hz。

图 4-24（b）所示是大输出力矩型执行器，其输出力为 2 kN，由 48 块 MSMA 杆并行组成，每根杆的外形尺寸是 2.5 mm × 5.0 mm × 30 mm，有效工作尺寸是 25 mm，执行器的有效工作面积为 600 mm²，工作频率为 100 Hz。

（a）直线型小输出力矩型执行器　　　（b）大输出力矩型执行器

图 4-24　磁致伸缩执行器实物图

4.5.5　电、磁流变液体执行器

1. 流变基础

流变是研究材料的弹性、塑性和黏性特性的学科。流变尤其关注的问题是流体的应力与应变的关系，有关流体的应力-形变关系的数学表达式称为流变状态方程。

流体可以分为牛顿流体和非牛顿流体两大类。

（1）牛顿流体。凡是牛顿流体，流变状态方程都表示为线性关系，剪切应力与剪切率之间的关系可用式（4-23）表达：

$$\tau = \eta\dot{\gamma} \tag{4-23}$$

式中，τ 为流体的剪切应力；γ 为流体的剪应变；η 为黏度系数。需要说明的是，牛顿流体的黏度是常数，与时间和剪应力无关。

（2）非牛顿流体。非牛顿流体可分为三类：一是时间无关流体，在这种情况下，剪切率只是剪切力的函数，即 τ 是 γ 的函数；二是时间相关流体，在这种情况下，流变状态方程不仅与流体当前的剪应力有关，而且与之前的受力历史情况有关；三是弹黏流体，这类流体的主要特性是黏性，但是变性后也会有部分弹性复原。

2. 场响应流体

场响应流体分为三类：磁流变流体、电流变流体和铁磁流体。场响应流体在受到外界磁场或电场作用下，其机械、物理特性有关性能会发生突变，这些物理性质可以是磁、电、光、声、流变、热等。

（1）磁流变流体。磁流变流体是悬浮在原液中的非胶质、多畴的磁性微粒，微粒大小为 0.1～10 μm，原液是有机物或水溶液。磁流变流体的性质与宾汉塑性体（又叫牛顿流体）相似，当无外加磁场时，它具有显著的黏性，数量级为 0.1～10 Pa·s；当施加外加磁场之后，黏性就会在数毫秒之内突变 5～6 个数量级。磁流变流体的浓度通常为 20%～60%，如果施加在磁流变流体上的剪切应力小，那么微粒链就将伸展，开始变形，随着力的不断增大，微粒链终将断裂，流体开始流动起来。

（2）电流变流体。电流变流体是悬浮于绝缘液体内的由电活性微粒组成的混合液体；电流变微粒的颗粒大小要比磁流变的颗粒大，通常为 $1 \sim 100 \ \mu m$。电流变流体同样也遵循宾汉塑性体模型，其场应变数值也比磁流变流体小两个数量级。

（3）铁磁流体。铁磁流体是胶质态的单畴磁性颗粒，悬浮在水或非水溶液之中，其颗粒大小为 $5 \sim 10 \ nm$；铁磁流体受磁场作用的影响不是对剪切力，而是对黏性，原因是其磁微粒太小，微粒热扰动形成的布朗力阻碍了粒子间形成链路连接。铁磁流体外加磁场，反过来会对流体的黏性产生重大影响。

3. 电、磁流变

电流变效应或磁流变效应都是因为外加电场或磁场使得剪切力发生变化，故可以利用这个特点制作执行器。主要分析方法就是两种状态：施加场之前的状态和施加场的状态。当剪应力小于场应力屈服点，即 $\tau < \tau_e$ 时，流体的外特性犹如固体，在这种情况下，剪切率为 0，即 $\gamma = 0$；并且剪切应变与剪切力成正比，比例系数是 G，G 是流体的剪切模量，由式（4-24）计算求取。

$$\tau = G\gamma, \ \dot{\gamma} = 0 \qquad (\tau < \tau_e) \tag{4-24}$$

当施加的剪应力大于静态场应力，即 $\tau > \tau_s$ 时，流体的特性呈现出流动性。剪应力与剪切率成正比，由式（4-25）计算求取。

$$\tau = \tau_y + \eta\dot{\gamma} \qquad (\tau > \tau_s) \tag{4-25}$$

电、磁流变的静态黏性是由原液的黏性决定的。无论怎样，剪切力和剪切模量都是所加磁场或电场强度的函数。图 4-25 所示是流变液体的剪切关系曲线，其中图 4-25（a）是剪切应变曲线，可以看出施加场之前基本是线性关系，场加过之后，几乎进入饱和态；从图 4-25（b）中可见，剪切率曲线几乎是一簇平行线；从图 4-25（c）中可以得到屈服点与动态剪应力的关系。

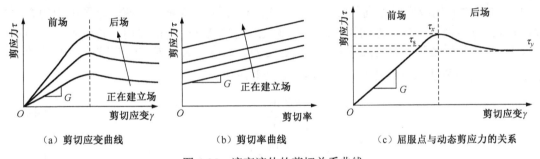

（a）剪切应变曲线　　　　（b）剪切率曲线　　　　（c）屈服点与动态剪应力的关系

图 4-25　流变液体的剪切关系曲线

4. 流变材料的机电设计

电、磁流变液体执行器是结合了几何变送与材料换能概念的器件。电、磁流变液体执行器共有三种几何形式或受力模式：第一类是剪切离合态，第二类是瓣膜态，第三类是挤压态。

1）剪切离合态器件

在这种应用设计中，液体要置于两块基板之间，一块板是固定的，另外一块板是可以相对移动的，两板间的距离是一个常数，如图 4-26 所示。其中，基板是一个矩形，长为 a，宽为 b，电场或磁场方向垂直向下，与 z 轴重合，力、速度方向与坐标 x 轴一致。图 4-26 中下基板固定，一个作用力施加在上基板上，使之沿 x 轴产生一个位移，其移动速度是 $y=\dot{x}$，液体受剪切力。当外加电场或磁场与极板垂直时，液体就会产生一个剪切力，并作用于上基板，使上基板发生位移。

力 F_η 与场应变力 $F_x(E)$ 由式（4-26）和式（4-27）表示如下：

$$F_\eta = \frac{\eta \dot{x} ba}{g} \tag{4-26}$$

$$F_x(E, H) = \tau_y(E, H) ba \tag{4-27}$$

式中，E 为电场强度；H 为磁场强度；η 为黏度系数；τ_y 为剪切屈服点；a、b 为基板长、宽尺寸；$\dot{x}$ 为基板移动速度；g 为剪切模量。

2）瓣膜态器件

瓣膜态的结构如图 4-27 所示。在这种方案中，两块基板是固定不动的，基板间的活动液体因为压力而产生一个容积流量 Q。当把外加电场或磁场按图示方向施加在两块基板之间后，两块基板之间的电、磁流变液体材料就会产生一个压力，使得液体发生容积流量现象。

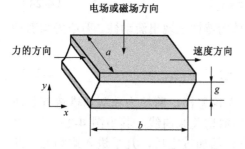

图 4-26 剪切离合态结构示意图

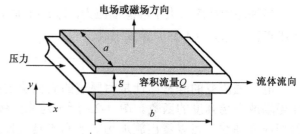

图 4-27 瓣膜态结构示意图

3）挤压态器件

挤压态器件利用板垂线方向的相对位移，其结构如图 4-28 所示。请注意图中力的方向与电场或磁场方向轴线重合，方向相反；两块基板之间的液体受力的作用，将沿着内板间隙往外流动。两块基板之间的相对速度是 $\dot{x}$，流速与力、黏度相关，F_η 与场相关的场应变有关，F_η 与 $F_\tau(E,H)$ 分别由式（4-28）、式（4-29）计算求得。

$$F_\eta = \frac{3\pi \eta R^4 \dot{x}}{s(g_0-x)^3} \tag{4-28}$$

$$F_\tau(E, H) = \frac{4\pi \tau_y(E, H) R^3}{3(g_0-x)} \tag{4-29}$$

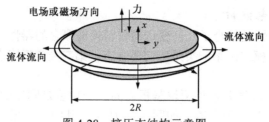

图 4-28 挤压态结构示意图

表 4-6 所示是电、磁流变材料三种应用状态（剪切离合态、瓣膜态和挤压态）的设计示例图与设计计算公式。

表 4-6 剪切离合态、瓣膜态和挤压态设计示例图与设计计算公式

元件几何形状	黏滞力，$F_\eta(\dot{x})$	动态力，$F_\tau(E, H)$	有效容积，V
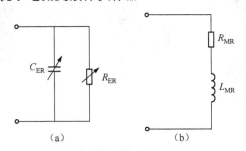	$\dfrac{qkba}{g}$	$\tau_y(E, H)ba$	$V = K\dfrac{\eta}{\tau_y^2}\lambda P_m \quad K = 1$
	$\dfrac{3\pi\eta R^4 \dot{x}}{2(g-x)^3}$	$\dfrac{4\pi\tau_y(E, H)R^3}{3(g-x)}$	$V = K\dfrac{\eta}{\tau_y^2}\lambda P_m \quad K = \dfrac{12}{c^2}$
	$\dfrac{12\eta Qb}{g^3 a}$	$\dfrac{c\tau_y(E, H)b}{g}$	$V = K\dfrac{\eta}{\tau_y^2}\lambda P_m \quad K = \dfrac{32}{27}$

5. 电、磁流变液体执行器等效电路

电、磁流变液体执行器等效电路如图 4-29 所示。其中，图 4-29（a）是电流变液体执行器等效电路，它等效为一个可变电容和可变电阻并联；图 4-29（b）是磁流变液体执行器等效电路，它等效为一个电阻和一个电感线圈串联。从等效电路可以看出，磁流变液体执行器的等效电路参数的稳定性优于电流变液体执行器。

图 4-29 电、磁流变液体执行器等效电路

6. 电、磁流变液体执行器的控制

如前所述，电、磁流变液体执行器是半主动器件，其阻尼器可以消耗机械能，但是无法提供能量给它们的被控对象。

$$F = f_{\text{damper}} \cdot (\dot{x}_1 - \dot{x}_2) \tag{4-30}$$

电、磁流变液体执行器的典型应用就是吸收振动的阻尼器。

图 4-30 所示是阻尼器的阻尼速度与受力的关系图，由图可见，速度越大，受力越大；场强越高，受力越大，它们是一簇平行线。

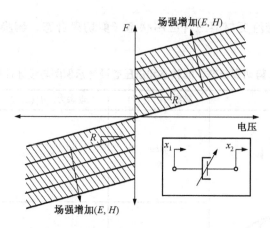

图 4-30　阻尼器的阻尼速度与受力的关系图

7.　电、磁流变液体执行器应用实例

1）磁流变人工下肢膝关节

图 4-31 所示是磁流变假肢，其中图 4-31（a）是磁流变假肢结构图，图 4-31（b）是实际使用状态图。

人腿的主要功能有两个：站立（支撑）和行走（摆动）。站立时下肢要承载人体重量和吸收脚底接触时的振动，行走时下肢要确保接触地面时平稳。图 4-31 所示的假肢具有多个传感器，数据传输速率是 50 Hz，传感器有力和力矩传感器、角位移和角速度传感器，这些传感器用来反馈假肢的信息，控制磁流变阻尼器调节人工假肢的运动。

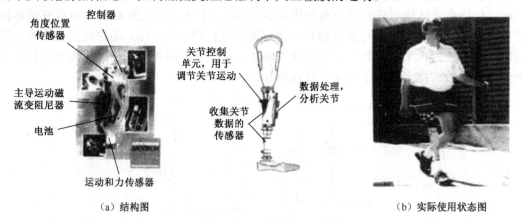

（a）结构图　　　　　　　　　　　　　　　　　　　（b）实际使用状态图

图 4-31　磁流变假肢

2）载重卡车司机座椅被动式阻尼器

图 4-32 所示是载重卡车司机座椅被动式阻尼器，图右下方是道路振动颠簸的情况，即输入，图右上方波形是经过弹簧和磁流变阻尼器，振动被衰减之后的波形，很明显，颠簸幅度大为减小。目前，人体工程学十分流行，因为重型卡车司机的工作强度比较大，为了安全可靠，提升驾驶的舒适性就十分必要。

座椅下方装有一个椅状态开关，计算机控制器控制磁流变阻尼器，同时接受位置传感器有关座椅弹簧形变的位置信息，依据道路输入的颠簸信息、驾驶员的自身体重，自动调节阻尼器的阻尼系数，增大或减小阻尼力，使座椅始终处于水平位置。

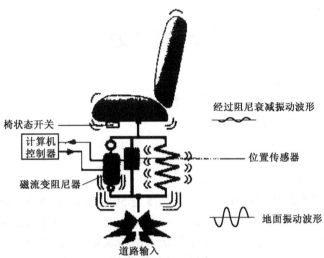

经过阻尼衰减振动波形

椅状态开关

计算机
控制器

位置传感器

磁流变阻尼器

地面振动波形

道路输入

图 4-32　载重卡车司机座椅被动式阻尼器

本章小结

4.1　执行器设计基础

本节围绕执行器技术进行讨论,重点学习执行器的分类方法和种类,对所有执行器进行归类,并介绍了运动控制执行器的设计原则与基本机械连接形态,以及相关计算方法和公式。

4.2　电动执行部件

电动执行部件本质上是三类电机的控制使用问题,电动缸驱动执行元件实际上还是电机,只是外在形式不同。本节分别介绍了电动缸和电动执行阀的相关知识。

4.3　液压执行部件

液压执行部件有液压缸和液压马达,本节分别介绍了其基本结构、驱动原理、液压控制方法等。

4.4　气动执行部件

气动执行部件有气缸和气动马达,本节围绕其工作原理与基本结构进行论述,并简单介绍了气动元件的控制方法。

4.5　新型执行器

新型执行器主要有压电执行器、形状记忆合金执行器、电致聚合体执行器、磁致伸缩执行器和电、磁流变液体执行器等,本节主要涉及其基本原理、结构设计与典型应用。

习题与思考题

1. 执行器的作用是什么？
2. 执行器的分类有哪些？各自的特点是什么？
3. 缸类执行器的运动特点是什么？
4. 马达类执行器的特点是什么？
5. 新型执行器有哪些类型？
6. 执行器的设计原则是什么？
7. 已知一根钢制丝杠是实心圆柱体，其长度是 500 mm，半径是 8 mm，求其惯量。
8. 已知一根圆钢管，其长度是 300 mm，内半径是 35 mm，外半径是 40 mm，求其惯量。
9. 电机的机械连接方法有几种？其中传送带的传递效率是多少？
10. 结合图 4-30 和图 4-31，分析阻尼器减振作用，并列举一两种可能的应用。
11. 试结合 SMA 的基本原理，列举两个应用实例。
12. 什么是逆压电效应？什么是电致伸缩现象？试结合压电原理，分析压电执行器的应用场合和特色。
13. 试列举电致聚合体执行器的应用实例。
14. 结合表 4-1，说明经典执行器的运动特征。

第5章 直流电机控制技术

直流电机是电机的一个基本类型。由于直流电机具有良好的调速性能，因此在实际工农业生产和生活中有着广泛的应用。早期直流电机的制造工艺比较复杂，尤其为了解决直流供电问题，电机结构上采用换向电刷，使得直流电机的使用和维护受到限制。但是随着无刷电机的发展，这一问题得到很好的解决，从而使无刷直流电机在很多领域得到应用，尤其在家用电器领域，利用变频技术对直流电机进行控制，取得了很好的节能效果。随着电机控制技术的快速发展，早期的很多调速方法因技术落后，目前已经基本不被采用。微电子技术的发展，也使得PWM技术占据了主导地位。因此，本书将根据现有技术的发展特点，只围绕PWM调压调速进行进行有选择性的介绍，而忽略其他方法。

5.1 直流电机调速概述

直流电机因其优异的调速性能，从诞生之日起，就得到广泛的应用。早期的调速系统（20世纪80年代之前），90%以上都是直流调速。随着微电子技术、信息技术、电力电子技术和控制理论的快速发展，交流电机调速日趋成熟，使得直流电机的使用变得日渐稀少。究其原因是直流电机的制造成本高和使用维护困难。但是，无刷直流电机的出现又使得其安全性大大提升，维护成本降低，故直流电机并没有退出历史舞台，依然是执行器中的主力军之一，比如在家电行业，空调广泛采用的就是直流变频空调，因此我们很有必要对其进行认真的研究。

对于其他直流电机的调速方法，不作为本书的重点，仅作为历史演进过程的一部分加以介绍。

5.1.1 直流电机调速的发展历程

1. 变流机组时代

图5-1所示是早期直流电机的调速方案，称为直流变流机组。系统主要由五大部件组成：原动机、直流发电机、直流电动机、励磁电源和生产机械。其基本工作原理是：一台三相交流电动机拖动一台直流发电机，直流发电机发出直流电，作为直流电动机的供电电源，然后直流电动机拖动生产机械。通过对励磁电路和放大装置的控制，就能改变直流发电机的输出电压，从而达到控制直流电动机转速的目的。

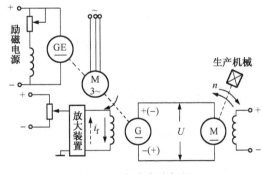

图5-1 直流变流机组

2. 相控整流时代

20世纪50年代末期，随着电力电子技术的早期代表——晶闸管（SCR）的出现，直流电机调压调速技术进入到一个新的时期。图5-2所示是相控整流电路图。相控整流由五大部件组成：相控整流器、电抗器、直流电机、直流励磁控制电路和相控整流器触发电路。其工作原理是：相控整流触发电路根据设定对相控整流器进行控制，输出电压可调的直流电，经电抗器后供给直流电机。当需要改变直流电机转速时，只要改变触发电路的触发角，就可实现调速的目的。但是由于晶闸管属于半控型器件，其最大问题就是会对电网造成纹波干扰，因此，这项技术在20世纪80年代后期就逐渐被淘汰了。

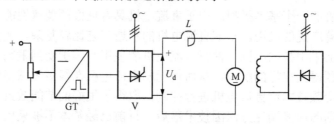

图 5-2 相控整流电路图

3. PWM 变频技术时代

随着电力电子技术的快速发展，自关断器件（MOSFET、IBGB、GTR、GTO）的开关频率大大提高。与相控整流器相比，PWM 变换器直流调速系统具有较高的动态性能和较宽的调速范围，其综合性能明显优于相控方式，主要优点有：

- 主电路结构简单，所需功率器件少；
- 电枢电流连续性好，谐波少，电机的损耗和发热小；
- 低速性能得到改善，稳速精度提高，因而调速范围增大；
- 系统的频带宽，快速性能好，动态抗干扰能力增强；
- 主电路元件工作在开关状态，导通损耗小；
- 直流电源采用三相可控整流，电网的功率因数提高。

图 5-3 所示是一个典型的 PWM 电路，符号 VT 是晶体管电子开关。

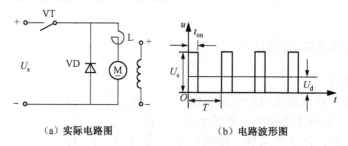

（a）实际电路图　　　　　（b）电路波形图

图 5-3 PWM 电路

5.1.2 直流电机的调速方法

由电机学理论可知，直流电机的转速与其他参量之间的稳态关系可表示为

$$n = \frac{U - I_d R}{K_e \Phi} \tag{5-1}$$

式中，n 为转速（r/min）；R 为电枢回路总电阻（Ω）；U 为电枢电压（V）；Φ 为励磁磁通（Wb）；I_d 为电枢电流（A）；K_e 为由电机结构决定的电动势常数。

1. 改变电枢回路电阻调速法

由式（5-1）可知，改变电枢回路电阻就可以改变转速 n，其计算公式为

$$n = \frac{U - I_d(R_a + R_{add})}{K_e\Phi} = \frac{U}{K_e\Phi} - \frac{R_a + R_{add}}{K_e\Phi}I_d = n_0 - \Delta n \tag{5-2}$$

式中，R_a 为电枢电阻；R_{add} 为外加电阻。

电枢回路串接外加电阻 R_{add}，通过增大 R_{add} 的方法实现直流电机的调速。

改变电枢回路电阻调速法的特点是：

● 保持直流电机外加电枢电压与励磁磁通为额定值；
● 直流电机的理想空载转速不变；
● 转速降落 Δn 将随 R_{add} 的增加而增大；
● 外加电阻的阻值越大，机械特性的斜率就越大。

图 5-4 所示是改变电枢回路电阻调速的机械特性。

2. 减弱磁通调速法

由式（5-1）可知，改变电机的磁通，电机转速也将随之改变，理想空载转速 n_0 将随 Φ 的减小而增大，其计算公式为

$$n = \frac{U}{K_e\Phi} - \frac{R}{K_e K_m \Phi^2}T_e = n_0 - \Delta n \tag{5-3}$$

式中，Φ 为励磁磁通，单位为 Wb；K_m 为由电机结构决定的转矩常数；T_e 为电机的电磁转矩，单位为 N·m；R 为电枢电阻，单位是欧姆（Ω）；U 为电枢二端电压，单位是伏特（V）；K_e 为由电机结构决定的电动势常数。

减弱磁通调速法的特点是：

● 保持电枢电压为额定值；
● 电枢回路不加入附加电阻；
● 减小直流电机的励磁电流，以减弱磁通；
● 电机带负载时的速降 Δn 与 Φ^2 成反比。

图 5-5 所示是减弱磁通调速的机械特性。

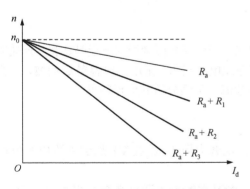

图 5-4　改变电枢回路电阻调速的机械特性

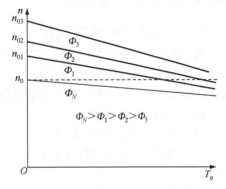

图 5-5　减弱磁通调速的机械特性

3. 调节电枢电压调速法

由式（5-1）可知，改变电机电枢的外加电压 U，可以改变电机转速 n 来实现直流电机的

调速。利用式（5-4），可以求出调节电压后的电机转速。

$$n = \frac{U - I_d R}{K_e \Phi} = \frac{U}{K_e \Phi} - \frac{R}{K_e \Phi} I_d = n_0 - \Delta n \tag{5-4}$$

调节电枢电压调速法的特点是：

● 保持直流电机的磁通为额定值；
● 电枢回路不串入外加电阻；

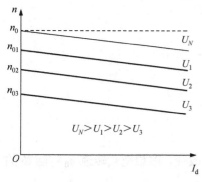

图 5-6　调节电枢电压调速的机械特性

● 理想空载转速将随 U 的减小而成比例地降低；
● 转速降 Δn 与 U 的大小无关。

从图 5-6 中可以看出其机械刚性很好。

4．三种调速方法的比较

1）调速稳定性

（1）改变电枢回路电阻调速法只能对电机转速进行有级调节，转速的稳定性差，调速系统效率低。

（2）减弱磁通调速法能够实现平滑调速，但只能在基速（额定转速）以上的范围内调节转速。

2）机械特性对比

（1）调节电枢电压调速法所得到的人为机械特性与电机的固有机械特性平行，转速的稳定性好，能在基速（额定转速）以下实现平滑调速。

（2）直流调速系统往往以调节电枢电压调速法为主，只有当转速达到基速以上时才辅以减弱磁通调速法。

随着微电子技术的快速发展，基础元件成本大幅降低，使得采用电机控制器不再是经济问题，而是必要性问题。由于 PWM 调压调速较其他直流调速方法更加合理，因此目前 PWM 直流调速已经成为核心技术，故本书不再更多地介绍其他调速方法。

5.1.3　直流电机 PWM 基本电路

根据电机的运行功能状态，有不可逆运行和可逆运行之分。PWM 控制器也相应地分为不可逆变换器和可逆变换器。

1．不可逆 PWM 变换器

图 5-7 所示是简单的不可逆 PWM 变换器的主电路。该电路采用全控式电子晶体管，开关频率可达 20 kHz 甚至更高，电源电压 U_s 一般由不可控整流电源提供，采用大电容器 C 滤波，二极管 VD 在晶体管 VT 关断时释放电感储能为电枢回路续流。下面分析其运行特点。

1）电压和电流波形

（1）在一个开关周期 T 内。

（2）当 $0 \leqslant t < t_{on}$ 时，U_g 为正，VT 饱和导通，电源电压 U_s 通过 VT 加到直流电机电枢两端。

（3）当 $t_{on} \leqslant t < T$ 时，U_g 为负，VT 关断，电枢电路中的电流通过续流二极管 VD 续流，直流电机电枢电压等于零。

图 5-7 所示的不可逆变换器中电流 i_d 不能反向流动，即 VT 关断时不能产生电磁制动，系统只能运行在第一象限。这种不可逆 PWM 变换器的特点是电路结构简单，运行可靠。图 5-8

所示是图 5-7 的波形分析，其中 U_s 是电源电压，U_d 是电枢电压，E 是电枢电势，i_d 是电枢电流，T 是调节周期，t_{on} 是开通时间。

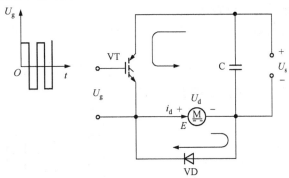

U_s—直流电源电压；C—滤波电容器；VT—功率开关器件；VD—续流二极管；M—直流电机

图 5-7　简单的不可逆 PWM 变换器的主电路

2）输出电压方程

（1）直流电机电枢两端的平均电压为

$$U_d = \frac{t_{on}}{T} U_s = \rho U_s \qquad (5\text{-}5)$$

（2）改变占空比 $\rho(0 \leqslant \rho \leqslant 1)$ 即可改变直流电机电枢的平均电压。

（3）令 $\gamma = \dfrac{U_d}{U_s}$ 为 PWM 电压系数，则在不可逆 PWM 变换器中有

$$\gamma = \rho \qquad (5\text{-}6)$$

2. 带制动的不可逆 PWM 变换器

图 5-9 所示是带制动的不可逆 PWM 变换器的主电路。该电路的特点是电机不光可以工作在电动工作状态，也可以工作在制动工作状态。请注意电路中直流电机电枢两端的电压极性与回路中的电流方向。控制信号 U_{g1}、U_{g2} 使得两个晶体管 VT$_1$ 和 VT$_2$ 互补导通。该电路可以在直流电机的第一象限和第二象限运行，运行在电流连续的电动状态（第一象限）及电流反向的能耗制动状态（第二象限）下。电动状态和制动状态中的电流相反。不可逆 PWM 变换器在运行中电流可以反向，产生制动电磁转矩，但电压不能反向，即不能运行在第三象限和第四象限。不可逆 PWM 变换器的优点是所用的开关器件较少，可应用于中小功率的场合。下面以图 5-9 所示电路为例，分析该电路的两象限运行。

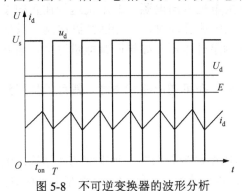

图 5-8　不可逆变换器的波形分析　　　　　图 5-9　带制动的不可逆 PWM 变换器的主电路

下面进行电路与时序分析（电动状态与制动状态），分析思路主要围绕控制端波形与电枢两端电压与电枢电流展开。

1）电动状态下运行（第一象限运行）

（1）U_{g1} 的正脉冲比负脉冲宽，i_d 始终为正。当 $0 \leqslant t < t_{on}$ 时，VT_1 饱和导通，VT_2 截止，电流沿回路 1 流通。

（2）当 $t_{on} \leqslant t < T$ 时，VT_1 截止，VD_2 续流，电流沿回路 2 流通，VT_1 和 VD_2 交替导通，VT_2 和 VD_1 始终截止，其工作波形如图 5-10 所示。

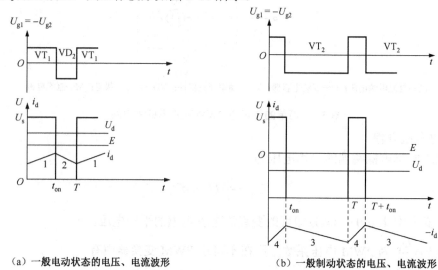

（a）一般电动状态的电压、电流波形 　　　　（b）一般制动状态的电压、电流波形

图 5-10　带制动的不可逆 PWM 变换器工作波形

2）制动状态下运行（第二象限）

U_{g1} 的正脉冲比负脉冲窄，$E > U_d$，i_d 始终为负。

（1）当 $t_{on} \leqslant t < T$ 时，U_{g2} 为正，VT_2 导通，在感应电动势 E 的作用下，反向电流沿回路 3 能耗制动。

（2）当 $T \leqslant t < T + t_{on}$ 时，U_{g2} 为负，VT_2 截止，反向电流沿回路 4 经过 VD_1 回馈制动，VT_2 和 VD_1 交替导通，VT_1 和 VD_2 截止。

图 5-9 所示的电路是不可逆的，其原因如下：

● 平均电压 U_d 始终大于零；

● 电流能够反向，而电压和转速不可反向。

电枢两端的平均电压为正，电流为负，表明功率由电机流向电源，即电机运行在正向发电制动状态。需要强调的是，如果采用二极管整流，当电流反向时，不能回馈到电网，只能向滤波电容器 C 充电，从而造成电容器瞬间高压，称为泵升电压。如果回馈能量过大，泵升电压很高，则会对电力电子器件造成损坏。

在双极性控制可逆电路中，机械特性如图 5-11 所示。在可逆电路状态时，就可以扩展到第三、四象限。

3. H 型可逆 PWM 变换器

H 型可逆 PWM 变换电路是可逆 PWM 变换器主电路中最为普遍的一种电路拓扑结构。电路由四个电力电子开关管（如 CMOS 晶体管、IGBT）、四个整流二极管和一个直流电机构成。

其中，电机电枢两端标记符号为 A、B 两点，用来表示电枢两端电压的极性。H 型可逆 PWM
变换电路可以实现电机四个象限运行。下面结合图 5-12 和图 5-13 对可逆调速进行说明。

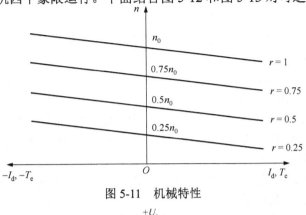

图 5-11　机械特性

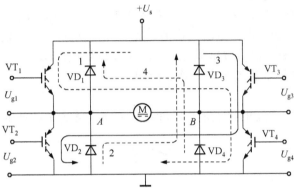

图 5-12　H 型可逆 PWM 电路

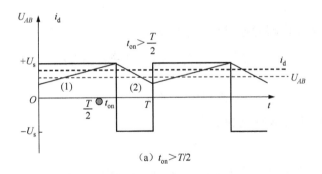

（a）$t_{on} > T/2$

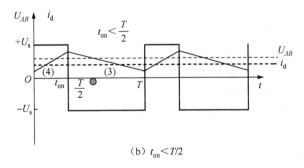

（b）$t_{on} < T/2$

图 5-13　H 型可逆 PWM 电路波形

实际运行中可以分为三种情况：$t_{on} < T/2$、$t_{on} = T/2$ 和 $t_{on} > T/2$。图 5-13 所示是电枢两端电压 U_{AB} 的波形。

1）正向运行状态

当正向运行时，U_{AB} 的特点是正脉冲电压的宽度大于负脉冲电压的宽度，如图 5-13（a）所示（注意，负载电流不是轻载）。

（1）当 $0 \leqslant t < t_{on}$ 时，$U_{g1} = U_{g4}$ 为正，VT_1 和 VT_4 导通；$U_{g2} = U_{g3}$ 为负，VT_2 和 VT_3 截止。$U_{AB} = +U_s$，电枢电流 I_d 沿着回路 1 流通。

（2）当 $t_{on} \leqslant t < T$ 时，$U_{g1} = U_{g4}$ 为负，VT_1 和 VT_4 截止；$U_{g2} = U_{g3}$ 为正，VT_2 和 VT_3 被钳位，保持截止。$U_{AB} = -U_s$，电枢电流 I_d 沿着回路 2 经 VD_2 和 VD_3 续流。

2）反向运行状态

当反向运行时，U_{AB} 的特点是正脉冲电压的宽度小于负脉冲电压的宽度，如图 5-13（b）所示（注意，负载电流不是轻载）。

（1）当 $0 \leqslant t < t_{on}$ 时，$U_{g2} = U_{g3}$ 为负，VT_2 和 VT_2 截止；$U_{g1} = U_{g4}$ 为正，VT_1 和 VT_4 被钳位，保持截止。$U_{AB} = +U_s$，电枢电流 I_d 沿着回路 4 经 VD_1 和 VD_4 续流。

（2）当 $t_{on} \leqslant t < T$ 时，$U_{g2} = U_{g3}$ 为正，VT_2 和 VT_3 导通；$U_{g1} = U_{g4}$ 为负，VT_1 和 VT_4 保持截止。$U_{AB} = -U_s$，电枢电流 I_d 沿着回路 3 流通。

3）停止状态

当处于停止状态时，U_{AB} 的特点是正脉冲电压的宽度等于负脉冲电压的宽度。

$$t_{on} = \frac{T}{2} \tag{5-7}$$

此刻，输出电压为

$$U_{AB} = 0 \tag{5-8}$$

电机停转。

H 型可逆 PWM 变换电路的输出平均电压为

$$U_d = \frac{t_{on}}{T} U_s - \frac{T - t_{on}}{T} U_s = \left(\frac{2t_{on}}{T} - 1 \right) U_s \tag{5-9}$$

$$= (2\rho - 1)U_s = \gamma U_s$$

在双极式控制的可逆 PWM 变换器中，有

$$\gamma = 2\rho - 1 \tag{5-10}$$

注意，式（5-10）与不可逆 PWM 变换器中的公式不一样。

4）调速范围

调速时，ρ 的可调范围为 $0 \sim 1$，$-1 < \gamma < +1$。

（1）当 $\rho > 0.5$ 时，γ 为正，电机正转。

（2）当 $\rho < 0.5$ 时，γ 为负，电机反转。

（3）当 $\rho = 0.5$ 时，$\gamma = 0$，电机停止。

5）双极式控制的 H 型可逆 PWM 变换器的优点

（1）电流一定连续。

（2）电机能在四象限运行。

（3）电机停止时有微振电流，消除了静摩擦死区。

（4）低速平稳性好，系统的调速范围可达 1∶20 000。

（5）低速时，每个开关器件的驱动脉冲仍较宽，有利于保证器件的可靠导通。

6）双极式控制的 H 型可逆 PWM 变换器的不足之处

四个开关器件在工作中都处于开关状态，在切换时容易发生上、下桥臂直通的事故，因此在上、下桥臂的驱动脉冲之间应设置逻辑延时。

5.1.4　直流 H 型可逆 PWM 变换器-电机系统的能量回馈

如图 5-14 所示，直流 H 型可逆 PWM 变换器-电机系统由一个三相整流桥组件、一个蓄能平波电容器、一套 H 型可逆 PWM 变换电路组件和一台直流电机组成，直流电机采用他励式供电方式，其电路功能如下。

（1）由六个二极管组成的整流器把电网提供的交流电整流成直流电。

（2）直流电源采用大电容滤波。

（3）PWM 组件对电机电枢电压进行控制。

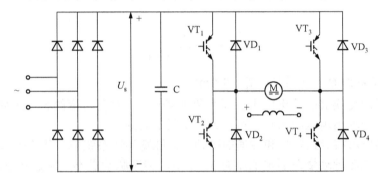

图 5-14　直流 H 型可逆 PWM 变换器-电机系统主电路的原理图

图 5-14 所示的电路存在如下问题。

1. 电能回馈问题

（1）当电机工作在回馈制动状态时，将动能转变为电能并回馈到直流侧。

（2）由于二极管整流器的能量单向传递性，电能不可能通过整流装置送回交流电网，只能向滤波电容器充电，由此产生了电能回馈问题。

2. 泵升电压

（1）对滤波电容器充电的结果会造成直流侧电压升高，称为"泵升电压"。

（2）系统在制动时释放的动能将表现为电容器储能的增高，所以要适当地选择电容器的电容量或采取其他措施，以保护电力电子功率开关器件不被泵升电压击穿。储能的增量约等于电机系统在制动时释放的全部动能。

5.1.5　直流 PWM 调速系统的数学模型及机械特性

1. PWM 控制器与 PWM 变换器的结构图

图 5-15 所示是 PWM 控制器与 PWM 变换器的结构图，输入是 U_{dc}，控制是 U_g，输出是 U_d。

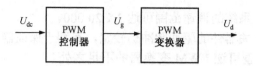

图 5-15 PWM 控制器与 PWM 变换器的结构图

2. PWM 控制器与 PWM 变换器的动态数学模型

$$W_s(s) = \frac{U_d(s)}{U_c(s)} = K_s e^{-T_s s} \qquad (5\text{-}11)$$

式中，K_s 为 PWM 控制器与 PWM 变换器的放大系数；T_s 为 PWM 控制器与 PWM 变换器的延迟时间。

3. PWM 调速系统数学模型的近似

（1）在与晶闸管相控整流电源相同的近似条件下，其传递函数可以表示为一个惯性环节，即

$$W_s(s) \approx \frac{K_s}{T_s s + 1} \qquad (5\text{-}12)$$

当开关频率为 10 kHz 时，滞后时间 $T_s = 0.1\ \text{ms}$。

（2）脉宽调制变换器的输出电压是高度和频率一定、宽度可变的脉冲序列。

（3）改变平均输出电压的大小，可以调节电机的转速。

（4）脉动的电压将导致转矩和转速的脉动。在脉宽调速系统中，开关频率一般在 10 kHz 左右，使得最大电流脉动量在额定电流的 5%以下，转速脉动量不到额定转速的万分之一。

4. PWM 调速的机械特性方程

转速方程为

$$n = \frac{\gamma U_s}{C_e} - \frac{R}{C_e} I_d = n_0 - \frac{R}{C_e} I_d \qquad (5\text{-}13)$$

用转矩来表示为

$$n = \frac{\gamma U_s}{C_e} - \frac{R}{C_e C_m} T_e = n_0 - \frac{R}{C_e C_m} T_e \qquad (5\text{-}14)$$

式中，C_m 为电机在额定磁通下的转矩系数，$C_m = K_m \Phi N$；C_e 是电机电磁系数，是电机固有特性参数；n_0 为理想空载转速，与电压系数成正比，$n_0 = \gamma U_s / C_e$。

5.1.6 调速系统性能指标

1. 稳态性能指标

在调速系统的稳态性能中，主要有两个要求：

（1）调速。要求系统能够在指定的转速范围内可靠运行。

（2）稳速。要求系统调速的重复性和精确度好，不允许有过大的转速波动。

2. 调速范围

（1）生产机械要求电机在额定负载情况下所需的最高转速和最低转速之比称为调速范围，

用字母 D 表示。

$$D = \frac{n_{max}}{n_{min}} \qquad (5\text{-}15)$$

（2）对于基速以下的调速系统，$n_{max} = n_N$。

（3）对于少数负载很轻的机械，也可用实际负载时的转速来定义最高转速 n_{max} 和最低转速 n_{min}。

3. 静差率

（1）当系统在某一转速下运行时，负载由理想空载增加到额定值时电机转速的变化率，称为静差率 s。

$$s = \frac{\Delta n_N}{n_0} \qquad (5\text{-}16)$$

用百分数表示为

$$s = \frac{\Delta n_N}{n_0} \times 100\% \qquad (5\text{-}17)$$

式中，n_0 为理想空载转速；Δn_N 为负载从理想空载增大到额定值时电机所产生的转速降落。

4. 机械特性与静差率

（1）调速系统在不同电压下的理想空载转速不一样。

（2）理想空载转速越低，静差率越大。

（3）同样硬度的机械特性，随着其理想空载转速的降低，其静差率会随之增大。

（4）调速系统的静差率指标应以最低速时达到的数值为准。

5. D 与 s 的相互约束关系

$$D = \frac{n_N s}{\Delta n_N (1-s)} \qquad (5\text{-}18)$$

（1）在直流电机变压调速系统中，对于某一台确定的电机，其 n 和 Δn_N 都是常数。

（2）对系统的调速精度要求越高，即要求 s 越小，则可达到的 D 必定越小。当要求的 D 越大时，所能达到的调速精度就越低，即 s 越大，所以这是一对矛盾的指标。

5.1.7 开环调速系统的机械特性及性能指标

图 5-16 所示是一个典型的开环调速系统。其中，U_c 为开环系统速度设定值；UPE 为一套电压调节电路，它输出直流电压 U_d 给直流电机，达到控制电机转速的目的。

开环调速系统中各环节的稳态关系如下。

电力电子变换器：

$$U_{d0} = K_s U_c \qquad (5\text{-}19)$$

直流电机：

$$n = \frac{U_{d0} - I_d R}{C_e} \qquad (5\text{-}20)$$

开环调速系统的机械特性:

$$n = \frac{U_{d0} - RI_d}{C_e} = \frac{K_s U_c}{C_e} - \frac{RI_d}{C_e}$$ （5-21）

图 5-17 所示是开环调速系统稳态结构框图。

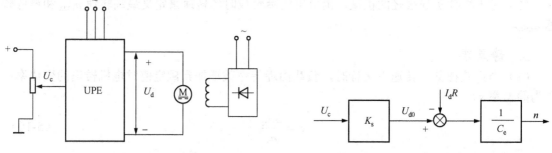

图 5-16　开环调速系统　　　　　图 5-17　开环调速系统稳态结构框图

【例 5-1】　某直流调速系统电机额定转速 $n_N = 1000$ r/min，额定速降$\Delta n_N = 105$ r/min，当要求静差率 $s \leqslant 30\%$ 时，其调速范围 D 为多大？如果要求静差率 $s \leqslant 20\%$，则调速范围 D 是多少？如果希望调速范围 D 达到 10，所能满足的静差率是多少？

解：

当要求 $s \leqslant 30\%$ 时，调速范围为

$$D = \frac{n_N s}{\Delta n_N (1-s)} = \frac{1000 \times 0.3}{105 \times (1-0.3)} \approx 4.08$$

当要求 $s \leqslant 20\%$ 时，调速范围为

$$D = \frac{n_N s}{\Delta n_N (1-s)} = \frac{1000 \times 0.2}{105 \times (1-0.2)} \approx 2.38$$

若调速范围达到 10，则静差率为

$$s = \frac{D \Delta n_N}{n_N + D \Delta n_N} = \frac{10 \times 105}{1000 + 10 \times 105} \approx 0.512 = 51.2\%$$

【例 5-2】　某直流电机的额定数据如下：额定功率 $P_N = 60$ kW，额定电压 $U_N = 220$ V，额定电流 $I_{dN} = 305$ A，额定转速 $n_N = 1000$ r/min，采用 V-M 系统，主电路总电阻 $R = 0.18\ \Omega$，电机电势系数 $C_e = 0.2$ V·min/r。如果要求调速范围 $D = 20$，静差率 $s \leqslant 5\%$，则采用开环调速系统能否满足？若要满足这个要求，系统的额定速降 Δn_N 最大允许多少？

解：

当电流连续时，V-M 系统的额定速降为

$$\Delta n_N = \frac{I_{dN} R}{C_e} = \frac{305 \times 0.18}{0.2} \approx 275\ \text{r/min}$$

开环系统在额定转速时的静差率为

$$s_N = \frac{\Delta n_N}{n_N + \Delta n_N} = \frac{275}{1000 + 275} \approx 0.216 = 21.6\%$$

在额定转速时，已不能满足 $s \leqslant 5\%$ 的要求。

若要求 $D = 20$ ， $s \leqslant 5\%$ ，则

$$\Delta n_{\mathrm{N}} = \frac{n_{\mathrm{N}}s}{D(1-s)} \leqslant \frac{1000 \times 0.05}{20 \times (1 - 0.05)} \approx 2.63 \ \mathrm{r/min}$$

5.2 闭环调速系统与调速控制器

为了解决直流调速控制器的调速范围、静差率等各种指标之间的矛盾，满足较高的调速指标要求，应采用闭环调速系统。

5.2.1 闭环调速系统

按照控制器的个数和功能，闭环调速系统可以分为**单闭环调速系统、双闭环调速系统和多闭环调速系统。**

（1）单闭环调速系统。单闭环调速系统有速度、位置、电压、电流、电压变化率和电流变化率等类型，<u>除了特别说明外，本书中单闭环调速系统通常指的是速度控制器为主的系统。</u>

（2）双闭环调速系统。双闭环调速系统通常有：①位置、电流双闭环调速系统；②速度、电流双闭环调速系统；③电压、电流双闭环调速系统；④电压、电流变化率双闭环调速系统。通常，<u>若无特殊说明，双闭环调速系统指的是速度、电流双闭环调速系统。</u>

（3）三闭环调速系统。常见的三闭环调速系统有：①位置、电压、电流三闭环调速系统；②速度、电压、电流三闭环调速系统；③速度、电流、电流变化率三闭环调速系统。<u>若无特别说明，三闭环调速系统指的是速度、电压、电流三闭环调速系统。</u>

在图 5-18 中，对直流调速系统进行了汇总。

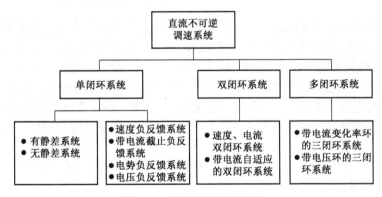

图 5-18 直流调速系统汇总

1. 单闭环调速系统

1）单闭环调速系统的工作原理

图 5-19 所示是一个典型的单闭环调速系统框图。系统由控制器、被控对象和检测装置等组成。其工作原理为：<u>输入量和反馈量相减，得到的差值作为控制器的输入，控制器根据其自身的算法对差值进行解算，变换成控制信号，对被控对象进行控制，检测装置对输出量进行跟踪测量，输出反馈量送给减法器。这样，就构成了一个单闭环调速系统。</u>

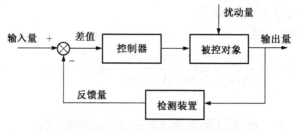

图 5-19　单闭环调速系统框图

2）转速负反馈单闭环调速系统的组成及工作原理

图 5-20 所示是一个典型的转速负反馈单闭环调速系统原理图。其中，电压 U_n^* 为速度设定部分，电压 U_n 为转速检测单元 TG 的分压输出部分，ΔU_n 为差值部分，A 为速度控制器，U_{ct} 为输出控制信号，GT 为触发电路单元，Z 为可控整流单元，L 为电抗器，M 为直流电机。

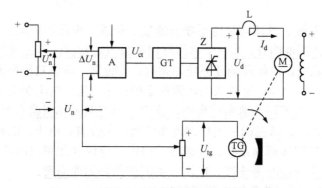

图 5-20　转速负反馈单闭环调速系统原理图

其工作原理是：速度设定由一个可变电位器实现，改变电位器的工作点就能改变其输出电压，由一个输入设定电位器设定速度值，送到控制器 A，控制器按照其控制算法进行解算，输出控制信号 U_{ct} 给触发电路单元 GT，由 GT 控制可控整流单元 Z，输出 U_d 经电抗器 L 到直流电机 M，电机 M 带动机械负载工作，同时转速检测单元 TG 把实际速度反馈给速度控制器 A，速度控制器本身采用减法器模式，这样得到的就是一个差值，这个差值对后续的结果产生作用。电机启动初期，差值最大；达到稳态时，差值就变到最小；当要改变转速时，只需改变电位器即可。

分析方法：分析转速负反馈单闭环调速系统的运行可以从以下四个方面入手。

● 启动运行过程；
● 稳定运行状态过程；
● 负载扰动的调节过程；
● 静特性。

3）转速负反馈单闭环调速系统的静特性

通过分析转速负反馈单闭环调速系统的各个要素环节，求出每个环节的静态特征方程，建立转速负反馈单闭环调速系统框图，求出转速负反馈单闭环调速系统的稳态传递函数。静特性分析就是根据奈氏稳态判据对稳态传递函数进行分析，然后判断系统是否稳定。

（1）转速负反馈单闭环调速系统中各环节的稳态关系。分析的前提假设为：①忽略各种非线性因素；②开环机械特性全是连续的；③忽略信号源的等效内阻；④电机的磁场不变。

电压比较环节：

$$\Delta U_{\mathrm{n}} = U_{\mathrm{n}}^* - U_{\mathrm{n}} \tag{5-22}$$

比例控制器：

$$U_{\mathrm{ct}} = K_{\mathrm{p}} \Delta U_{\mathrm{n}} \tag{5-23}$$

测速反馈环节：

$$U_{\mathrm{n}} = \alpha n \tag{5-24}$$

电力电子变换器：

$$U_{\mathrm{d0}} = K_{\mathrm{s}} U_{\mathrm{ct}} \tag{5-25}$$

直流电机：

$$n = \frac{U_{\mathrm{d0}} - I_{\mathrm{d}} R}{C_{\mathrm{e}}} \tag{5-26}$$

（2）静态结构图和静特性方程。图 5-21 所示是转速负反馈单闭环调速系统静态结构图。其中，U_{n}^* 是输入电压，n 是输出转速。

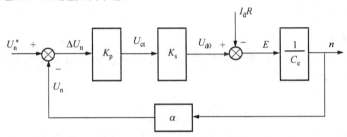

图 5-21　转速负反馈单闭环调速系统静态结构图

转速负反馈单闭环调速系统的静特性方程为

$$n = \frac{K_{\mathrm{p}} \times K_{\mathrm{s}} \times U_{\mathrm{n}}}{C_{\mathrm{e}}(1+K)} - \frac{R \times I_{\mathrm{d}}}{C_{\mathrm{e}}(1+K)} = n_{\mathrm{ocl}} - \Delta n_{\mathrm{cl}} \tag{5-27}$$

式中，$K = K_{\mathrm{p}} K_{\mathrm{s}} \alpha / C_{\mathrm{e}}$；$n_{\mathrm{ocl}}$ 为理想空载转速；Δn_{cl} 为静态转速降。

（3）闭环调速系统的静特性与开环调速系统机械特性的比较。

开环调速系统的机械特性为

$$n = \frac{K_{\mathrm{p}} \times K_{\mathrm{s}} \times U_{\mathrm{n}}}{C_{\mathrm{e}}(1+K)} - \frac{I_{\mathrm{d}} R}{C_{\mathrm{e}}(1+K)} = n_{\mathrm{oop}} - \Delta n_{\mathrm{c}} \tag{5-28}$$

当 U_{n}^* 不变时，$n_{\mathrm{ocl}} = [1/（1+K) n_{\mathrm{oop}}]$。

当 $n_{\mathrm{ocl}} = n_{\mathrm{oop}}$ 时，闭环的 U_{n}^* 应提高（1+K）倍。

当负载电流 I_{d} 相同时，$\Delta n_{\mathrm{cl}} = [1/（1+K) \Delta n_{\mathrm{oop}}]$，硬度大大提高。

图 5-22 所示是开环与闭环调速系统静特性关系图。从图中可以看出：①闭环调速系统的静特性比开环调速系统的机械特性要硬得多，由曲线 1 闭环速度降 Δn_{cl} 与曲线 2 开环速度降 Δn_{op} 的数值即可得出；②在保证一定静差率的要求下，闭环调速系统能够扩大调速范围。

开环调速系统与闭环调速系统对应的调节过程如下。

对于开环调速系统，$I_d \uparrow \to n \downarrow$。例如，在图 5-23 中工作点从 $A \to A'$。

对于闭环调速系统，$I_d \uparrow \to n \downarrow \to U_n \downarrow \to \Delta U_n \uparrow \to U_{ct} \uparrow \to U_{d0} \uparrow \to n \uparrow$。例如，在图 5-23 中工作点从 $A \to B$。

最终，从点 A 所在的开环调速系统机械特性过渡到点 B 所在的开环调速系统机械特性，电枢电压由 U_{d01} 增加至 U_{d02}。

闭环调速系统的静特性是由多条开环调速系统机械特性上相应的工作点组成的一条特性曲线。

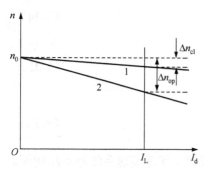

图 5-22　开环与闭环调
速系统静特性关系图

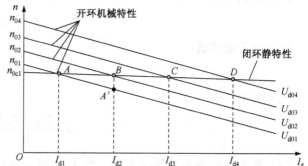

图 5-23　闭环调速系统静特性和开环调速系统机械特性的关系

4）反馈控制系统

如果调速系统是一个由比例放大器构成的反馈控制系统，则系统的被控量就不会达到理想设定值，一定会有稳态误差。

$$\Delta n_{cl} = \frac{RI_d}{C_e(1+K)} \tag{5-29}$$

只有当 $K = \infty$ 时，才能使 $\Delta n_{cl} = 0$，而 $K = \infty$ 是不可能的，并且过大的 K 值也会导致系统不稳定。

反馈控制系统的作用是抵抗扰动，服从给定。这句话的含义是：一方面要能有效地抑制一切被包含在负反馈环内前向通道上的扰动；另一方面要能紧紧地跟随着给定，对给定信号的任何变化都要唯命是从。

图 5-24 所示是给定与扰动关系图。其中，U_n 为给定，系统对 U_n^* 要完全响应。单闭环系统的扰动有：K_p 变化、电源波动变化、电枢电阻变化和励磁变化等。单闭环调速系统的反馈作用就是要对上述的扰动给予抵抗，尽可能消除扰动的影响。

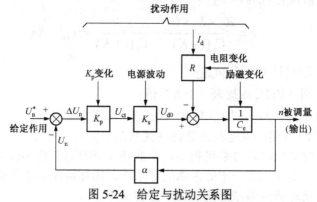

图 5-24　给定与扰动关系图

系统的精度依赖于给定和反馈检测的精度。反馈控制系统无法鉴别是给定信号的正常调节，还是外界的电压波动。反馈通道上有一个测速反馈单元，其传递函数是比例系数α，它同样存在着因扰动而发生的波动。由于它不是在反馈环包围的前向通道上，因此也不能被抑制。

5）速度单闭环的限流保护

（1）限制电枢电流的必要性。限制电枢电流是因为下述情况会引起电枢电流剧烈的变化：①启动时的冲击电流——直流电机全电压启动时，会产生很大的冲击电流；②堵转电流——电机堵转时，电流将远远超过允许值。

（2）限流电路的形式。图 5-25 所示是两款限流电路，图 5-25（a）利用外加独立直流电源产生比较电压；图 5-25（b）利用稳压二极管产生比较电压。

R_s 为采样电阻，令电流负反馈在电机启动和堵转时起作用，维持电流基本不变；当电机正常运行时，取消此电流负反馈，不影响系统的调速性能。

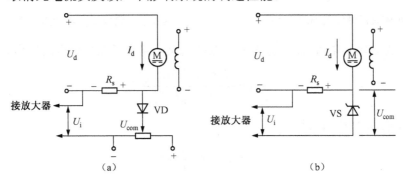

图 5-25　限流电路

（3）限流电路输入/输出特性。图 5-26 所示是限流负反馈输入/输出特性，其中 R_s 是采样电阻。

当 $I_d R_s - U_{com} < 0$ 时，U_i 输出为 0，此时没有反馈作用。

当 $I_d R_s - U_{com} > 0$ 时，U_i 输出为正，此时有反馈作用。

图 5-27 所示是带限流负反馈闭环调速系统的静特性，式（5-30）和式（5-31）是限流负反馈静特性方程。

当 $I_d \leqslant I_{dcr}$ （截止电流）时，限流负反馈被截止，系统是单纯的转速负反馈调速系统。

$$n = \frac{K_p K_s U_n^*}{C_e(1+K)} - \frac{RI_d}{C_e(1+K)} \tag{5-30}$$

当 $I_d > I_{dcr}$ （截止电流）时，限流负反馈与转速负反馈同时存在。

$$n = \frac{K_p K_s (U_n^* + U_{com})}{C_e(1+K)} - \frac{(R + K_p K_s R_s)I_d}{C_e(1+K)} \tag{5-31}$$

（4）下垂段静特性。如图 5-27 所示，第一段限流负反馈相当于在主电路中串联一个大电阻，因而稳态速降极大，被称为系统静特性的下垂段。

比较电压 U_{com} 和给定电压 U_n^* 同时起作用，使得理想空载转速达到 n_0。

$$n_0' = \frac{K_p K_s (U_n^* + U_{com})}{C_e(1+K)} \tag{5-32}$$

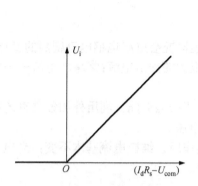

图 5-26　限流负反馈输入/输出特性

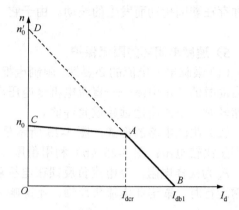

图 5-27　带限流负反馈闭环调速系统的静特性

令 $n = 0$，得到堵转电流 I_{dbl}，它限制了电机电流，起到了保护电机的作用。

$$I_{dbl} = \frac{K_p K_s (U_n^* + U_{com})}{R + K_p K_s R_s} \tag{5-33}$$

考虑到 $K_p K_s R_s \gg R$，因此

$$I_{dbl} \approx \frac{U_n^* + U_{com}}{R_s} \tag{5-34}$$

（5）参数选择原则。

I_{dbl} 应小于电机允许的最大电流，一般可取 $I_{dbl} = (1.5 \sim 2)I_N$。

截止电流 I_{dcr} 可略大于电机的额定电流，一般可取 $I_{dcr} = (1.1 \sim 1.2)I_N$。

6）转速负反馈单闭环调速系统的动态分析

动态分析需要考虑以下问题：①稳定性问题；②突加给定时系统的响应（跟踪问题）；③负载变化造成的转速变化（抗扰问题）；④突加给定时冲击电流过大（保护问题）。

（1）转速负反馈单闭环调速系统的动态数学模型。

① 额定励磁下直流电机的传递函数。

比例放大器环节：

$$W_P(s) = \frac{U_c(s)}{\Delta U_n(s)} = K_p \tag{5-35}$$

电力电子变换环节（触发环节）：

$$W_s(s) = \frac{U_{d0}(s)}{U_c(s)} \approx \frac{K_s}{1 + T_s s} \tag{5-36}$$

直流电机：

$$U_{d0} = RI_d + L\frac{dI_d}{dt} + e \tag{5-37}$$

式中，R 为主电路的总电阻（Ω）；L 为主电路的总电感（mH）；e 为电枢感应电势（V）。

图 5-28 所示是直流电机动态等效电路。其中，R 为电枢回路总电阻，L 为总电感，e 为电枢感应电势，T_L 为负载转矩，n 为电机转速，T_e 为电机转矩。

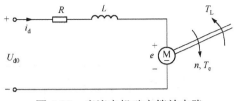

图 5-28　直流电机动态等效电路

在额定励磁下，$E = C_e n$，忽略摩擦力及弹性变形，电力拖动系统运动的微分方程为

$$T_e - T_L = \frac{GD^2}{375}\frac{\mathrm{d}n}{\mathrm{d}t} \tag{5-38}$$

式中，T_e 为电磁转矩（N·m）；T_L 为包括电机空载转矩在内的负载转矩（N·m）；GD^2 为电力拖动系统折算到电机轴上的飞轮惯量（N·m^2）。

在额定励磁下，有

$$T_e = C_m I_d \tag{5-39}$$

式中，C_m 为电机的转矩系数（N·m/A）。

定义

$$T_l = \frac{L}{R} \tag{5-40}$$

式中，T_l 为电枢回路电磁时间常数（s）。

根据 R、T_e、T_l 和 T_m 的定义，简化式（5-38）和式（5-39）得

$$U_{d0} - e = R\left(I_d + T_l\frac{\mathrm{d}I_d}{\mathrm{d}t}\right) \tag{5-41}$$

$$I_d - I_{dL} = \frac{T_m}{R}\frac{\mathrm{d}E}{\mathrm{d}t} \tag{5-42}$$

式中，T_{dL} 为负载电流（A）；T_m 为电力拖动系统机电时间常数（s）。

直流电机电流与电压间的传递函数：

$$\frac{I_d(s)}{U_{d0}(s) - E(s)} = \frac{1/R}{T_l s + 1} \tag{5-43}$$

转速与电流之间的传递函数：

$$\frac{E(s)}{I_d(s) - I_{dL}(s)} = \frac{R}{T_m(s)} \tag{5-44}$$

测速反馈环节：

$$W_{fn}(s) = \frac{U_n(s)}{n(s)} = \alpha \tag{5-45}$$

② 转速负反馈单闭环调速系统的动态结构图和传递函数。经过化简得出转速负反馈单闭环调速系统的动态结构图，如图 5-29 所示。其传递函数为

$$W_{cl}(s) = \frac{\dfrac{K_p K_s}{C_e(1+K)}}{\dfrac{T_m T_l T_s}{1+K}s^3 + \dfrac{T_m(T_l + T_s)}{1+K}s^2 + \dfrac{T_m + T_s}{1+K}s + 1} \tag{5-46}$$

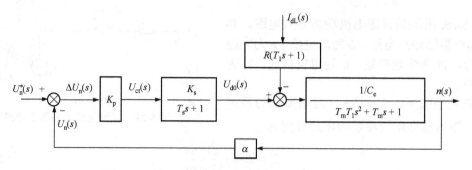

图 5-29 转速负反馈单闭环调速系统的动态结构图

（2）转速负反馈单闭环调速系统的稳定性和动态校正。

① 稳定条件：

$$\frac{T_m(T_1+T_s)}{1+K}\cdot\frac{T_m+T_s}{1+K}-\frac{T_mT_1T_s}{1+K}>0 \qquad (5-47)$$

$$K<\frac{T_m}{T_s}+\frac{T_m}{T_1}+\frac{T}{T_1}=K_{cr} \qquad (5-48)$$

式中，K_{cr} 为系统的临界放大系数。

当 $K \geqslant K_{cr}$ 时，系统不稳定，以致无法工作。

T_1、T_s 和 T_m 都是系统的固有参数，而闭环调速系统的开环放大系数 K 中的 K_s、C_e 等也是系统的既有参数，唯有 K_p 是可以调节的。

要使得 $K < K_{cr}$，只有减小 K_p，以减小 K 值。

② 串联校正。为了改善转速负反馈单闭环控制器的动态特性，可以引入串联校正，可利用的校正环节是 PI、PD 或 PID。具体采用哪种串联校正，要依据性能要求而定。

2. 速度、电流双闭环调速系统

速度、电流双闭环调速系统具有如下特点：①系统的被调节量是转速，所检测的误差是转速，要消除的也是扰动对转速的影响；②速度单闭环调速系统不能控制电流（或转矩）的动态过程。

一般来说，调速系统中有两类情况对电流的控制提出了要求：一是启制动的时间控制问题；二是负载扰动的电流控制问题。

1）采用双闭环的必要性

对于经常正反转运行的调速系统，应尽量缩短启制动过程的时间，完成时间最优控制。

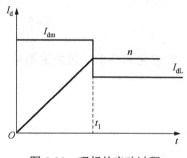

图 5-30 理想的启动过程

在过渡过程中，始终保持转矩为允许的最大值，使直流电机以最大的加速度加减速。当到达给定转速时，立即让电磁转矩与负载转矩相平衡，从而转入稳态运行。采用双闭环调速可以实现以下功能。

（1）最佳启动过程的要求：①缩短启动时间；②启动电流为 I_{dm}，若启动电流大，则启动转矩就大。由图 5-30 可以看到，I_{dm} 大于额定工作电流 I_{dL}。

（2）单闭环调速系统存在的问题：①启动过程电流不是最大；②扰动造成的动态偏差大；③所有的反馈都到一个控制器上，参数整定困难。

图 5-30 表示的是一个理想的直流电机启动过程。启动时间从 $t = 0$ 开始，到 t_1 结束，即 $t \in (0, t_1)$。电枢电流 $I_d = I_{dm}$，I_{dm} 是最大启动电流，速度按照斜坡函数加速启动到电机额定转速 n，当 $t > t_1$ 时，电枢电流降低到 I_{dL}，电机转速保持恒定。

2）速度、电流双闭环调速系统的原理

在启制动过程中，电流闭环起作用，保持电流恒定，缩小系统的过渡过程时间。一旦到达给定转速，系统自动进入速度控制方式，速度闭环起主导作用，而电流环则起跟随作用，使实际电流快速跟随给定值，以保持转速恒定。

如图 5-31 所示，系统由速度设定电路、速度控制器 ASR、电流控制器 ACR、电力电子控制单元 GT、PWM 可调电压单元 V、电感器 L、直流电机 M 和速度检测单元 TG 组成。

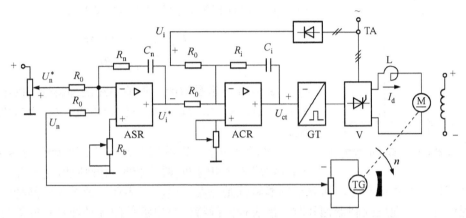

图 5-31　速度、电流双闭环调速系统原理图

速度、电流双闭环调速系统工作原理是：速度设定信号 U_n^* 和速度检测信号 U_n 的差值作为速度控制器 ASR 的输入信号，经 ASR 按照 PI 控制规律进行解算，其输出信号是 U_i^*；输入信号 U_i^* 与电源支路 U_i 的差值作为电流控制器 ACR 的输入，经过电流控制器 ACR 按照 PI 控制律进行控制，输出信号 U_{ct}，U_{ct} 是电力电子触发单元 GT 的控制换算信号，直接控制可调电压单元 V 输出电压 U_{od} 给直流电机 M，改变速度设定信号 U_n^*，就可以改变转速 n。图 5-32 所示是速度、电流双闭环调速系统的静态结构图。

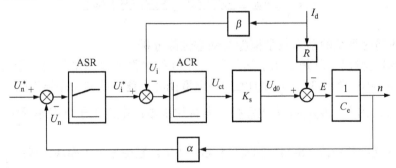

图 5-32　速度、电流双闭环调速系统的静态结构图

速度控制器 ASR 的特点是：①ASR 为 PI 控制器，系统无静差；②启动时 ASR 饱和。

电流控制器 ACR 的特点是：①ACR 为 PI 控制器，系统无静差；②ACR 起电流调节作用，保证恒流启动；③对电流环内的扰动能及时调节。

速度、电流双环调速系统控制器的设计步骤为：先内环、再外环。

3）速度、电流双闭环调速系统的静特性

（1）静态结构图。假定工况有两种：①控制器不饱和；②控制器饱和。

图 5-32 所示是速度、电流双闭环调速系统的静态结构图。从结构图可以看出，速度控制器 ASR 采用的是 PI 控制，电流控制器 ACR 也采用 PI 控制，电流反馈系数为 β，速度反馈系数为 α。有关传递函数的求解，可参见现代控制理论的有关内容。

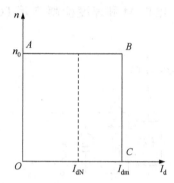

图 5-33　双闭环调速系统的静特性

（2）静特性方程（稳态）。双闭环调速系统所采用的速度、电流控制器均为带限幅的 PI 控制器。在稳态时，PI 控制器的作用使得输入偏差电压 ΔU 总为零。

$$U_n^* = U_n = \alpha n = \alpha n_0$$
$$U_i^* = U_i = \beta I_d$$

图 5-33 所示是双闭环调速系统的静特性。图中有三个特征点 A、B、C，I_{dN} 为电机额定电流，I_{dm} 为电机堵转电流。

AB 段是两个控制器都不饱和时的静特性，$I_d < I_{dm}$，$n = n_0$；BC 段是 ASR 控制器饱和时的静特性，$I_d = I_{dm}$，$n < n_0$。

当速度控制器不饱和时，所表现的静特性是速度、电流双闭环调速系统的静特性，表现为转速无静差；当速度控制器饱和时，所表现的静特性是电流单闭环调速系统的静特性，表现为电流无静差，电流给定值是速度控制器的限幅值。

稳态参数的计算如下。

当速度控制器不饱和时，U_n^* 的计算公式为式（5-49）；速度控制器的输出 U_i^*（即电流控制器的给定值）由式（5-50）计算；电流控制器的输出 U_{ct} 由式（5-51）计算。

$$U_n^* = U_n = \alpha n \tag{5-49}$$

$$U_i^* = U_i = \beta I_d = \beta I_{dL} \tag{5-50}$$

$$U_{ct} = \frac{U_{d0}}{K_s} = \frac{C_e n + I_d R}{K_s} = \frac{C_e U_n^* / \alpha + I_{dL} R}{K_s} \tag{5-51}$$

4）双闭环调速系统的动态数学模型与动态性能分析

比例控制器的输出量总是正比于输入量，而 PI 控制器的输出量与输入量关系复杂。

（1）动态结构图。图 5-34 所示是速度、电流双闭环调速系统的动态结构图。其中，$W_{ASR}(s)$ 为速度控制器传递函数，$W_{ACR}(s)$ 为电流控制器传递函数；电力电子触发单元为 $\frac{K_s}{T_s s + 1}$。

直流电机传递函数由式（5-44）和式（5-45）决定。它由三个子模块构成：$\frac{1}{T_l s + 1}$、$\frac{R}{T_m s}$、$\frac{1}{C_e}$。

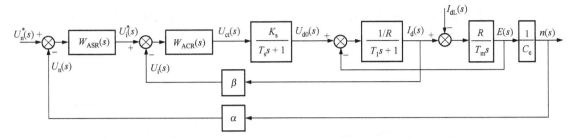

图 5-34　速度、电流双闭环调速系统的动态结构图

（2）双闭环调速系统的启动过程。图 5-35 所示是速度、电流双闭环调速系统的启动过程图。从图中可以看出，启动过程分为三个阶段：Ⅰ——电流上升阶段；Ⅱ——恒流升速阶段；Ⅲ——转速调节阶段。

第Ⅰ阶段（0～t_1）：

在 $t=0$ 时，系统突加阶跃给定信号 U_n^*，在 ASR 和 ACR 两个 PI 控制器的作用下，I_d 很快上升，在 I_d 上升到 I_{dL} 之前，电机转矩小于负载转矩，转速为零。

当 $I_d \geq I_{dL}$ 后，电机开始启动，由于机电惯性作用，速度不会很快提高，ASR 输入偏差电压仍较大，ASR 很快进入饱和状态，而 ACR 一般不饱和，直到 $I_d = I_{dm}$，$U_i = U_{im}^*$。

电流变化十分迅速，时序节点是 t_1。

第Ⅱ阶段（t_1～t_2）：

ASR 控制器始终保持在饱和状态，速度环仍相当于开环工作。系统表现为使用 PI 控制器的电流闭环控制。

电流控制器的给定值就是 ASR 控制器的饱和值 U_{im}^*，基本上保持电流 $I_d = I_{dm}$ 不变。

电流环的闭环系统是 Ⅰ 型系统。电流调节系统的扰动是电机的反电动势，它是一个线性渐增的扰动量，所以系统做不到无静差，而是略低于 I_{dm}。

电流基本维持在最大启动电流 I_{dm}，转速快速提高，当转速到达设定转速 n^* 时，电枢电流开始下降，这个时序节点是 t_2。

第Ⅲ阶段（t_2～t_4）：

分为两个时序点，当时序点为 t_3 时，转速达到最大值，电流降到实际负载电流值，随后转速开始下降接近设定值 n^*，启动过程完成。

n 上升到了给定值 n^*，$\Delta U_n = 0$。因为 $I_d > I_{dm}$，电机仍处于加速过程，从而使转速超过了给定值，这个现象称为启动过程的转速超调。

转速超调造成了 $\Delta U_n < 0$，ASR 退出饱和状态，U_i 和 I_d 很快下降。但是转速仍在上升，直到 $t = t_3$，$I_d = I_{dL}$，转速才到达峰值。

在 t_3～t_4 时间内，$I_d < I_{dL}$，转速由加速变为减速，直到稳定。

5）双闭环调速系统的抗扰性能

干扰情况分为两类：负载扰动和电网电压波动。

（1）负载扰动。图 5-36 所示是速度、电流双闭环调速系统波形图。图 5-36（a）是负载转矩时序图，负载变化时间点是 t_1。在点 t_1，负载由 T_{L1} 增大到 T_{L2}。图 5-36（b）是电机额定转速图，在时段 $t_1 t_v$，由于负载增加，电机转速产生一个动态变化，最大速度降为 Δn_{max}。随着时间节点到达 t_v，电机转速进入稳定状态，此时 $n_2 = n_1$。

（2）电网电压波动。图 5-36（c）是电网变化对电枢两端电压的影响图，图 5-36（d）是电枢两端电压波形。同样，在时序 t_1 由于电源电压引起一个 ΔU_{d01}，波动区段是 t_1t_v。

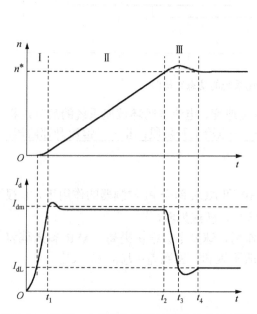

图 5-35　速度、电流双闭环调速系统的启动过程

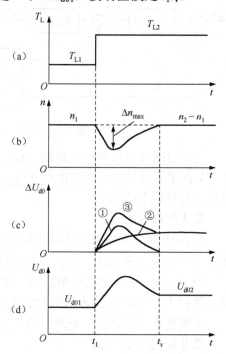

图 5-36　速度、电流双闭环调速系统波形图

3. 速度、电流、电压三闭环调速系统

速度、电流、电压三闭环调速系统是为了追求更高的调速控制性能，在速度环、电流环的基础上引入电流变化率或电压环。

1）速度、电流、电压三闭环调速系统的原理

如图 5-37 所示，由速度设定 U_n^* 与转速反馈 U_n 之差作为速度控制器 ASR 的输入，ASR 的输出是 U_i^*；U_i^* 与 U_i 之差作为电流控制器 ACR 的输入，其输出是 U_v^*；U_v^* 与 U_v 之差作为电压控制器 AVR 的输入，其输出是 U_{ct}，后面的控制完全与单环和双环类同。电压采样取样点是选自可变整流电路输出 U_d，经过电压反馈单元 TVD，输出 U_v，TVD 是直流电压隔离变换器。电压环的主要作用是限制 U_d 的上限值，以保证电流在最大电压的情况下变化。

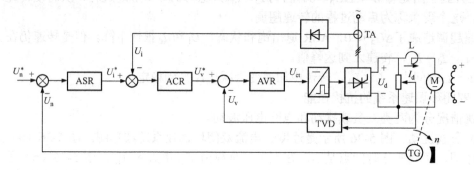

图 5-37　速度、电流、电压三闭环电路原理框图

2）三闭环调速系统动态结构图及简化

图 5-38 所示是三闭环调速系统的动态结构图及其简化图。其中，图 5-38（a）是动态结构图，图 5-38（b）是简化图。

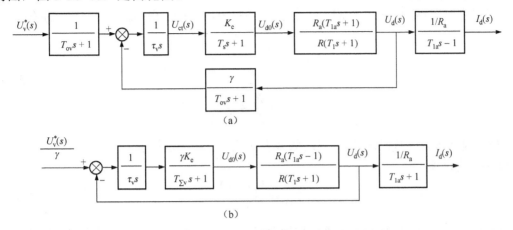

图 5-38　三闭环调速系统的动态结构图及其简化图

5.2.2　控制器设计

控制器是实现控制算法的关键。用于运动控制的主要控制器有：比例（P）控制器、积分（I）控制器、比例积分（PI）控制器、比例微分（PD）控制器、比例积分微分（PID）控制器等。

1.　I 控制器和积分控制规律

1）　I 控制器结构

图 5-39 所示是 I 控制器电路。积分电路又由运算放大器 A、电阻 R_0、电阻 R_b 和电容 C 组成。根据电路分析，可以计算出输入输出关系：

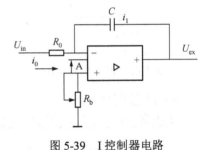

图 5-39　I 控制器电路

$$\frac{U_{in}}{R_0} = -\frac{U_{ex}}{1/sC} \qquad (5\text{-}52)$$

式（5-52）是拉氏变换形式，其中 s 是算子。

$$U_{ex} = -\frac{1}{R_0 C}\int U_{in}\mathrm{d}t \qquad (5\text{-}53)$$

式（5-53）是时域电路方程。

2）输入输出特性

由式（5-53），令 $\tau = R_0 C$，则

$$|U_{ex}| = \frac{1}{\tau}|U_{in}| \qquad (5\text{-}54)$$

3）　I 控制器特点

①积累作用；②记忆作用；③延缓作用。

2. PI 控制器和比例积分控制规律

1）PI 控制器结构

PI 控制器电路如图 5-40 所示。把图 5-40 与图 5-39 进行对比，发现基本电路结构完全相同，除了电容支路增加了一个电阻 R_1。根据电路定律，可计算出 U_{in} 与 U_{ex} 之间的关系。

$$U_{ex} = -\frac{R_1 + \dfrac{1}{sC}}{R_0} U_{in}$$

$$= -\left(\frac{R_1}{R_0} + \frac{1}{R_0 Cs}\right) U_{in} \tag{5-55}$$

式（5-55）是图 5-40 中输入输出关系的频域表达式，其中 s 是算子。

2）输入输出特性

$$U_{ex} = \frac{K_p T_i s + 1}{T_i s} U_{in} \tag{5-56}$$

图 5-41 所示是 PI 控制器输入输出特性曲线。其中，输入 U_{in} 为一个阶跃函数，输出 U_{ex} 为一个"斜坡+饱和"，K_p 为比例系数，T_i 为积分系数。

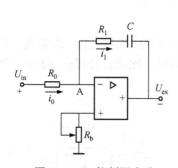

图 5-40 PI 控制器电路

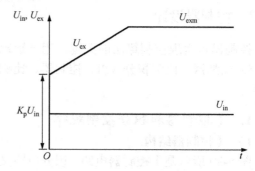

图 5-41 PI 控制器输入输出特性曲线（阶跃响应）

3）PI 控制器特点

①积累作用；②记忆作用；③快速响应。

3. PD 控制器和比例微分控制规律

1）PD 控制器结构

PD 控制器电路如图 5-42 所示。把图 5-42 与图 5-40 进行对比，发现基本电路结构有所不同，输入支路是电容 C 与电阻 R_0 并联，反馈支路是电阻 R_1。根据电路定律，可计算 U_{in} 与 U_{ex} 之间的关系。

$$U_{ex} = -\frac{R_1 + R_1 R_0 Cs}{R_0} U_{in}$$

$$= -\left(\frac{R_1}{R_0} + R_1 Cs\right) U_{in} \tag{5-57}$$

2）输入输出特性

$$U_{ex} = (K_p + T_d s) U_{in} \tag{5-58}$$

式（5-58）是图 5-42 中输入输出关系的频域表达式，其中 s 是算子。

图 5-43 所示是 PD 控制器输入输出特性曲线。其中，输入 U_{in} 为一个阶跃函数，输出 U_{ex} 为一个指数型曲线。

3）PD 控制器特点

①抑制变化；②快速响应。

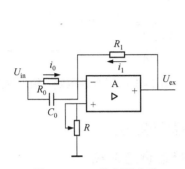

图 5-42　PD 控制器电路

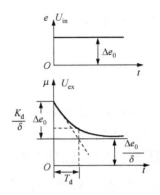

图 5-43　PD 控制器输入输出特性曲线

4. PID 控制器和比例积分微分控制规律

1）PID 控制器结构

PID 控制器电路如图 5-44 所示。把图 5-44 与图 5-40 和图 5-42 进行对比，PID 控制器是二者的结合。根据电路定律，可计算 U_{in} 与 U_{ex} 之间的关系。

$$U_{ex} = -\left(K_p U_{in} + K_d \frac{dU_{in}}{dt} + K_i \int U_{in} dt \right) \qquad (5\text{-}59)$$

2）输入输出特性

$$U_{ex} = -\left(\frac{R_1}{R_0} + \frac{C_0}{C_1} + R_1 C_0 s + \frac{1}{R_0 C_1 s} \right) U_{in} \qquad (5\text{-}60)$$

$$U_{ex} = -\left(K_p U_{in} + K_d \frac{dU_{in}}{dt} + K_i \int U_{in} dt \right) \qquad (5\text{-}61)$$

式中，

$$K_p = \frac{R_1}{R_0} + \frac{C_0}{C_1}$$

$$K_d = R_1 C_0$$

$$K_i = \frac{1}{R_0 C_1}$$

式（5-60）是图 5-44 中输入输出关系的频域表达式，其中 s 是算子；式（5-61）是时域表达式。

图 5-45 所示是 PID 控制器输入输出特性曲线。输入 U_{in} 为一个阶跃函数，输出 U_{ex} 的各分量分别表示在图上，其中 P 分量也是阶跃函数，I 分量是斜坡函数，D 分量是指数衰减函数。PID 整体作用见粗曲线。

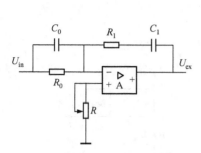

图 5-44 PID 控制器电路

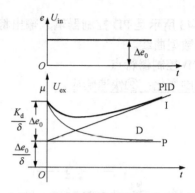

图 5-45 PID 控制器输入输出特性曲线

3）PID 控制器特点

①消除累积误差作用；②抑制变化作用；③快速跟随响应。

5. 采用 PI 控制器的转速负反馈单闭环无静差调速系统

1）系统框图

图 5-46 所示电路，其组成与图 5-20 所示的单闭环调速系统相比仅仅相差一个 C_1，其差异是图 5-46 中 ASR 为一个 PI 控制器，图 5-20 中是一个比例控制器，其工作原理可以参阅图 5-20 的说明。

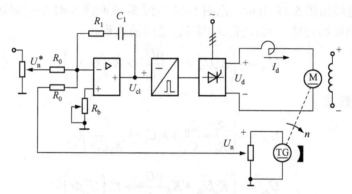

图 5-46 基于 PI 控制器的速度控制系统

图 5-47 中给出了以下三种信号的输入与输出，分析不同输入时的输出响应。

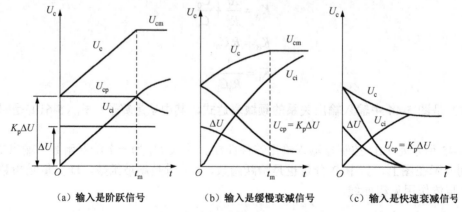

（a）输入是阶跃信号　　（b）输入是缓慢衰减信号　　（c）输入是快速衰减信号

图 5-47 基于 PI 控制器的各种输入与输出信号分析

（1）如图 5-47（a）所示，PI 控制器的输入 ΔU 是阶跃信号，比例部分 U_{cp} 突变为 $K_{pi}\Delta U$，积分部分 U_{ci} 则线性增长，两部分叠加后经过时间 t_m，U_c 达到限幅值 U_{cm}。

因为

$$U_{cm} = K_{pi}\Delta U + \frac{K_{pi}\Delta U}{\tau}\int_0^{t_m} \mathrm{d}t = K_{pi}\Delta U\left(1 + \frac{t_m}{\tau}\right) \tag{5-62}$$

所以

$$t_m = \tau\left(\frac{U_{cm}}{K_{pi}\Delta U} - 1\right) \tag{5-63}$$

控制器饱和后，积分部分由线性增长变成按指数规律渐增，比例部分则按指数规律衰减，但始终保持 $U_{cp} + U_{ci} = U_{cm}$，直至最终比例部分衰减为 0，$U_{ci} = U_{cm}$。

（2）如图 5-47（b）所示，PI 控制器的输入 ΔU 最初随着系统输出 U 增长，$\Delta U = U^* - U$ 也逐渐下降。如果被控对象的滞后时间常数远大于 PI 控制器的积分时间常数 $\tau_i = \tau / K_{pi}$，则 U 的增长缓慢，偏差电压（PI 控制器的输入）ΔU 只缓慢下降。尽管 ΔU 在下降，PI 控制器的比例部分 U_{cp} 也随之下降，但 PI 控制器输出的积分部分 U_{ci} 继续增长，增长速度因积分时间常数小而比 ΔU 的衰减要快，因此，PI 控制器的输出 U_c 在 PI 控制器输入 ΔU 衰减到 0 之前仍可以达到限幅值 U_{cm}。

（3）如图 5-47（c）所示，当被控对象的滞后时间常数较小，而 PI 控制器积分时间常数相对被控对象滞后时间常数较大时，系统输出增长快，偏差电压（PI 控制器的输入）ΔU 衰减也很快。虽然 PI 控制器积分部分 U_{ci} 使 U_c 增加，但是由于 ΔU 衰减更快，使得输出电压 U 无法达到饱和电压 U_{cm}。

2）转速负反馈单闭环调速系统的限流保护

（1）启动冲击电流的产生和危害。由于电机在启动和动态负载突变的运行过程中启动电流冲击是不可避免的，冲击电流会引起电机发热，对电机稳定运行造成很大隐患。

（2）解决方法。

①采用过流继电器或快速熔断器；②加给定积分器；③引入电流负反馈。

3）限流保护的电流测量方法

（1）电流检测。采用电流传感器是常用的检测方法。电流传感器常用的元件有直流电流互感器、霍尔元件（用于直流检测）及交流电流互感器（用于交流检测）。

对电流传感器的基本要求有：①$U_i = \beta I$，即比例关系；②电气隔离，即控制回路与主回路隔离。

（2）电流传感器的使用方法。图 5-48 所示是基于 PI 控制器的带电流反馈的单闭环速度控制系统。图中 TA 是一个电流测量传感器，从电路位置判断，TA 是一个交流电流互感器。反馈电压 U_i 与电枢回路电流成正比。

4）单闭环 PI 控制器动态校正

如图 5-49 所示，通过伯德图的三个频段的特征可以判断系统的性能。伯德图的特征包括以下四个方面：

（1）如果中频段以 -20 dB/dec 的斜率穿越 0 dB 线，且这一斜率能覆盖足够宽的频带，则系统的稳定性好。

（2）截止频率（剪切频率）越高，系统的快速性越好。

（3）低频段的斜率陡、增益高，则说明系统的稳态精度高。

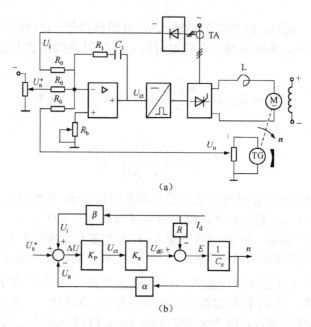

(a)

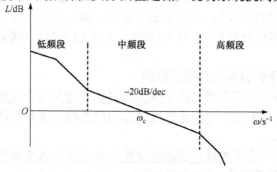

(b)

图 5-48　基于 PI 控制器的带电流反馈的单闭环速度控制系统

（4）高频段衰减越快，高频特性负分贝值越低，说明系统抗高频噪声干扰的能力越强。

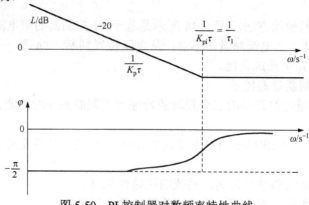

图 5-49　典型伯德图曲线

　　图 5-50 所示是 PI 控制器对数频率特性曲线。图 5-51 所示是未加校正的控制系统对数频率特性曲线。图 5-52 所示是采用 PI 校正后的对数频率特性曲线。闭环调速系统 PI 控制器的校正可由这三条特性曲线来说明。

图 5-50　PI 控制器对数频率特性曲线

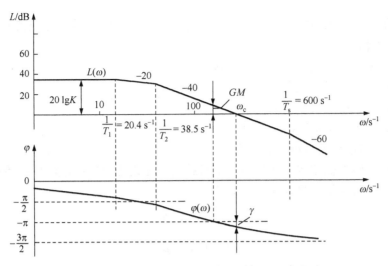

图 5-51　未加校正的控制系统对数频率特性曲线

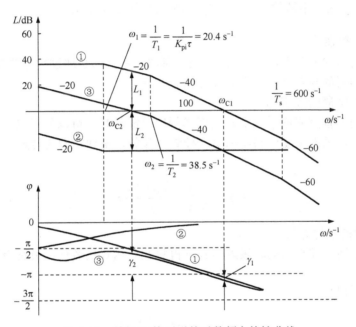

图 5-52　采用 PI 校正后的对数频率特性曲线

5）PI 控制器的参数整定

若 K_p 增大，RC 就减小，超调量增大；若 K_p 减小，RC 就增大，超调量减小。通常 PI 控制器的参数采用实验整定方法，其步骤是：先加比例，后加积分。

6. 速度、电流双闭环 PI 控制器

速度、电流双闭环系统的控制器均采用 PI 控制器，其中外环是速度环，内环是电流环。具体分析方法与速度环 PI 控制器相同，参看图 5-31。

1）速度控制器的作用

（1）使电机转速 n 跟随给定电压 U_n^* 变化，保证稳态转速、无静差。

（2）对负载扰动起抗扰作用。

（3）输出限幅值决定最大的允许电流 I_{dm}，在启动时，给定信号 U_{im}^* 获得最大允许电流。

2）电流控制器的作用

（1）对电网电压的扰动进行及时的抗扰。

（2）启动时保证获得最大允许电流。

（3）过载时限制电枢电流最大值。

（4）转速调节过程中使电流 I_d 跟随 U_i^* 变化。

3）双闭环调速系统的反馈系数计算

转速反馈系数由电机额定转速与最大电机给定电压之比决定；电流环电流反馈系数由电流环最大电流给定值与最大负载电流之比决定。

$$\alpha = U_{nm}^* / n_e \tag{5-64}$$

$$\beta = U_{im}^* / I_{dm} \tag{5-65}$$

式中，U_{nm}^* 为最大电枢电压给定电压设定信号；n_e 为额定转速；α 为转速反馈系数；β 为电流反馈系数；U_{im}^* 为最大电流给定信号；I_{dm} 为最大实际负载电流。

7. 数字 PI 控制器

随着计算机技术的快速发展，控制器的控制算法基本上都是通过软件的方法得以实现的，因此有必要对控制器的数字化进行研究和讨论。

1）模拟 PI 控制器的数字化

在计算机控制的直流调速系统中，当采样频率足够高时，可以先根据模拟系统的分析方法进行设计和综合，求出速度控制器和电流控制器参数，得到它们的传递函数。PI 控制器的传递函数为

$$W_{pi}(s) = \frac{U(s)}{E(s)} = \frac{K_p \tau s + 1}{\tau s} = K_p + \frac{1}{\tau s} \tag{5-66}$$

2）PI 控制器的描述方法

根据传递函数写出控制器的时域表达式，再将此表达式离散化，最终得到相应的差分方程。

输出的时域方程为

$$u(t) = K_p e(t) + \frac{1}{\tau} \int e(t) \mathrm{d}t \tag{5-67}$$

输出的差分方程为

$$u(n) = K_p e(n) + \frac{T_{sam}}{\tau} \sum_{i=1}^{n} e(i) \tag{5-68}$$

式中，T_{sam} 为采样周期。

3）数字 PI 控制器的两种算式

位置式 PI 控制器：

$$u(n) = K_p e(n) + \frac{T_{sam}}{\tau} \sum_{i=1}^{n} e(i) \tag{5-69}$$

增量式 PI 控制器：

$$\Delta u(n) = u(n) - u(n-1) = K_p(e(n) - e(n-1)) + \frac{T_{sam}}{\tau}e(n) \tag{5-70}$$

在计算机的程序中，用 K_i 代替 $\frac{T_{sam}}{\tau}$，则

$$\begin{aligned} u(n) &= \Delta u(n) + u(n-1) \\ &= K_p(e(n) - e(n-1)) + K_i e(n) + u(n-1) \end{aligned} \tag{5-71}$$

4）数字化的限幅控制问题

因为数字化的过程就是程序化的过程，所以 PI 数字控制器的限幅可转化为以下步骤。

（1）程序内设置输出限幅值 u_m。当 $u(n) > u_m$ 时，便以限幅值 u_m 输出。

（2）对输出的增量 $\Delta u(n)$ 进行限制，在程序内设置输出增量的限幅值 Δu_m。当 $\Delta u(n) > \Delta u_m$ 时，便以限幅值 Δu_m 输出。

（3）位置式算法必须同时设积分限幅和输出限幅。

对于位置式算法，如果不设积分限幅与输出限幅，那么在退出饱和时，积分项可能仍很大，将产生较大的退饱和超调。

5）数字 PI 算法改进

（1）把 P 和 I 分开。当偏差大时，只让比例部分起作用，以快速减小偏差；当偏差降低到一定程度后，再将积分作用投入，既可最终消除稳态偏差，又能避免较大的退饱和超调。这就是积分分离算法的基本思想。

（2）积分分离算法表达式

$$u(k) = K_p e(k) + C_i K_i T_{sam} \sum_{i=1}^{k} e(i) \tag{5-72}$$

$$C_i = \begin{cases} 1, & |e(i)| \le \delta \\ 0, & |e(i)| > \delta \end{cases}$$

式中，δ 为常值。

*5.2.3 工程方法——典型系统问题

1. 使用工程方法的原因和目的

1）采用工程方法的原因

随着电力电子技术的飞速发展，除了电机之外，运动控制系统的部件都是由惯性很小的电力电子器件和运算放大器等组成的。经过合理的简化处理，整个系统可以用低阶的系统近似，这样就有可能把各种各样的控制系统简化为低阶系统。

2）使用工程方法的目的

把典型系统的开环对数幅频特性作为预期特性，弄清楚它们之间的参数和系统性能指标之间的关系，编制成简单易懂的图表和公式，在设计实际的系统时，只要把实际系统的数学模型校正成典型系统的形式，就可以利用现成的公式和图表计算，设计过程大大简化。

工程设计方法的**基本思路**是要把问题简化，突出主要矛盾，在设计控制器时分为以下两个步骤。

（1）选择控制器结构，确保系统稳定，满足所需的稳态指标要求。在选择控制器结构时，要使系统变成低阶典型系统。

（2）计算控制器的参数，以满足动态性能指标的要求。由于典型系统参数与性能指标的关系都写成了简单的公式和图表，使控制器的参数计算变得很简便。整个设计工作量大大减小，难度也降低。

2. 典型系统及参数性能指标

1）典型系统

通常，任何控制系统的开环传递函数都可以写成如下通式：

$$W(s) = \frac{K(\tau_1 s + 1)(\tau_2 s + 1)\cdots}{s^r(T_1 s + 1)(T_2 s + 1)\cdots} \tag{5-73}$$

从式（5-73）可以得出，分子和分母中都可能分别含有复数零点和复数极点，分母中 s^r 表示系统在复平面原点处有 r 重开环极点，也就是说，系统含有 r 个积分环节。

规定用 r 的数量定义系统的型。例如，若 $r=0$，则系统就是 0 型系统；若 $r=1$，则系统就是 I 型系统；若 $r=2$，则系统就是 II 型系统。

2）典型 I 型系统分析

（1）典型 I 型系统的定义。典型 I 型系统开环传递函数可表示为

$$W(s) = \frac{K}{s(Ts + 1)} \tag{5-74}$$

式中，T 为系统的惯性时间常数；K 为系统的开环增益。

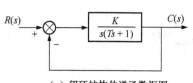

（a）闭环结构传递函数框图

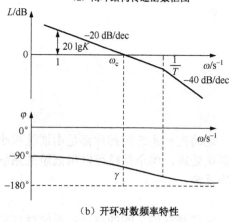

（b）开环对数频率特性

图 5-53　典型 I 型系统

图 5-53（a）所示是一个典型的 I 型系统。

（2）典型 I 型系统的性能特性。由图 5-53（b）可见，幅值等于 0 的点是 ω_c，曲线转折点是 $\frac{1}{T}$。

① 当 $\omega_c < 1/T$ 时，对数幅频特性以 -20 dB/dec 斜率穿越零分贝线，这是期望系统有良好的稳定性能的首要条件。

② 典型 I 型系统的对数幅频特性的幅值为

$$20\lg K = 20(\lg \omega_c - \lg 1) = 20\lg \omega_c$$

得到

$$K = \omega_c \tag{5-75}$$

③ 相角稳定裕度为

$$\gamma(\omega_c) = 90° - \arctan \omega_c T \tag{5-76}$$

（3）快速性与稳定性之间的矛盾。

① K 值越大，截止频率 ω_c 也越大，系统响应越快，相角稳定裕度 γ 越小。

② 说明快速性与稳定性之间存在矛盾。在选择参数 K 时，必须在二者之间取折中值。

（4）典型 I 型系统的闭环传递函数。典型 I 型系统的闭环传递函数为

$$W_{cl}(s) = \frac{W(s)}{1+W(s)} = \frac{\dfrac{K}{s(Ts+1)}}{1+\dfrac{K}{s(Ts+1)}} = \frac{\dfrac{K}{T}}{s^2 + \dfrac{1}{T}s + \dfrac{K}{T}} = \frac{\omega_n^2}{s^2 + 2\xi\omega_n s + \omega_n^2} \tag{5-77}$$

式中，

$$\omega_n = \sqrt{\frac{K}{T}} \quad （自然振荡角频率） \tag{5-78}$$

$$\xi = \frac{1}{2}\sqrt{\frac{1}{KT}} \quad （阻尼比） \tag{5-79}$$

（5）典型 I 阶系统的动态响应性质。

① $\xi < 1$，欠阻尼的振荡特性。

② $\xi > 1$，过阻尼的单调特性。

③ $\xi = 1$，临界阻尼。

④ 过阻尼动态响应较慢，一般把系统设计成欠阻尼，即 $0 < \xi < 1$。

（6）I 阶系统性能指标和系统参数之间的关系。

① 超调量 σ：

$$\sigma = e^{-\left(\xi\pi/\sqrt{1-\xi^2}\right)} \times 100\% \tag{5-80}$$

② 上升时间 t_r：

$$t_r = \frac{2\xi T}{\sqrt{1-\xi^2}}(\pi - \arccos\xi) \tag{5-81}$$

③ 峰值时间 t_p：

$$t_p = \frac{\pi}{\omega_n\sqrt{1-\xi^2}} \tag{5-82}$$

④ 调节时间 t_s。在 $\xi < 0.9$、误差带为 $\pm 5\%$ 的条件下可近似计算 t_s，即

$$t_s \approx \frac{3}{\xi\omega_n} = 6T \tag{5-83}$$

⑤ 截止频率 ω_c：

$$\omega_c = \omega_n\left(\sqrt{4\xi^4+1} - 2\xi^2\right)^{\frac{1}{2}} \tag{5-84}$$

⑥ 相角稳定裕度 γ：

$$\gamma = \arctan\frac{2\xi}{\left(\sqrt{4\xi^4+1}-2\xi^2\right)^{\frac{1}{2}}} \tag{5-85}$$

表 5-1 所示是典型 I 型系统动态跟随性能指标和频域指标与参数的关系，从表中能够看到放大系数 K 与周期 T 之积和阻尼比 ξ、超调量 σ、上升时间 t_r、峰值时间 t_p、相角稳定裕度 γ 及截止频率 ω_c 之间的关系。

表 5-1　典型Ⅰ型系统动态跟随性能指标和频域指标与参数的关系

参数关系 KT	0.25	0.39	0.5	0.69	1.0
阻尼比 ξ	1.0	0.8	0.707	0.6	0.5
超调量 σ	0 %	1.5%	4.3%	9.5%	16.3%
上升时间 t_r	∞	6.6T	4.7T	3.3T	2.4T
峰值时间 t_p	∞	8.3T	6.2T	4.7T	3.2T
相角稳定裕度 γ	76.3°	69.9°	65.5°	59.2°	51.8°
截止频率 ω_c	0.243/T	0.367/T	0.455/T	0.596/T	0.786/T

由表 5-1 可知，对于典型Ⅰ型系统，$KT=0.5\sim1$，其阻尼系数 $\xi=0.707\sim0.5$，系统超调量不大，$\sigma=4.3\%\sim16.3\%$。系统响应时间也较快。如果希望无超调，那么 KT 可选在 $0.25\sim0.39$，阻尼比 $\xi=0.8\sim1$，但是响应时间就比较长。

电子最佳调节原理中的"二阶最佳系统"参数设定为：

● $KT=0.5$;

● 阻尼比 $\xi=0.707$;

● 超调量 $\sigma=4.33\%$;

● 上升时间 $t_r=4.71T$;

● 峰值时间 $t_p=6.2T$;

● 相角稳定裕度 $\gamma=65.5°$;

● 截止频率 $\omega_c=0.455/T$.

（7）典型Ⅰ型系统的抗扰性能指标。由于典型Ⅰ型系统已经规定了系统的结构，分析其抗扰性能指标的关键因素是扰动作用点，因此某种定量的抗扰性能指标只适用于一种特定的扰动作用点。

① 电流环的扰动作用点。图 5-54 所示是在一种扰动作用下电流环的动态结构框图。

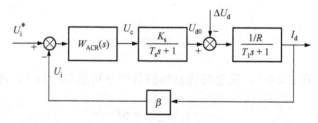

图 5-54　在一种扰动作用下电流环的动态结构框图

图 5-54 中，将输入给定设为 0，只研究扰动影响简化之后的等效传递函数。对于图 5-55，只讨论如下两点：一是抗扰性能，令输入变量 $U_i^*=0$；二是将输出量写成 ΔC，很明显扰动的作用就显现出来。

② 阶跃扰动。在扰动输入 $F(s)=N/s$ 的作用下，输出变化量为

$$\Delta C(s)=\frac{N}{s}\frac{W_2(s)}{1+W_1(s)W_2(s)}=\frac{NK_2(Ts+1)}{(T_2s+1)(Ts^2+s+K)} \tag{5-86}$$

选取 $KT=0.5$，则

$$\Delta C(s)=\frac{2NK_2T(Ts+1)}{(T_2s+1)(2T^2s^2+2Ts+1)} \tag{5-87}$$

得到输出动态响应函数 $\Delta C(t)$ 为

$$\Delta C(t) = \frac{2NK_2 m}{2m^2 - 2m + 1}\left[(1-m)e^{-t/T_2} - (1-m)e^{-t/2T}\cos\frac{t}{2T} + me^{-t/2T}\sin\frac{t}{2T}\right] \qquad (5\text{-}88)$$

式中，$m = \dfrac{T_1}{T_2}$ 为控制对象中小时间常数与大时间常数的比值。取不同 m 值，可计算出相应的动态过程曲线。

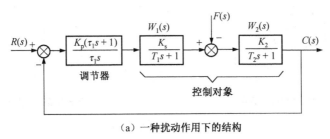

（a）一种扰动作用下的结构

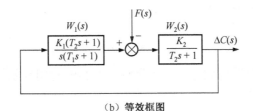

（b）等效框图

图 5-55　典型 I 型系统在一种扰动作用下的动态结构框图

表 5-2 所示是典型 I 型系统动态抗扰性能指标与参数的关系，其作用是通过 m 就可以计算出相应的 $\Delta C(t)$ 的动态过程曲线，表中 C_b 是基准值。

表 5-2　典型 I 型系统动态抗扰性能指标与参数的关系（$KT = 0.5$）

$m = \dfrac{T_1}{T_2} = \dfrac{T}{T_2}$	1/5	1/10	1/20	1/30
$\dfrac{\Delta C_{max}}{C_b} \times 100\%$	55.5%	33.2%	18.5%	12.9%
t_m / T	2.8	3.4	3.8	4.0
t_v / T	14.7	21.7	28.7	30.4

表 5-2 中，m 代表扰动作用点前后两个惯性环节的时间常数，很显然，$m < 1$；T_1 是时间常数小的那个惯性环节；T_2 是时间常数大的那个惯性环节；t_m 是超调最大时间；t_v 是回复时间。

由表 5-2 可以看出，m 值越小，动态超调量就越小，恢复时间就越长。

3）典型 II 型系统分析

图 5-56 所示为典型 II 型系统，其中图 5-56（a）是闭环系统结构传递函数，图 5-56（b）是开环对数频率特性。

（1）典型 II 型系统的定义。典型 II 型系统的开环传递函数表示为

$$W(s) = \frac{K(\tau s + 1)}{s^2(Ts + 1)} \qquad (5\text{-}89)$$

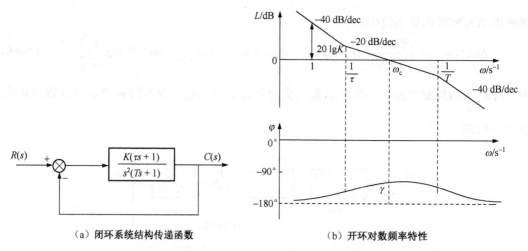

(a) 闭环系统结构传递函数　　　　　　　（b) 开环对数频率特性

图 5-56　典型 Ⅱ 型系统

（2）典型 Ⅱ 型系统的性能特性。

比例系数 K：

$$K = \omega_1 \omega_c \tag{5-90}$$

改变 K 相当于使开环对数幅频特性上下平移，此特性与闭环系统的快速性有关。

系统相角稳定裕度 γ 为

$$\gamma = \arctan \omega_c \tau - \arctan \omega_c T \tag{5-91}$$

τ 比 T 大得越多，则系统的稳定裕度越大。

（3）典型 Ⅱ 型系统的待定参数。典型 Ⅱ 型系统的时间常数 T 也是控制对象固有的，而待定的参数有两个：K 和 τ。

定义中频宽为

$$h = \frac{\tau}{T} = \frac{\omega_2}{\omega_1} \tag{5-92}$$

中频宽表示斜率为 20 dB/dec 的中频的宽度，是一个与性能指标紧密相关的参数。

（4）参数选取设计原则。采用"振荡指标法"中的闭环幅频特性峰值最小准则，可以找到与两个参数之间的一种最佳配合。式（5-93）和式（5-94）就是最小准则的计算公式。

$$\frac{\omega_2}{\omega_c} = \frac{2h}{h+1} \tag{5-93}$$

$$\frac{\omega_c}{\omega_1} = \frac{h+1}{2} \tag{5-94}$$

在确定了 h 之后，可求得

$$\tau = hT \tag{5-95}$$

再根据式（5-89）和式（5-90），求出 K。

$$K = \omega_1 \omega_c = \omega_1^2 \cdot \frac{h+1}{2} = \left(\frac{1}{hT} \right)^2 \frac{h+1}{2} = \frac{h+1}{2h^2 T^2} \tag{5-96}$$

表 5-3 所示是典型 Ⅱ 型系统阶跃输入跟随性能指标，它表示的是中频段 h 在一个范围内的取值。

表 5-3　典型 Ⅱ 型系统阶跃输入跟随性能指标（按 M_{rmin} 准则确定参数关系）

h	3	4	5	6	7	8	9	10
σ	52.6%	43.6%	37.6%	33.2%	29.8%	27.2%	25.0%	23.3%
t_r/T	2.4	2.65	2.85	3.0	3.1	3.2	3.3	3.35
t_s/T	12.15	11.65	9.55	10.45	11.30	12.25	13.25	14.20
K	3	2	2	1	1	1	1	1

（5）典型 Ⅱ 型系统的抗扰性。图 5-57 所示是典型 Ⅱ 型系统动态抗扰图。

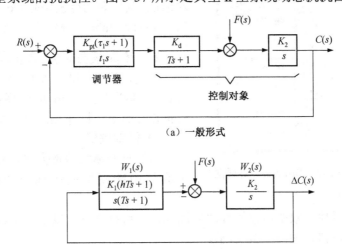

（a）一般形式

（b）简化后的结构

图 5-57　典型 Ⅱ 型系统动态抗扰图

① 扰动系统的输出响应。在阶跃扰动 $F(s)=F/s$ 下，系统输出为

$$\Delta C(s)=\frac{\dfrac{2h^2}{h+1}FK_2T^2(Ts+1)}{\dfrac{2h^2}{h+1}T^3s^3+\dfrac{2h^2}{h+1}T^2s^2+hTs+1}\tag{5-97}$$

取输出量基准值为

$$C_b=2FK_2T\tag{5-98}$$

② 中频宽 h 的选择。由表 5-4 中的数据可知，h 值小，$\Delta C_{max}/C_b$ 也小，t_m 时间短，抗扰性能越好。当 h 增大时，$\Delta C_{max}/C_b$ 也随着增大，t_m 时间略有增加，恢复时间 t_v 快速增大，表明振荡次数增加。综合分析表 5-4 中的数据，$h=5$ 是较好的选择，这与跟随性能中调节时间 t_s 最短的条件是一致的（见表 5-3）。

表 5-4　典型 Ⅱ 型系统动态抗扰性能指标与参数的关系

h	3	4	5	6	7	8	9	10
C_{max}/C_b	72.2%	77.5%	81.2%	84.0%	86.3%	88.1%	89.6%	90.8%
t_m/T	2.45	2.70	2.85	3.00	3.15	3.25	3.30	3.40
t_v/T	3.60	10.45	8.80	12.95	16.85	19.80	22.80	25.85

5.2.4 直流电机调速系统控制器的数字仿真

1. 直流电机调速系统控制器仿真

利用 MATLAB 中的 Simulink 软件进行系统仿真是十分简单和直观的。用户可以用图形化的方法直接建立系统的模型，并通过 Simulink 环境中的菜单直接启动系统的仿真过程，同时将结果在示波器上显示出来。

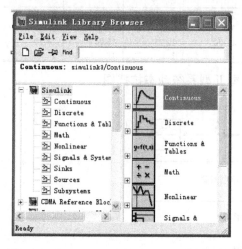

图 5-58 所示是"Simulink Library Browser"对话框，其主要功能模块有 Continuous、Discrete、Functions & Tables、Math、Nonlinear 和 Signals。

图 5-58 "Simulink Library Browser"对话框

2. 仿真模型的建立步骤

首先，进入 MATLAB，单击 MATLAB 命令窗口工具栏中的 Simulink 图标，或直接输入 Simulink 命令，打开 Simulink 模块浏览器窗口。

1）模型编辑

（1）打开模型编辑窗口。通过单击 Simulink 工具栏中新模型的图标或选择 File→New→Model 菜单项来实现。

（2）复制相关模块。双击所需子模块库图标，则可打开它，以鼠标左键选中所需的子模块，拖入模型编辑窗口，如图 5-58 所示。

在图 5-59 中，拖入模型编辑窗口的为 Source 组中的 Step 模块、Math 组中的 Sum 模块、Continuous 组中的 Transfer Fcn 模块、Sinks 组中的 Scope 模块。

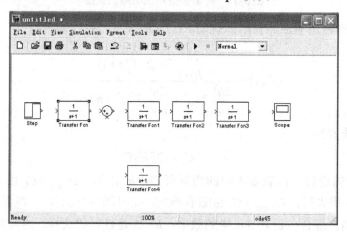

图 5-59 模型编辑窗口

2）修改模块参数

（1）双击模块图案，出现关于该图案的对话框。

（2）通过修改对话框内容来设定模块的参数。

图 5-60 所示是加法器模块对话框。按照图框内的提示操作就能完成加法器的功能，此功能对于控制器设计是必需的。

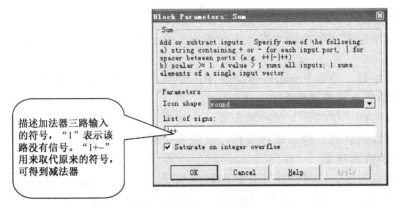

描述加法器三路输入的符号，"1"表示该路没有信号。"1+-"用来取代原来的符号，可得到减法器

图 5-60　加法器模块对话框

3）传递函数模块

传递函数是控制分析的要点，图 5-61 所示就是传递函数模块对话框。

例如，$0.002s+1$ 是用向量[0.002 1]来表示的。

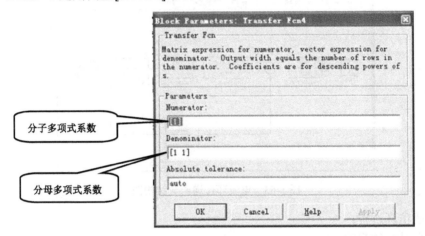

分子多项式系数

分母多项式系数

图 5-61　传递函数模块对话框

4）阶跃输入模块

图 5-62 所示为阶跃输入模块对话框。

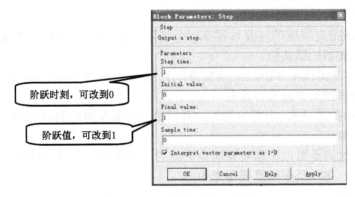

阶跃时刻，可改到0

阶跃值，可改到1

图 5-62　阶跃输入模块对话框

5）模块连接

（1）用鼠标单击起点模块输出端，拖动鼠标到终点模块输入端，则在两模块间产生一条"→"线。

（2）单击模块后，选取 Format→Rotate Block 菜单项，可使模块旋转 90°；选取 Format→Flip Block 菜单项，可使模块翻转。

（3）把鼠标移到期望的分支线的起点处，单击鼠标右键，看到光标变为"十"字后，拖动鼠标直至分支线的终点，释放鼠标按钮，就完成了分支线的绘制。

6）电流环的仿真模型

按照上述编辑方法，构建电流环传递函数结构图，分别由 Step、Transfer Fcn、Transfer Fcn1、Transfer Fcn2、Transfer Fcn3、Transfer Fcn4 和 Scope 构成，如图 5-63 所示。

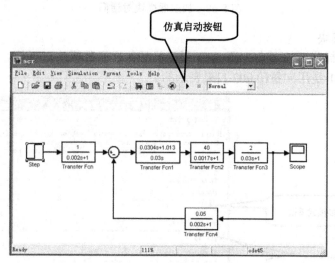

图 5-63　电流环传递函数结构图

下面讲述仿真过程。

（1）仿真过程的启动。

① 单击启动仿真工具条中的按钮▶或选择 Simulation→Start 菜单项，便可启动仿真过程。

② 再双击示波器模块就可显示仿真结果。

（2）仿真参数的设置。

① 为了对阶跃给定响应的过渡过程有一个清晰的了解，需要对示波器显示格式进行修改，并逐一修改示波器的默认值。

② 其中一种方法是选中 Simulink 模型窗口的 Simulation→Simulation Parameters 菜单项，打开对话框，对仿真控制参数进行设置。

（3）仿真控制参数对话框。主要参数为仿真开始时间和结束时间。图 5-64 所示是 Simulink 仿真控制参数对话框。

请注意，结束时间是可以根据需要随意更改的，标注项的 0.05 s 仅仅是告诉读者，结束时间是可长可短的，完全是根据需要而定的。

（4）调整自动刻度。

① 启动仿真过程。

② 启动 Scope 工具条中的"自动刻度"按钮。

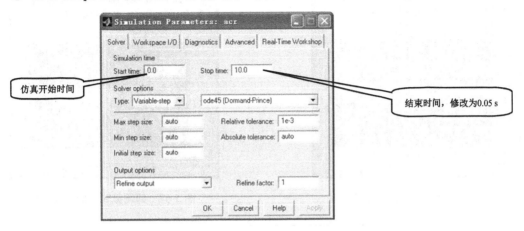

图 5-64　Simulink 仿真控制参数对话框

③ 得到清晰的图形。

图 5-65 所示是修改参数后的仿真结果图。从图中曲线可看出，超调量很小。

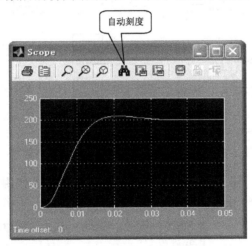

图 5-65　修改参数后的仿真结果

（5）控制器参数的调整。

① 由 $KT = 0.25$ 的关系式按典型一阶系统的设计方法得到 PI 控制器的传递函数为 $\dfrac{0.5067 \times (0.03s + 1)}{0.03s}$，如图 5-66 所示。

② 由 $KT = 1.0$ 的关系式得到 PI 控制器的传递函数为 $\dfrac{2.027 \times (0.03s + 1)}{0.03s}$，如图 5-67 所示。从图中可以看到，超调量比较大，且动态过渡过程有波动。

7）转速环的仿真模型

图 5-68 所示是利用 Simulink 构建的转速环仿真模型，其中速度调节器采用 PI 控制算法，积分增益由 Math 组的 Gain 模块（module）设定，积分环节选择 Continuous 组的 Integrator 模块，加上速度控制器选择的是 Nonlinear 组的 Saturation 模块以进行饱和输出限幅设定，仿真结果是 Signals & Systems 组的 Mux 模块。

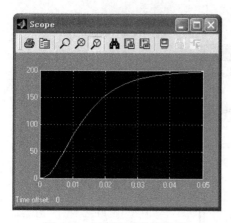

图 5-66　无超调的仿真结果

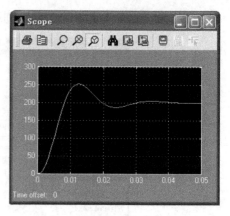

图 5-67　超调量较大的仿真结果

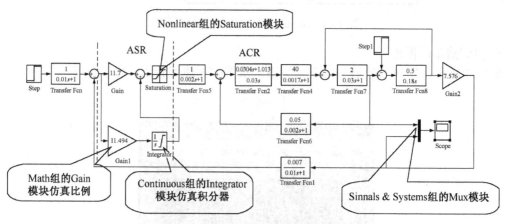

图 5-68　利用 Simulink 构建的转速环仿真模型

（1）增益模块对话框。图 5-69 所示是增益模块对话框，其作用是设定系统增益 K_p 值。

（2）积分器模块对话框。图 5-70 所示是积分器模块对话框，其作用是设定积分器的系数。

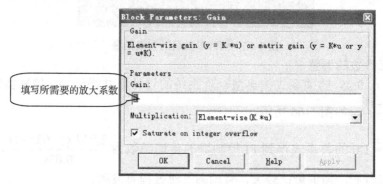

图 5-69　增益模块对话框

（3）聚合模块对话框。图 5-71 所示是聚合模块对话框，其作用是把多个输入聚合成为一个向量输出。

（4）饱和非线性模块。双击 Saturation 模块，把饱和上界和下界参数分别设置为限幅值 +10 和 -10。

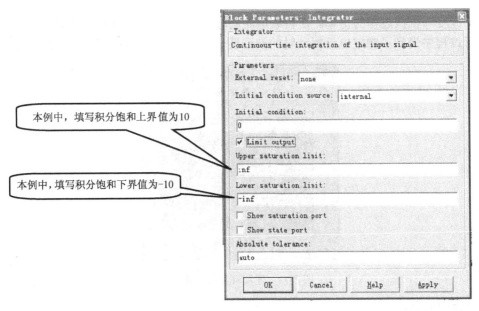

图 5-70 积分器模块对话框

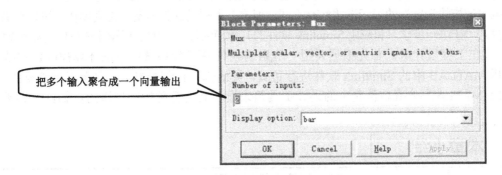

图 5-71 聚合模块对话框

8）速度环仿真模型的运行

（1）速度环的输入条件是阶跃输入。双击阶跃输入模块确定阶跃值的大小，得到了高速启动时的波形图。

图 5-72 所示是速度环仿真结果波形图。由图可以清晰地看出阶跃输入情况下的系统响应仿真波形。

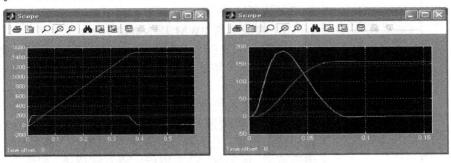

（a）高速启动波形图　　　　　　　　　（b）低速启动波形图

图 5-72　速度环仿真结果波形图

（2）速度环抗扰过程的仿真。在负载电流的输入端 $I_{dL}(s)$ 加上负载电流，得到在空载、高速运行过程中受到了额定电流扰动时的波形图。图 5-73 所示是速度环抗扰波形图。

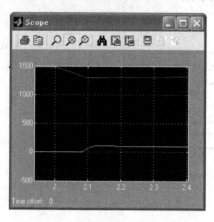

图 5-73　速度环抗扰波形图

需要说明的是：

① MATLAB 中的 Simulink 软件具有强大的功能，而且在不断得到发展。随着其版本的更新，各个版本的模块浏览器的表示形式略有不同，但本书所采用的都是基本仿真模块，可以在有关的组中找到，在进一步学习和应用 Simulink 软件的其他模块后，会使工程设计变得便捷和精确。

② 在工程设计时，首先根据典型一阶系统或典型二阶系统的方法计算控制器参数，然后利用 MATLAB 中的 Simulink 软件进行仿真，灵活修正控制器参数，直至得到满意的结果。也可用 MATLAB 仿真软件包中的设计工具箱来设计其他各种控制规律的控制器，鉴于篇幅不再一一展开。

本章小结

5.1　直流电机调速概述

1．直流电机调速的发展历程

围绕有关直流电机调速发展历程、调速原理和基本方法展开讨论。

2．直流电机的调速方法

根据直流电机转速公式，得出直流电机可能的调速方案有三种：改变电枢回路电阻调速法、减弱磁通调速法和调节电枢电压调速法。

3．直流电机 PWM 基本电路

该部分涉及三个分项内容：（1）不可逆 PWM 变换器；（2）带制动的不可逆 PWM 变换器；（3）H 型可逆 PWM 变换器。

4．调速系统性能指标

直流电机调速系统性能的评价指标也就是电机调速的相应评价指标，分为静态指标和动态指标。静态指标主要有调速范围、静差率；动态指标主要有超调量、相角稳定裕度、上升时间、最大超调时间和启动时间。

5.2 闭环调速系统与调速控制器

1．闭环调速系统

介绍各种闭环调速系统，按照控制器的功能和个数分为单闭环、双闭环和多闭环（三闭环）。单闭环调速系统的典型代表就是单闭环速度控制系统；双闭环系统的典型代表是速度、电流双闭环调速系统；三闭环调速系统的典型代表是速度、电流、电压三闭环调速系统。

2．控制器设计

介绍四种基本控制器：积分（I）控制器、比例积分（PI）控制器、比例微分（PD）控制器和比例积分微分（PID）控制器的基本实现电路及其输入输出特性。由于计算机技术的迅猛发展，软件将替代硬件实现控制器功能，因而本部分新增了数字 PI 控制器相关内容。

3．工程方法——典型系统问题

为了简化分析和提升效率，工程上往往采用等效分析的方法。直流调速系统典型系统有 I 型系统和 II 型系统，从开环传递函数的特点与构成闭环函数，对典型 I、II 型系统的动态性能进行分析，并重点讨论典型系统的抗扰动性能。

4．直流电机调速系统控制器的数字仿真

软件仿真作为现代系统分析方法，应用得十分广泛，该部分结合 Simulink，介绍了软件仿真技术思路和基本操作过程。由于软件发展十分迅速，各种工具不断涌现，熟悉与掌握这些软件对于提升直流调速控制水平十分有益。

习题与思考题

1．不可逆 PWM 直流调速控制器主电路的特点是什么？试利用时序图进行分析。

2．试分析可逆 PWM 直流调速控制器的各个晶体管的工作状态，画出电流回路，并说明电动态与制动态的时序波形、反转状态的时序波形。

3．何谓调速范围？什么是静差率？二者之间有何关系？

4．如果一个直流调速系统的调速范围 $D=10$，额定转速 $n_e=1500$ r/min，$\Delta n_N=15$ r/min，并且额定转速降 Δn_N 不变，试问系统最低转速是多少？系统的允许静差率是多少？

5．一个直流调速系统调速范围 $D=10$，$n_N=1500$ r/min，要求 $s \leqslant 20\%$，请问系统允许的静态速降是多少？假如开环速降是 100 r/min，试求开环放大倍数。

6．如果某一个直流调速闭环系统的开环放大倍数是 15，额定速降是 8 r/min，若把开环放大倍数加大至 40，那么这个系统的速降是多少？在相同的静差率要求下，系统的调速范围变为多少？

7．如果某直流调速系统的调速范围 $D=20$，开环速降 $\Delta n_{op}=240$ r/min，额定转速 $n_N=150$ r/min，若要求系统的静差率由 10% 减小到 5%，试计算并说明开环放大的变化。

8．某个 V-M 直流调速系统，直流电机参数为 $P_N=2.2$ kW，$U_N=220$ V，$I_N=12.5$ A，

$n_N = 1500$ r/min，$R_a = 1.2\ \Omega$，功率放大环节 $K_s = 35$，要求 $D = 20$，$s \le 10\%$。试求：

（1）系统开环稳态速降 Δn_{op} 和闭环稳态速降 Δn_{cL} 是多少？

（2）放大器的放大倍数是多少？

9．直流调速系统的可控电源分别有哪些？

10．某晶闸管整流装置供电的转速负反馈单闭环有静差调速系统，已知数据如下：对于电机，$P_N = 2.2$ kW，$U_N = 220$ V，$N_N = 12.5$ A，$n_N = 1500$ r/min，$R_a = 1\ \Omega$。采用三相桥式整流电路，其放大系数 $K_s = 75$；主电路总电阻 $R = 2.9\ \Omega$，总电感 $L = 40$ mH，$GD^2 = 1.5$ N·m^2；最大给定电压 $U_{nm} = 10$ V。要求调速范围 $D = 20$，静差率 $s = 5\%$。试问：

（1）该系统能否稳定运行？其临界开环放大系数为多少？

（2）若系统不能稳定运行，对其进行动态校正。

11．在单闭环调速系统中，为了限制电流，可以采取何种措施？

12．在速度、电流双闭环调速系统中，如果改变直流电机的转速，可以采用的方法是什么？有哪些参数可以调整？

13．在速度、电流双闭环调速系统稳态运行时，两个控制器的输入偏差是多少？

14．试比较速度、电流双闭环系统和带电流截止环节的速度单闭环系统的性能。（主要从静态性能、动态性能、快速性、抗干扰能力方面考虑。）

15．在速度、电流双闭环系统的调速中，两个控制器均采用 PI 控制器。已知电机参数为：$P_N = 3.7$ kW，$U_N = 220$ V，$I_N = 20$ A，$n_N = 1000$ r/min，电枢电阻 $R_a = 1.5\ \Omega$，$U_{nm}^* = U_{im}^* = U_{cm}^* = 8$ V，电枢电流 $I_{dm} = 40$ A，驱动放大倍数 $K_s = 40$，试求：

（1）电流反馈系数 β 和转速反馈系数 α。

（2）试求最高转速时，U_{do} 为多少？

16．在某一速度、电流双闭环调速系统中，电机负载是恒转矩，在额定工作点运行，如果电机励磁电源电压突然降低一半，系统工作情况会如何变化？

17．某反馈系统已校正成典型 I 型系统，已知时间常数 $T = 0.1$ s，要求阶跃响应超调量 $\sigma \le 10\%$，试求：

（1）系统的开环增益是多少？

（2）过渡过程时间 t_s 和上升时间 t_r 是多少？

（3）画出开环对数特性，如果要求上升时间 $t_r \le 0.25$ s，则 K 和 σ 分别是多少？

18．如果有一个直流调速系统的传递函数为

$$W_{obj}(s) = \frac{K_1}{Ts+1} = \frac{10}{0.001s+1}$$

要求设计一个无静差系统，在阶跃输入下系统超调量 $\sigma \le 5\%$，试确定控制器的结构，并确定其参数。

19．控制对象的传递函数为

$$W_{obj}(s) = \frac{18}{(0.25s+1)(0.02s+1)}$$

要求分别校正成典型 I 型系统和典型 II 型系统，试确定控制器的参数和结构。

20．在某一速度、电流双闭环 V-M 系统中，ASR、ACR 均采用 PI 控制器。

（1）给定转速信号最大值 $U_{nm}^* = 15$ V，$n = n_N = 1500$ r/min，电流给定信号最大值 $U_{im}^* = 10$ V，

允许最大电流 $I_{dm}=30\text{ A}$，电枢回路总电阻 $R=2\ \Omega$，驱动电路放大倍数 $K_s=30$，电机的额定电流 $I_N=20\text{ A}$，电机电势系数 $C_e=0.128\text{ V}\cdot\min/\text{r}$，若当 $U_N^*=5\text{ V}$、$I_{dL}=20\text{ A}$ 时稳定运行，求稳态转速 n 是多少？

（2）如果电机突然失磁，系统将会怎样？如何预防这种情况？

21．利用差分方程，实现数字控制器设计。请设计一个数字 PD 控制器和一个数字 PID 控制器。

22．试结合 MATLAB 的 Simulink，说明利用 Simulink 设计数字控制系统的基本思路。请利用 Simulink 设计一个 250 W 数字控制器，并对其进行仿真。

第6章　交流电机控制技术

交流电机具有结构简单、使用与维护方便等特点，在风机、水泵、压缩机、输送机等领域使用广泛。早期由于交流电机的调速控制器技术不够成熟，人们很少使用交流电机调速，但随着微电子技术和交流电机调速控制理论的发展，使得交流电机的调速性能大为改善。目前，绝大多数交流电机已经采用变频器作为控制器，改善了电机运行状况和降低了运行成本。本章重点围绕变频技术在交流电机调速控制中的应用进行讨论，其他方法则不在本章论述的范围之内。

6.1　交流电机调速系统基本理论

交流电机主要分为异步交流电机和同步交流电机两大类。异步交流电机有鼠笼式和绕线式；同步交流电机有自控式、他控式和永磁式。

6.1.1　研究交流电机解耦问题的必要性

交流电机与直流电机相比，结构简单，使用维护方便，那么为什么早期交流电机调速却得不到应有的普及呢？主要有以下四个原因：第一是数学模型，由于交流电机的特点是强耦合、时变、非线性，因此其数学模型描述复杂，使得电机转矩控制困难；第二是控制器技术，需要解算的对象相对于直流电机而言复杂，要求交流电机的控制器功能强大；第三是电力电子技术，早期电力电子器件的功能难以满足交流电机对 PWM 的要求；第四是检测技术，早期反馈检测元件达不到交流电机调速的要求。

随着 20 世纪 80 年代微电子制造工艺技术的飞速发展，带动微处理器、电力电子元件及编码器检测技术的制造水平大幅提升，使得交流电机调速系统驱动器的瓶颈得到突破，余下的问题就是电机的模型问题，因此研究交流电机的数学模型十分必要。

6.1.2　交流电机模型

为了解耦交流电机，必须描述交流电机转速、转矩与输入电压之间的关系。描述交流电机模型需建立如下方程：定子电压方程、转子电压方程、磁链方程、转矩方程和运动方程。

1.　交流电机的物理模型

1）异步交流电机的物理模型

图 6-1 所示是异步交流电机的物理模型，其中 A、B、C 是定子绕组轴线，a、b、c 是转子绕组轴线，θ 是定子轴与转子轴的空间电角度，ω_r 为转子转速。

2）同步交流电机的物理模型

图 6-2 所示是同步交流电机的物理模型，其中 A、B、C 是定子绕组轴线，转子分为直轴和交轴，u_q 是交轴阻尼绕组轴线，u_d 是直轴阻尼绕组轴线，u_f 是转子励磁绕组轴线。

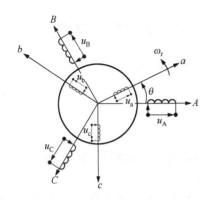

图 6-1　异步交流电机的物理模型

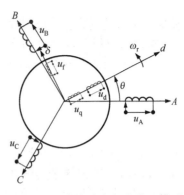

图 6-2　同步交流电机的物理模型

2. 异步交流电机稳态等效电路

1）等效电路（T 型等效电路）

由于异步交流电机三相绕组具有相似性，因此可用异步交流电机一相的等效电路来表示。忽略铁损，有关转子的各量均已折算到定子，图 6-3 所示是一相稳态等效电路。

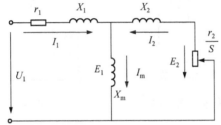

U_1—定子相电压；E_1、E_2—定子、转子感生电动势；I_1—定子电流；I_2—转子电流；I_m—励磁电流；r_1、r_2—定子、转子绕组电阻；X_1、X_2、X_m—定子、转子、励磁电抗；S—转差率

图 6-3　一相稳态等效电路

图 6-3 所示的 T 型等效电路着眼点是气隙磁通 Φ_m。根据图 6-3 可以得出下列公式：

$$\dot{I}_m = \dot{I}_1 + \dot{I}_2 \tag{6-1}$$

$$\dot{E}_1 = \dot{E}_2 + j\dot{I}_2 X_2 \tag{6-2}$$

$$\dot{U}_1 = \dot{E}_1 + \dot{I}_1(r_1 + jX_1) \tag{6-3}$$

$$\dot{\Phi}_m + \dot{\Phi}_{2\sigma} = \dot{\Phi}_2 \tag{6-4}$$

图 6-4 所示是以气隙磁通 Φ_m 为中心的向量图。向量图是根据式（6-1）～式（6-4）的逻辑关系绘制的。

因为异步交流电机的电磁转矩是由转子磁通 Φ_2 产生的，故本章着重于 Φ_2 的等效电路。

图 6-4 的**基本思想**是保持电机气隙磁场相同，折算系数 a 为定子绕组匝数和转子绕组匝数的比值。除了按照定子侧折算之外，还有定子磁链恒定折算法、转子磁链恒定折算法。按照转子总磁链恒定的原则，在保证转子总磁链不变的条

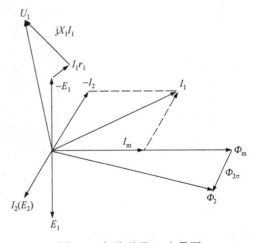

图 6-4　气隙磁通 Φ_m 向量图

件下，通过控制转差就能有效控制转矩。**转子总磁链恒定法是转差控制和矢量控制的理论基础。**

2）异步交流电机等效电路的通用形式

如前所述，a 是折算系数，那么转子折算到定子侧的电流、电压分别为

$$u_2' = au_2 \tag{6-5}$$

$$I_2' = \frac{I_2}{a} \tag{6-6}$$

令 $I_m = I_1 + I_2$ 且 $u_2 = 0$，异步交流电机以电感表示的 T 型稳态等效电路如图 6-5 所示。

3）$a = L_m/L_2$ 时突出转子磁链的"T-1 型"等效电路

将 $a = L_m/L_2$ 代入图 6-5 所示的转子回路，得到等效电路，如图 6-6 所示，简称"T-1 型"等效电路，其励磁回路代表转子总回路。图 6-6 适用于转子磁链守恒分析，其向量图如图 6-7 所示。

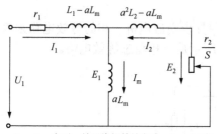

L_1、L_2—定子、转子绕组等效电感；L_m—互感

图 6-5　异步交流电机 T 型稳态等效电路

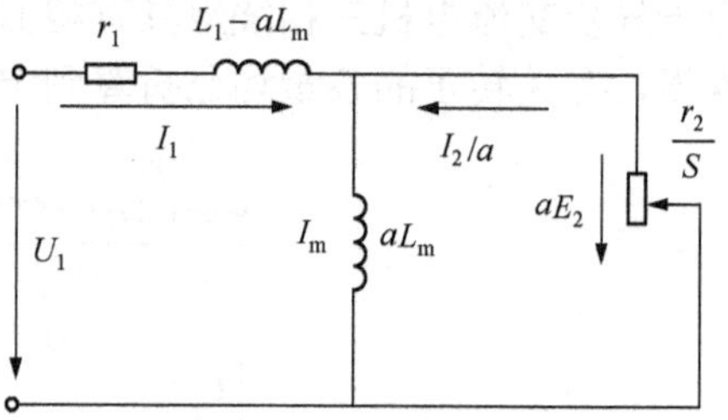

图 6-6　"T-1 型"等效电路

在图 6-7 中，$I_T = I_2/a$ 是电磁转矩电流，定子电流 I_1 能够分解成为励磁电流分量 I_m 和转矩电流分量 I_T。向量图以 Φ_2 为核心，可得出转矩表达式为

$$T_e = 3\frac{E_2 I_2}{\omega_1} = 3\frac{L_m}{L_2}\Phi_2 I_T \tag{6-7}$$

3. 交流电机描述方程

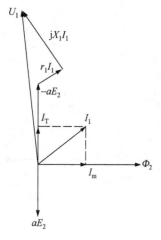

图 6-7　"T-1 型"等效电路向量图

假设：①三相绕组对称，即磁路对称，忽略空间谐波，磁势沿气隙圆周按正弦分布；②忽略磁饱和，各绕组的自感和互感都是线性的；③忽略铁损；④不考虑频率和温度变化对绕组的影响；⑤无论电机转子是绕线式还是鼠笼式，都将它等效成绕线转子，并折算到定子侧，折算后的定、转子每相匝数都相等；⑥不失一般性地，可将多相绕组等效为空间上互差 90° 电角度的两相绕组，即直轴和交轴绕组，对于同步交流电机转子的阻尼绕组，假设阻尼条和转子导磁体对转子直轴 d、交轴 q 对称。

1）异步交流电机的电压方程

定子的电压方程为

$$\begin{cases} U_A = R_A I_A + p\Psi_A \\ U_B = R_B I_B + p\Psi_B \\ U_C = R_C I_C + p\Psi_C \end{cases} \tag{6-8}$$

式中，U_A、U_B、U_C 分别为 A、B、C 三相定子绕组电压；R_A、R_B、R_C 分别为定子三相绕组电阻；I_A、I_B、I_C 分别为定子三相绕组电流；$\varPsi_A$、$\varPsi_B$、$\varPsi_C$ 分别为定子三相绕组磁链；p 是微分算子。

转子的电压方程为

$$\begin{cases} U_a = R_a I_a + p\varPsi_a \\ U_b = R_b I_b + p\varPsi_b \\ U_c = R_c I_c + p\varPsi_c \end{cases} \tag{6-9}$$

式中，U_a、U_b、U_c 分别为 a、b、c 三相转子绕组电压；R_a、R_b、R_c 分别为转子三相绕组电阻；I_a、I_b、I_c 分别为转子三相绕组电流；$\varPsi_a$、$\varPsi_b$、$\varPsi_c$ 分别为转子三相绕组磁链；p 是微分算子。

2）同步交流电机电压方程

励磁绕组的电压方程为

$$U_f = R_f I_f + p\varPsi_f \tag{6-10}$$

式中，U_f 为同步交流电机励磁绕组电压；R_f 为励磁绕组电阻；I_f 为励磁绕组电流；$\varPsi_f$ 为励磁绕组磁链；p 是微分算子。

直轴与交轴阻尼绕组的电压方程为

$$\begin{cases} U_d = R_d I_d + p\varPsi_d \\ U_q = R_q I_q + p\varPsi_q \end{cases} \tag{6-11}$$

式中，U_d、U_q 分别为同步交流电机转子直轴和交轴绕组电压；R_d、R_q 分别为直轴和交轴绕组电阻；I_d、I_q 分别为直轴和交轴绕组电流；$\varPsi_d$、$\varPsi_q$ 分别为直轴和交轴绕组磁链；p 是微分算子。

3）磁链方程

异步交流电机的**磁链方程**为

$$\begin{bmatrix} \varPsi_A \\ \varPsi_B \\ \varPsi_C \\ \varPsi_a \\ \varPsi_b \\ \varPsi_c \end{bmatrix} = \begin{bmatrix} L_{AA} & L_{AB} & L_{AC} & L_{Aa} & L_{Ab} & L_{Ac} \\ L_{BA} & L_{BB} & L_{BC} & L_{Ba} & L_{Bb} & L_{Bc} \\ L_{CA} & L_{CB} & L_{CC} & L_{Ca} & L_{Cb} & L_{Cc} \\ L_{aA} & L_{aB} & L_{aC} & L_{aa} & L_{ab} & L_{ac} \\ L_{bA} & L_{bB} & L_{bC} & L_{ba} & L_{bb} & L_{bc} \\ L_{cA} & L_{cB} & L_{cC} & L_{ca} & L_{cb} & L_{cc} \end{bmatrix} \begin{bmatrix} i_A \\ i_B \\ i_C \\ i_a \\ i_b \\ i_c \end{bmatrix} \tag{6-12}$$

式中，L_{xx} 为系数矩阵，$x \in (A，B，C，a，b，c)$，若下角标 xx 取值相同，则代表自感；若下角标 xx 取值不同，则代表互感。由此可见，矩阵对角线上的主元素 L_{AA}、L_{BB}、L_{CC} 是定子绕组的自感，L_{aa}、L_{bb}、L_{cc} 是转子绕组的自感，L_{xA}、L_{xB}、L_{xC} 是定子或转子某相绕组对其他绕组的互感。

定子漏磁通所对应的电感是定子漏感 L_{1l}，转子漏磁通所对应的电感是转子漏磁 L_{2l}，如果用 L_{1m} 表示与主磁通对应的定子电感，L_{2m} 表示与主磁通对应的转子电感，则定子、转子之间的自感分别为

$$\begin{cases} L_{AA} = L_{BB} = L_{CC} = L_{1m} + L_{1l} \\ L_{aa} = L_{bb} = L_{cc} = L_{2m} + L_{2l} \end{cases} \tag{6-13}$$

由于 A、B、C 绕组在空间相差 120°，所以定子互感为

$$L_{AB} = L_{BC} = L_{CA} = L_{BA} = L_{CB} = L_{AC} = L_{1m}\cos 120° = -\frac{L_{1m}}{2} \tag{6-14}$$

同理，转子 a、b、c 三相之间的互感为

$$L_{ab} = L_{bc} = L_{ca} = L_{ba} = L_{cb} = L_{ac} = L_{2m}\cos 120° = -\frac{L_{2m}}{2} \tag{6-15}$$

定子、转子之间的互感与定子、转子夹角 θ 有关，即

$$\begin{cases} L_{Aa} = L_{Bb} = L_{Cc} = L_{aA} = L_{bB} = L_{cC} = M_{12}\cos\theta \\ L_{Ab} = L_{Bc} = L_{aC} = L_{Ca} = L_{bA} = L_{cB} = M_{12}\cos(\theta+120°) \\ L_{Ac} = L_{Ba} = L_{Cb} = L_{bC} = L_{cA} = L_{aB} = M_{12}\cos(\theta-120°) \end{cases} \tag{6-16}$$

式中，M_{12} 为 $\theta = 0°$ 时，定子 A 相与转子 a 相绕组之间的互感。

如果把转子电流 I_a、I_b、I_c 和转子磁链 Ψ_a、Ψ_b、Ψ_c 折算到定子侧，折算的原则是转子的匝数从 N_2 变为 N_1，折算前后磁势不变，那么折算后的转子电流和磁链为

$$\begin{cases} i'_a = i_a(N_2/N_1) \\ i'_b = i_b(N_2/N_1) \\ i'_c = i_c(N_2/N_1) \end{cases} \tag{6-17}$$

$$\begin{cases} \Psi'_a = \Psi_a\dfrac{N_1}{N_2} \\[2mm] \Psi'_b = \Psi_b\dfrac{N_1}{N_2} \\[2mm] \Psi'_c = \Psi_c\dfrac{N_1}{N_2} \end{cases} \tag{6-18}$$

将折算后的转子电流和磁链代入式（6-11）中，其他不变，只是 L_{21} 用 L'_{21} 代替（L'_{21} 是折算到定子侧的转子漏感，其计算公式是 $L'_{21} = L_{21}(N_1/N_2)^2$）。

同步交流电机的**磁链方程**为

$$\begin{bmatrix} \Psi_A \\ \Psi_B \\ \Psi_C \\ \Psi_a \\ \Psi_b \\ \Psi_c \end{bmatrix} = \begin{bmatrix} L_{AA} & L_{AB} & L_{AC} & L_{Af} & L_{Ad} & L_{Aq} \\ L_{BA} & L_{BB} & L_{BC} & L_{Bf} & L_{Bd} & L_{Bq} \\ L_{CA} & L_{CB} & L_{CC} & L_{Cf} & L_{Cd} & L_{Cq} \\ L_{fA} & L_{fB} & L_{fC} & L_{ff} & L_{fd} & L_{fq} \\ L_{dA} & L_{dB} & L_{dC} & L_{df} & L_{dd} & L_{dq} \\ L_{qA} & L_{qB} & L_{qC} & L_{qf} & L_{qd} & L_{qq} \end{bmatrix} \begin{bmatrix} i_A \\ i_B \\ i_C \\ i_a \\ i_b \\ i_c \end{bmatrix} \tag{6-19}$$

式中，L_{AA}、L_{BB}、L_{CC} 分别为定子各相绕组的自感，定子绕组自感系数是常数；L_{AB}、L_{BA}、L_{AC}、L_{CA}、L_{BC}、L_{CB} 分别为定子各相绕组互感，同自感一样，定子绕组互感也是常数；L_{ff}、L_{dd}、L_{qq} 分别为转子各相绕组自感，与 θ 角无关，也是常数；L_{fd}、L_{df}、L_{fq}、L_{qf}、L_{qd}、L_{dq} 分别为转子各相绕组互感，由于同步交流电机转子直轴和交轴互相垂直，之间没有磁链，因此 L_{qd}、L_{dq}、L_{fd}、L_{fq} 是零；L_{Af}、L_{Bf}、L_{Cf}、L_{Ad}、L_{Bd}、L_{Cd}、L_{Aq}、L_{Bq}、L_{Cq} 分别为定子与转子绕组之间的互感系数，对于理想电机，定子与转子电流所产生的气隙磁场均为正弦分布，因此定子、转子绕组之间的

互感系数随 θ 按余弦规律分布（微分关系）。当定子某相绕组的轴线与转子某一绕组的轴线重合时，该两相绕组的互感系数最大为 M_m；当两相绕组垂直时，其互感为 0，因此有

$$
\begin{cases}
L_{Af} = M_{mf}\cos\theta \\
L_{Bf} = M_{mf}\cos(\theta - 120°) \\
L_{Cf} = M_{mf}\cos(\theta + 120°) \\
L_{Ad} = M_{md}\cos\theta \\
L_{Bd} = M_{md}\cos(\theta - 120°) \\
L_{Cd} = M_{md}\cos(\theta + 120°) \\
L_{Aq} = M_{mq}\cos\theta \\
L_{Bq} = M_{mq}\cos(\theta - 120°) \\
L_{Cq} = M_{mq}\cos(\theta + 120°)
\end{cases}
\tag{6-20}
$$

4）转矩方程与运动方程

转矩方程为

$$
T_e = n_p L_m [(i_A i_a + i_B i_b + i_C i_c)\sin\theta + (i_A i_b + i_B i_c + i_C i_a)\sin(\theta + 120°) + (i_A i_c + i_B i_a + i_C i_b)\sin(\theta - 120°)]
\tag{6-21}
$$

运动方程为

$$
T_e = T_L + \frac{J}{n_p}\frac{d\omega}{dt}
\tag{6-22}
$$

式中，T_e 是电磁转矩；T_L 是负载转矩；J 是转动惯量；n_p 是电机极对数；ω 是角速度。

5）交流电机数学模型

用基本微分方程表示的交流电机数学模型为

$$
\begin{cases}
U = Ri + L\dfrac{di}{dt} + \omega\dfrac{\partial L}{\partial \theta}i \\[2mm]
\dfrac{1}{2}n_p i^T \dfrac{\partial L}{\partial \theta}i = T_L + \dfrac{J}{n_p}\dfrac{\partial \omega}{\partial t} \\[2mm]
\omega = \dfrac{\partial \theta}{\partial t}
\end{cases}
\tag{6-23}
$$

6.1.3 交流电机解耦分析

因为交流电机基本方程的特点是非线性、时变、强耦合，直接求解交流电机的微分方程组显然是比较困难的。为了简化求解，可采用坐标变换进行解耦。由于电机能量的传递是通过磁场进行的，因此坐标变化的原则是保持磁势相同和功率不变，即 $i^T u = i'^T u'$。i、u 分别为电机的电流、电压向量，i'^T、u' 分别为经过变换 $i = C_i i'$、$u = C_u u'$ 后得到的电流、电压，C_i、C_u 分别为电流、电压变换矩阵。若要满足功率守恒，则需要满足 $C_i^T C_u = E$，其中 E 是单位矩阵。通常，取 $C_i = C_u = C$，则有 $C^T C = E$，其中 C 是正交矩阵。

1. 解耦方法

由直流电机可知，励磁绕组产生主磁通，磁通大小由励磁电流决定。若保持励磁电流不

变，则可保持主磁通不变。电枢绕组产生的磁势与主磁通互相垂直，并可以由补偿绕组磁势消抵，故直流电机的转矩是由主磁通和电枢电流决定的，所以对直流电机的转矩进行控制就十分容易。

因此，**有如下思路**：先把交流电机的物理模型转化成类似的直流电机模型，然后再模仿直流电机进行控制，这样交流电机的控制就得到简化。交流电机之所以复杂，难点在于磁势方程矩阵的求解，电感矩阵关系复杂。为了解决这个问题，要从简化磁通入手。

2. 坐标变换

解决强耦合问题的方法就是解耦，即坐标变换。著名的方法有 Park 变换。

1）Park 变换基本思想

Park 变换是最早的三相变二相的变换，其物理意义是：原来交流电机匝数是 W_1 的 A、B、C 三相绕组，用每项匝数为 $3W_1/2$ 的空间位置相差 $90°$ 的 x、y 二相绕组代替，其中 x 轴与 A 轴夹角为 θ；x 轴磁势 $3W_1i_x/2$ 就是 A、B、C 三相在 x 轴的投影之和；这就是式（6-24）中的第一个关系式 i_x，式（6-24）的第二个关系式 i_y 反映的是 y 轴的磁势关系。

$$\begin{cases} i_x = \dfrac{2}{3}\left[i_A \cos\theta + i_B \cos(\theta - 120°) + i_C \cos(\theta + 120°)\right] \\ i_y = \dfrac{2}{3}\left[i_A \sin\theta + i_B \sin(\theta - 120°) + i_C \sin(\theta + 120°)\right] \\ i_0 = \dfrac{1}{3}(i_A + i_B + i_C) \end{cases} \tag{6-24}$$

对 Park 变换求逆，就得到 Park 逆变换。

$$\begin{cases} i_A = \left(i_x \cos\theta - i_y \sin\theta + i_0\right) \\ i_B = \left[i_x \cos(\theta - 120°) + i_y \sin(\theta - 120°) + i_0\right] \\ i_C = \left[i_x \cos(\theta + 120°) + i_y \sin(\theta + 120°) + i_0\right] \end{cases} \tag{6-25}$$

2）静止坐标系下的 Park 变换

Park 变换中的 x、y 轴为静止坐标系，且 x 轴与 A 轴重合，即 $\theta = 0°$，称之为 α、β 坐标系。

（1）变换式：

$$\begin{bmatrix} i_\alpha \\ i_\beta \\ i_o \end{bmatrix} = \begin{bmatrix} \dfrac{2}{3} & -\dfrac{1}{3} & -\dfrac{1}{3} \\ 0 & \dfrac{1}{\sqrt{3}} & \dfrac{1}{\sqrt{3}} \\ \dfrac{1}{3} & \dfrac{1}{3} & \dfrac{1}{3} \end{bmatrix} \begin{bmatrix} i_A \\ i_B \\ i_C \end{bmatrix} \tag{6-26}$$

（2）逆变换：

$$\begin{bmatrix} i_A \\ i_B \\ i_C \end{bmatrix} = \begin{bmatrix} 1 & 0 & 1 \\ -\dfrac{1}{2} & \dfrac{\sqrt{3}}{2} & 1 \\ -\dfrac{1}{2} & -\dfrac{\sqrt{3}}{2} & 1 \end{bmatrix} \begin{bmatrix} i_\alpha \\ i_\beta \\ i_o \end{bmatrix} \tag{6-27}$$

3）旋转坐标系下的 Park 变换

Park 变换中的 x、y 轴以同步转速转动，且 x 轴与磁势轴线相重合，通常称为 d、q 坐标系。变换式如下：

$$\begin{bmatrix} i_d \\ i_q \end{bmatrix} = \begin{bmatrix} \cos\theta & \sin\theta \\ -\sin\theta & \cos\theta \end{bmatrix} \begin{bmatrix} i_\alpha \\ i_\beta \end{bmatrix} \tag{6-28}$$

图 6-8 所示是 Park 变换的电流向量关系图。其中，A、B、C 是空间分布角度相差 $120°$ 的矢量坐标轴，符号 i_A、i_B、i_C 分别代表三相异步交流电机的定子绕组的电流，I_s 为三相电流的总效应之和；i_α、i_β 分别为 I_s 在 α、β 静止坐标轴上的投影；i_d、i_q 分别为 I_s 在旋转轴 d、q 轴上的投影。

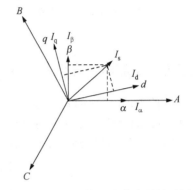

图 6-8 Park 变换的电流向量关系图

3. Park 变换的功率不守恒问题

Park 变换中功率是不守恒的。因为 Park 假想电机中二相等效绕组的匝数是三相绕组的 3/2 倍，为了保证磁场不变，二相绕组中的电流、电压和磁链均应增大 3/2 倍。

变换前的电机功率为

$$P = u_A i_A + u_B i_B + u_C i_C \tag{6-29}$$

把经过 Park 变换的 x、y 坐标系的电压、电流代入式（6-29），可得

$$P = 3u_0 i_0 + \frac{3}{2}(u_x i_x + u_y i_y) \tag{6-30}$$

上式表明，变换后电机的功率 $u_x i_x + u_y i_y$ 需放大 3/2 倍。

为了克服 Park 变换中功率不守恒的问题，可使等效二相电机的绕组匝数不是三相绕组的 3/2 倍，而是 1/2 倍，得到功率守恒的变换式如下：

$$\begin{bmatrix} i_x \\ i_y \\ i_z \end{bmatrix} = \sqrt{\frac{2}{3}} \begin{bmatrix} \cos\theta & \cos(\theta-120°) & \cos(\theta+120°) \\ \sin\theta & \sin(\theta-120°) & \sin(\theta+120°) \\ \frac{1}{\sqrt{2}} & \frac{1}{\sqrt{2}} & \frac{1}{\sqrt{2}} \end{bmatrix} \begin{bmatrix} i_A \\ i_B \\ i_C \end{bmatrix} = C_{3/2} \begin{bmatrix} i_A \\ i_B \\ i_C \end{bmatrix} \tag{6-31}$$

*6.1.4 交流电机在两相（α, β）静止坐标系下的数学模型

根据 Park 变换的基本方法、式（6-24）、式（6-27）、式（6-28）和图 6-8，求解交流电机在二相（α, β）静止坐标系下的数学模型，可以得出如下对应的电压、磁链、转矩方程。

（1）三相电机在两相（α, β）静止坐标系下的电压方程为

$$\begin{cases} u_{\alpha_1} = r_1 i_{\alpha_1} + p\Psi_{\alpha_1} \\ u_{\beta_1} = r_1 i_{\beta_1} + p\Psi_{\beta_1} \\ u_{\alpha_2} = r_2 i_{\alpha_2} + p\Psi_{\alpha_2} + \Psi_{\beta_2} \cdot \omega_1 \\ u_{\beta_2} = r_2 i_{\beta_2} + p\Psi_{\beta_2} + \Psi_{\alpha_2} \cdot \omega_1 \end{cases} \tag{6-32}$$

式中，$u_{\alpha1}$、$u_{\beta1}$ 分别为定子静止坐标系电压；$u_{\alpha2}$、$u_{\beta2}$ 分别为转子静止坐标系电压。

（2）对于鼠笼型异步交流电机，转子短路，即 $u_{\alpha 2}$、$u_{\beta 2}=0$，则电压方程可变化为

$$\begin{bmatrix} u_{\alpha 1} \\ u_{\beta 1} \\ 0 \\ 0 \end{bmatrix} = \begin{bmatrix} r_1 + pL_s & 0 & pL_m & 0 \\ 0 & r_1 + pL_s & 0 & pL_m \\ pL_m & \omega_r L_m & r_2 + pL_r & \omega_r L_r \\ -\omega_r L_m & pL_m & -\omega_r L_r & r_2 + pL_r \end{bmatrix} \begin{bmatrix} i_{\alpha 1} \\ i_{\beta 1} \\ i_{\alpha 2} \\ i_{\beta 2} \end{bmatrix} \tag{6-33}$$

（3）三相电机在两相(α, β)静止坐标系下的电磁转矩方程为

$$T_e = n_p L_m (i_{\beta 1} i_{\alpha 2} - i_{\beta 2} i_{\alpha 1}) \tag{6-34}$$

*6.1.5 交流电机在两相（d, q）旋转坐标系下的数学模型

按照 Park 变换的基本方法、式（6-26）、式（6-27）、式（6-28）和图 6-8，求解交流电机在两相(d, q)旋转坐标系下的数学模型，可以得出如下对应的电压、磁链、转矩方程。

（1）交流电机在两相(d, q)旋转坐标系下的电压方程为

$$\begin{cases} U_{d1} = r_1 i_{d1} + p\Phi_{d1} - \Phi_{q1}\omega_1 \\ U_{q1} = r_1 i_{q1} + p\Phi_{q1} + \Phi_{d1}\omega_1 \\ U_{d2} = r_2 i_{d2} + p\Phi_{d2} - \Phi_{q2}(\omega_1 - \omega_r) \\ U_{q2} = r_2 i_{q2} + p\Phi_{q2} + \Phi_{d2}(\omega_1 - \omega_r) \end{cases} \tag{6-35}$$

（2）交流电机在两相(d, q)旋转坐标系下的磁链方程为

$$\begin{cases} \Phi_{d1} = L_s i_{d1} + L_m i_{d2} \\ \Phi_{q1} = L_s i_{q1} + L_m i_{q2} \\ \Phi_{d2} = L_r i_{d2} + L_m i_{d1} \\ \Phi_{q2} = L_r i_{q2} + L_m i_{q1} \end{cases} \tag{6-36}$$

（3）交流电机在两相(d, q)旋转坐标系下的转矩方程为

$$T_e = n_p L_m (i_{q1} i_{d2} - i_{q2} i_{d1}) \tag{6-37}$$

*6.1.6 交流电机在两相（M, T）旋转坐标系下的数学模型

(d, q)坐标系只限制了 d、q 轴随定子磁场同步旋转，没有限定 d 轴与旋转磁场的相对位置。如果对 d 轴的取向进行限制，则电机的数学模型将更加简化。为了与 d、q 轴相区别，定义(M, T)坐标系。M、T 也是同步旋转坐标，M 轴与电机转子总磁链 Φ_2 方向一致，T 轴与 Φ_2 垂直。由于 T 轴与 Φ_2 垂直，所以 Φ_2 在 T 轴无分量，如下所示：

$$\dot{\Psi}_2 \equiv \dot{\Psi}_{M2} \tag{6-38}$$

$$\dot{\Psi}_{T2} \equiv 0 \tag{6-39}$$

按照 Park 变换的基本变化规则及旋转坐标式（6-28）、图 6-8，可求出(M, T)旋转坐标系下的数学模型。

（1）交流电机在两相(M, T)旋转坐标系下的电压方程为

$$\begin{cases} u_{M1} = r_1 i_{M1} + p\Psi_{M1} - \Psi_{r1}\omega_1 \\ u_{T1} = r_1 i_{T1} + p\Psi_{T1} + \Psi_{M1}\omega_1 \\ u_{M2} = r_2 i_{M2} + p\dot{\Psi}_2 \\ u_{T2} = r_2 i_{T2} + \dot{\Psi}_2(\omega_1 - \omega_r) \end{cases} \qquad (6-40)$$

（2）交流电机在两相(M, T)旋转坐标系下的磁链方程为

$$\begin{cases} \Psi_{M1} = L_s i_{M1} + L_m i_{M2} \\ \Psi_{T1} = L_s i_{T1} + L_m i_{T2} \\ \dot{\Psi}_2 = L_r i_{M2} + L_m i_{M1} \\ 0 = L_r i_{T2} + L_m i_{T1} \end{cases} \qquad (6-41)$$

（3）交流电机在两相(M, T)旋转坐标系下的转矩方程为

$$T_e = n_p \frac{L_m^2}{L_r} i_{M1} i_{T1} \qquad (6-42)$$

6.2　标　量　控　制

只控制磁通的幅值大小，不控制磁通的相位，这就是异步交流电机的标量控制。由异步交流电机的稳态特性推导出的恒压频比控制法和可控转差频率控制法，都只控制变量的幅值，并且给定量和反馈量都是与相应变量成正比的直流量，因此这两种调速方法都是标量控制。

1．恒压频比控制

在异步交流电机中，磁通Φ_m由定子磁势和转子磁势合成产生，因此要保持磁通恒定就需要费一些周折。根据交流电机学公式，三相异步电机定子每相电动势的有效值为

$$E_g = 4.44 f_1 W_1 K_{w1} \Phi_m \qquad (6-43)$$

控制好E_g和f_1，便可达到控制磁通Φ_m的目的，对此需要考虑基频（额定频率）以下和基频以上两种情况。

1）基频之下

保持Φ_m不变，当频率f_1从额定值f_{1N}向下调节时，使E_g/f_1＝常数，即采用电动势频率比为恒值的控制方式。然而，绕组中的感应电动势是难以直接控制的，当电动势值较高时，忽略定子绕组的漏磁阻抗压降，而认为定子相电压$U_s \approx E_g$，则得

$$\frac{U_s}{f_1} = 常数 \qquad (6-44)$$

这就是恒压频比的控制方式。

2）基频之下存在的问题

低频时，U_s和E_g都较小，定子漏磁阻抗压降所占的比重较大，不能再忽略。这时，可以人为地把电压U_s抬高一些，以便近似地补偿定子压降。带定子压降的补偿和无补偿的恒压频比控制特性如图6-9所示。从图中可以看出，非线性特性曲线中，U_s与ω_1的比值在高频段是成比例的，但随着频率的下降，开始出现非线性，这时电压逐渐被抬高。

在实际应用中，由于负载大小不同，需要补偿的定子压降值也不一样。在控制软件中，必须备有不同斜率的补偿特性，以供用户选择。

3）基频以上

在基频以上调速时，频率从 f_{1N} 向上升高，由于定子电压 U_s 绝不可能超过额定电压 U_{sN}，最多只能保持 $U_s=U_{sN}$，这将迫使磁通与频率成反比降低，相当于直流电机弱磁升速的情况。

把基频以下和基频以上两种情况的控制特性画在一起，如图 6-10 所示，当 $f_1 > f_{1N}$ 时，如果电机在不同转速时所带的负载都能使电流达到额定值，即都能在允许温升下长期运行，则转矩基本上随磁通变化。按照电力拖动原理，在基频以下，磁通恒定时转矩也恒定，属于"恒转矩调速"；而在基频以上，转速升高时磁通与转矩降低，基本上属于"恒功率调速"。

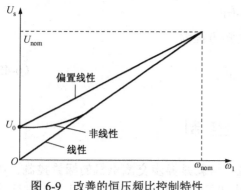

图 6-9　改善的恒压频比控制特性

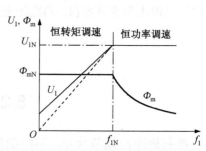

图 6-10　恒压频比调速控制特性

2. 可控转差频率控制

标量控制除了恒压频比控制法之外，还有一种就是可控转差频率控制法。有关可控转差频率控制法详见 6.2.2 节。

6.2.1　电压频率协调控制的变频调速系统

1. 电压频率协调控制的调速策略

假设：①忽略空间和时间谐波；②忽略磁饱和；③忽略铁损和励磁电流。由图 6-3 所示的等效电路可知，一般情况下，$L_m \gg L_1$，因此可以忽略励磁电流 I_m，可以导出

$$I_1 = I_2 = \frac{U_1}{\sqrt{\left(r_1 + \dfrac{r_2}{s}\right)^2 + \omega_1^2(L_1 + L_2)^2}} \tag{6-45}$$

因为电机功率 $P_M = 3I_2^2 r_2/S$，同步机械角速度 $\Omega_0 = 2\pi f_1/n_p = \omega_1/\omega_p$，故异步交流电机的电磁转矩为

$$T_e = \frac{P_M}{\Omega_0} = \frac{3n_p I_2^2 r_2}{\omega_1 S} = 3n_p\left(\frac{U_1}{\omega_1}\right)^2 \frac{S\omega_1 r_2}{(SR_1 + r_2) + S^2\omega_1^2(L_1 + L_2)^2} \tag{6-46}$$

式中，S 为转差率。式（6-46）称为三相交流异步电机的机械特性方程。

当 S 很小时，式（6-46）可以简化为

$$T_e \approx 3n_p\left(\frac{U_1}{\omega_1}\right)^2 \frac{S\omega_1}{r_2} \tag{6-47}$$

$$S\omega_1 \approx \frac{r_2 T_e}{3n_p (U_1 / \omega_1)^2} \tag{6-48}$$

由式（6-48），当 U_1/ω_1 等于常数时，假如转差率 S 很小，那么对于同一转矩 T_e，不同的 ω_1 带负载时的速度降 Δn 基本不变。也就是说，在恒压频比条件下改变频率时，机械特性基本是平行移动的。这就是交流异步电机恒压频比控制的依据，它与直流他励电机的调压调速特性类似。当 S 变大时，机械特性就变软，根据式（6-46）可以导出恒压频比控制机械特性，如图 6-11 所示。其中 ω_{1N} 是额定磁通，令 $\omega_{1N} = \omega_{10}$，$\omega_{13} < \omega_{12} < \omega_{11} < \omega_{10}$。频率越低，最大转矩就越小。低频时，最大转矩太小，将限制带载能力。

缺陷解决方法：恒压频比的缺点是低频阶段的非线性，导致无法满足要求，详见图 6-9。解决办法是在低速时，对给定电压进行补偿，以改善机械特性。图 6-9 中的偏置线性就是改善的压频比特性。

2. 恒压频比调速性能分析

对于大范围调速，恒压频比控制要牺牲一些效率，则电压或频率将逐级增加，使电机工作点沿着较好的调速曲线运动。

图 6-12 所示即为恒压频比调速过程图，电压和频率由小逐渐增大，转速也逐渐提升。

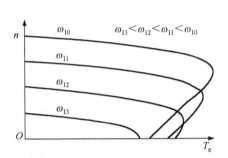

图 6-11　恒压频比控制机械特性

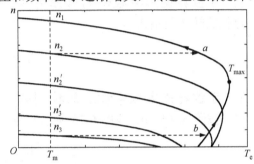

图 6-12　恒压频比调速过程

3. 恒压频比开环交流控制系统

恒压频比开环交流控制系统框图如图 6-13 所示。系统由静止变频器、异步交流电机、设定速度 n^*、压控振荡器 VCO、比例器 K 和电压设定 U_0 组成。

其工作原理是：U_1^* 的值由 U_0 和 K 确定，ω_1^* 由压控振荡器 VCO 根据设定速度 n^* 确定，开环系统始终确保电路实现 $U_1^* / \omega_1^* = $ 常数，这样就能确保静止变频器处于恒压频比的控制方式之中。

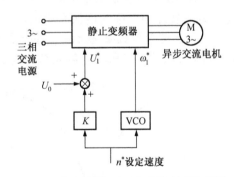

图 6-13　恒压频比开环交流控制系统框图

4. 恒压频比闭环交流控制系统

将给定速度与实际速度比较，确定速度偏差，然后通过速度调节器，决定逆变器的频率和电压。

速度环的输出信号通过电流极限控制器来限制变频器的电压和频率的快速变化。

电流反馈只有当电机电流升到预置的最大值时才起作用，它控制逆变器电压和频率的变化率。

恒压频比闭环交流控制系统框图如图 6-14 所示。实际速度由测速发电机测出。电流反馈由电流检测传感器 TA 完成。

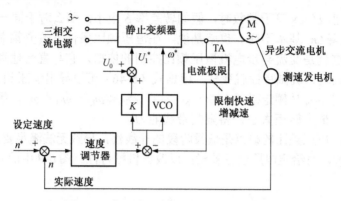

图 6-14　恒压频比闭环交流控制系统框图

*6.2.2　可控转差频率控制的变频调速系统

1. 可控转差频率控制的转矩计算

近似的转矩关系式为

$$T_e \approx K_m \Phi_m^2 \frac{\omega_s}{R_2} \qquad (6-49)$$

2. 可控转差角频率调速的控制律

（1）按照式（6-50）或图 6-15 所示的函数关系控制定子电流，以保持气隙磁通 Φ_m 恒定。

$$I_1 = I_m \sqrt{\frac{R_2^2 + \omega_s^2 (L_m + L_{12})^2}{R^2 + \omega_s^2 L_{12}^2}} \qquad (6-50)$$

图 6-15 反映的是定子电流 I_1 与转差角频率 ω_s 的关系曲线图，从图中可以清晰地看出定子电流随着转差角频率的增加而增大。

（2）在转差角频率 $\omega_s \leqslant \omega_{smax}$ 的范围内，保证气隙磁通 Φ_m 恒定，转矩基本上与 ω_s 成正比。图 6-16 所示是转矩和转差角频率的函数关系。

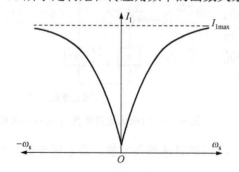

图 6-15　定子电流 I_1 与转差角频率 ω_s 的关系曲线

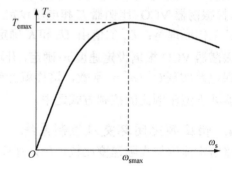

图 6-16　转矩和转差角频率的函数关系

3. 可控转差率系统结构和机理分析

图 6-17 所示是一个恒转差率双闭环调速系统框图，外环是速度调节器 ASR，内环是电

流调节器 ACR。ASR 的输出是转差频率给定 $U_{\omega1}^*$，而 $U_{\omega i}^*$ 是 ACR 的输入设定。速度调节器输出 $U_{\omega1}^*$ 分两路作用在 UR 和 CSI。UR 支路通过 GF，输出是 $U_{\omega2}^*$，再通过 ACR 控制定子电流，以保持气隙磁通 $\varPhi_m$ 恒定。另一条支路经由加法器合成信号 $U_{\omega1}$（$U_{\omega1}=U_{\omega s}+U_{\omega1}^*$），经由 DPI、GAB、GVF、DRC 至 CSI 产生对应定子频率 ω_1 的控制电压，实现对电机转速的控制。当速度给定信号 U_ω^* 反向时，$U_{\omega i}$、$U_{\omega1}$ 与 $U_{\omega1}^*$ 都反向。DPI 判断 $U_{\omega1}$ 的极性，以确定 DRC 的输出相序，而 $U_{\omega1}$ 信号本身经过 GAB 决定输出频率的高低。

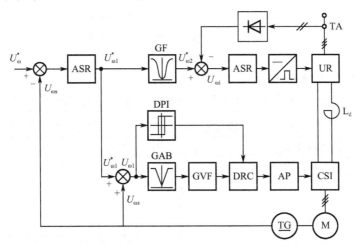

ASR—速度调节器；GF—函数发生器；ACR—电流调节器；UR—整
流器；DPI—极性鉴相器；GAB—绝对值变换器；GVF—压频变换器；
DRC—环形分配器；AP—脉冲放大器；CSI—电流型逆变器

图 6-17　恒转差率双闭环调速系统框图

6.3　矢　量　控　制

矢量控制又称为磁场定向控制，是 20 世纪 70 年代德国和美国学者提出的。德国学者 Blaschke 提出"感应电机磁场定向的控制原理"，美国学者 Custman 和 Clark 提出"感应电机定子电压的坐标变换控制"。这些理论的提出使得交流变频调速技术大大进步。矢量控制按照其控制模式可分为：直接磁场定向控制，以 Blaschke 为代表；间接磁场定向控制，以 Hasse 为代表。

6.3.1　矢量控制概述

1. 交流电机矢量变换

把异步交流电机经过矢量变换等效成直流电机，然后仿照直流电机的控制方法，求得直流电机的控制，再经过相应的反变换，就可以控制异步交流电机。

如图 6-18 所示，把三相定子电流 i_A、i_B、i_C 通过 Park 变换变换为静止坐标系 $i_{\alpha1}$、$i_{\beta1}$，然后再把二相静止 $i_{\alpha1}$、$i_{\beta1}$ 通过转子磁场定向的旋转变换 VR 等效成二相旋转坐标系下的电流 i_{M1}、i_{T1}。从外部看，是一个交流电机，从内部看，就是一台经过变换的直流电机。这就是交流电机矢量变换结构框图。

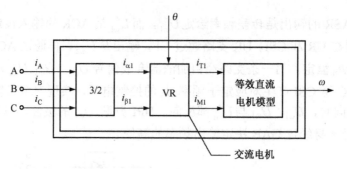

图 6-18　交流电机矢量变换结构框图

2. 矢量控制的基本思想

如图 6-19 所示，<u>给定信号和反馈信号经控制器产生励磁电流和转矩电流分量 i_{M1}^*、i_{T1}^*，再经过反变换 VR^{-1} 得到三相电流的给定信号 i_A^*、i_B^*、i_C^*。这三相电流的给定信号与频率控制信号一起加到电流控制变频器上，就可以得到异步交流电机变频调速所需的三相变频电流，实现交流电机类似直流电机的控制。</u>

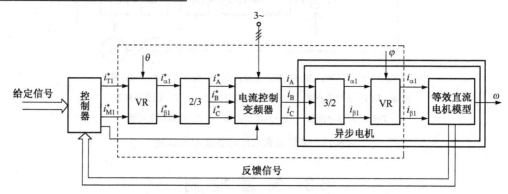

图 6-19　矢量控制的基本思想

3. 矢量控制原理

当转子短接时，三相异步交流电机在二相同步旋转坐标系下按转子磁通定向的数学模型为

$$
\begin{bmatrix} u_{m1} \\ u_{t1} \\ 0 \\ 0 \end{bmatrix} = \begin{bmatrix} R_1 + L_s p & -\omega_1 L_s & L_m p & -\omega_1 L_m \\ \omega_1 L_s & R_1 + L_s p & \omega_1 L_m & L_m p \\ L_m p & 0 & R_2 + L_r p & 0 \\ \omega_s L_m & 0 & \omega_s L_r & R_2 \end{bmatrix} \begin{bmatrix} i_{m1} \\ i_{t1} \\ i_{m2} \\ i_{t2} \end{bmatrix} \tag{6-51}
$$

$$
T_e = n_p \frac{L_m}{L_r} \Psi_2 i_{t1} \tag{6-52}
$$

根据式（6-51）和式（6-52），第三行为

$$
L_m p \cdot i_{m1} + (R_2 + L_r p) i_{m2} = 0 \tag{6-53}
$$

由 (M, T) 轴变换 [式（6-38）和式（6-39）]，可得 $\Psi_{M2} = \Psi_2$，$\Psi_{T2} = 0$，代入式（6-51），得

$$
L_m i_{M1} + L_r i_{m2} = \Psi_2 \tag{6-54}
$$

$$L_m i_{T1} + L_r i_{T2} = 0 \tag{6-55}$$

$$i_{M2} = -\frac{p\Psi_2}{r_2} \tag{6-56}$$

整理式（6-54）、式（6-56），并代入式（6-53）中，得

$$\Psi_2 = \frac{L_m}{T_2 p + 1} i_{M1} \tag{6-57}$$

式中，$T_2 = L_r/r_2$，再代入式（6-52），最后得

$$T_e = n_p \frac{L_m^2}{L_r} \frac{1}{T_2 p + 1} i_{m1} i_{t1} \tag{6-58}$$

式（6-58）就是矢量控制的基本方程式。

矢量控制是一种解耦控制。通过坐标变换，它将定子电流分解成磁通分量和转矩分量，分别进行控制。矢量控制使得在动态过程中对电磁转矩进行精细的控制成为可能，从而大大提高了调速的动态性能。

在矢量控制中，定子电流被分成互相垂直的两个分量 i_{M1}、i_{T1}，其中 i_{M1} 用于控制转子磁链，被称为磁链分量；i_{T1} 用于调节电机转矩，被称为转矩分量。矢量控制的结果就是通过对定子电流进行分解，达到对转子磁链和电磁转矩的解耦控制。

根据控制结构中是否含有转子磁通调节器，可以分为直接磁场定向控制和间接磁场定向控制。直接磁场定向控制中含有转子磁通调节器，依照转子磁通的实际方向进行定向；间接磁场定向控制则仅仅依靠矢量控制方程来保证转子磁通的定向。

6.3.2　磁通开环转差型矢量控制系统

图 6-20 所示是磁通开环转差型矢量控制框图，此系统是在标量转差控制的基础上改进而来的。它把原来的稳态关系［转矩 T_e 与转差率 ω_s 成正比，维持磁通恒定 $I_1 = f(\omega_s)$ 函数关系］改成由动态模型导出的矢量控制器，构成了转差型矢量控制系统。

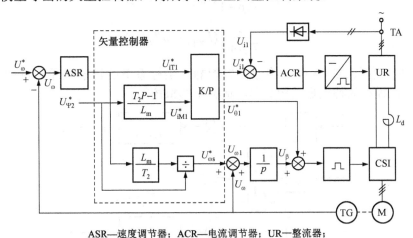

ASR—速度调节器；ACR—电流调节器；UR—整流器；
K/P—直角坐标/极坐标变换；CSI—电流源型逆变器

图 6-20　磁通开环转差型矢量控制框图

磁通开环转差型矢量控制的基本工作原理是：ASR 的输出作为矢量控制的输入，为定

子电流转矩分量U_{iT1}^*提供给定值；定子电流励磁分量U_{iM1}^*与转子磁通给定信号$U_{\Psi2}^*$之间满足式（6-54），并按照式（6-56）的比例微分关系，对磁通进行动态调节，从而避免了标量控制的磁通滞后问题；给定信号U_{iT1}^*、U_{iM1}^*经直角坐标/极坐标变换（K/P）合成器合成产生定子电流控制信号；转差频率给定信号$U_{\omega s}^*$、U_{iT1}^*和$U_{\Psi2}^*$遵循式(6-57)的函数条件；定子频率信号$U_{\omega1}=U_{\omega}+U_{\omega s}^*$。$U_{\omega1}$积分后产生 M 轴控制信号$U_{\rho}$，随着旋转角$\rho$不断累积，取代了环形分配器。$\theta_i$是电流矢量与 M 轴的夹角，叠加在$\rho$上，保证瞬时动态控制。下面的公式就是转差矢量控制基本公式。

根据式（6-51），有

$$\omega_s = \frac{r_2}{\Psi_2}i_{T2} \tag{6-59}$$

将式（6-55）代入式（6-59），得

$$\omega_s = \frac{L_m}{T_2\Psi_2}i_{T1} \tag{6-60}$$

把式（6-60）代入式（6-52），得

$$T_e = \frac{n_p}{r_2}\Psi_2^2\omega_s \tag{6-61}$$

*6.3.3　转子磁通观测模型

利用可实测物理量，建立高精度的转子磁通观测模型是实现高性能矢量控制的核心。下面两种方法是典型的方法。

1. 在二相静止坐标系下的转子磁通观测模型

实测三相定子电流，由 Park 变换的静止坐标关系式得出$i_{\alpha1}$、$i_{\beta1}$，并根据静止(α, β)坐标系电压方程式（6-32）、式（6-33），有

$$\Psi_{\alpha2} = \frac{1}{T_2p+1}(L_mi_{\alpha1} - \omega_sT_2\Psi_{\beta2})$$

$$\Psi_{\beta2} = \frac{1}{T_2p+1}(L_mi_{\beta1} + \omega_sT_2\Psi_{\alpha2}) \tag{6-62}$$

式中，$T_2 = L_2/r_2$。按照式（6-62）构建在二相静止坐标系下的转子磁通分量运算框图，如图 6-21 所示。此模型的特点是结构简单，适合于模拟控制。

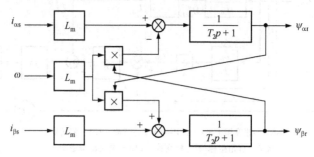

图 6-21　转子磁通分量运算框图

2. 在二相同步旋转坐标系下按转子磁场定向的转子磁通观测模型

图 6-22 所示是 Park 变换在二相同步旋转坐标系下按转子磁场定向的转子磁通运算框图。三相定子 i_A、i_B、i_C 经过 Park 变换的 MT 变换之后，得出转子磁链 Ψ_2、相角 ρ。其中 Ψ_2 和 i_{M1} 遵循式（6-57），ω_s 与 i_{T1} 和 Ψ_2 遵循式（6-60）及式（6-61）。

转子磁场定向的转子磁通观测模型更适合于数字计算与控制。

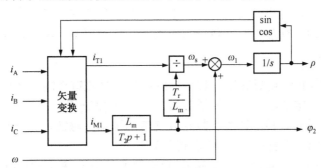

图 6-22　转子磁场定向的转子磁通运算框图

*6.3.4　速度、磁通闭环控制的矢量控制系统

采用磁通闭环控制可以改善磁通在动态过程中的恒定性，从而进一步提高矢量控制系统的动态性能。速度和磁通闭环的矢量控制系统使得控制器对电磁转矩的控制能力大大加强。图 6-23 所示就是一个速度、磁通闭环矢量控制系统，这种技术方案属于直接磁场定向控制。

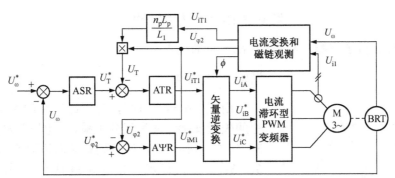

ASR—速度调节器；ATR—转矩调节器；AΨR—磁链调节器；BRT—速度传感器

图 6-23　速度、磁通闭环矢量控制系统

该系统的特点是，利用 ATR 取代 ACR，转矩反馈信号由转子磁通和定子电流的转矩分量按照式（6-49）计算求得。ASR、ATR、AΨR 均采用 PI 控制器控制。

6.4　直接转矩控制

直接转矩控制是德国学者 Depenbrock 提出的，其主要着眼点是对磁链的控制，避免矢量控制的坐标变换，从而使控制得以简化。

直接转矩控制的特点有：

（1）在定子坐标系下分析交流电机的数学模型，直接控制磁链和转矩，不需要与直流电机进行比较、等效、转化等，省去了复杂的计算。

（2）直接转矩控制只需定子参数，不需随转速、难以测定的转子参数变化，大大减小了参数变化对系统性能的影响。

（3）采用电压矢量和六边形磁链轨迹，可直接控制转矩。

（4）转矩和磁链都采用两点式调节器，把误差限制在允许的范围内，控制直接又简化。

（5）控制信号的物理概念明确，转矩响应迅速，且无超调，具有较高的动静态性能。

1. 基本控制思想

电机控制的根本是控制电磁转矩，转矩控制的核心是磁链控制。就异步交流电机而言，其磁链可定义为三种：定子磁链 Ψ_s、转子磁链 Ψ_r 和气隙磁链 Ψ_a。

（1）气隙磁链 Ψ_a 是定、转子通过气隙相互交链的那部分磁链，$\Psi_a = L_m i_s + L_m i_r$（$L_m$ 为定、转子绕组互感，下角标 s 代表定子，r 代表转子）。

（2）定子磁链 Ψ_s 是气隙磁链与定子漏磁链 Ψ_{s6} 之和，$\Psi_s = \Psi_a + \Psi_{s6} = L_s i_s + L_m i_r$（其中 $L_s = L_m + L_{s6}$，L_{s6} 为定子绕组漏感，L_s 为定子绕组全电感）。

（3）转子磁链 Ψ_r 是气隙磁链与转子漏磁链 Ψ_{r6} 之和，$\Psi_r = \Psi_a + \Psi_{r6} = L_r i_r + L_m i_s$（其中 $L_r = L_m + L_{r6}$，L_{r6} 为转子绕组漏感，L_r 为转子绕组全电感）。

异步交流电机矢量控制利用的是转子磁链定向技术，而直接转矩控制利用的是定子磁链定向技术。

1）定子磁链空间矢量 $\Psi_s(t)$ 与电压空间矢量 $u_s(t)$ 的关系

定子磁链空间矢量 $\Psi_s(t)$ 与电压空间矢量 $u_s(t)$ 的关系如下：

$$\Psi_s(t) = \int [u_s(t) - i_s(t)R_s] \, dt \qquad (6\text{-}63)$$

若忽略定子电阻压降的影响，则式（6-63）可简化为

$$\Psi_s(t) = \int u_s(t) \, dt \qquad (6\text{-}64)$$

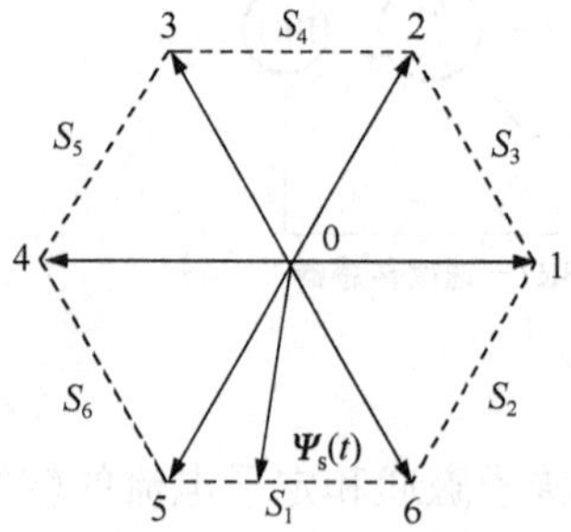

图 6-24 定子磁链矢量图

由式（6-64）可知，定子磁链空间矢量 $\Psi_s(t)$ 与电压空间矢量 $u_s(t)$ 之间为积分关系。当电压矢量按顺序 1、2、3、4、5、6 作用时，磁链矢量沿六边形的六条边 S_1、S_2、S_3、S_4、S_5、S_6 运动，如图 6-24 所示。假定加在定子上的电压空间矢量是 U_{s1}，定子磁链将沿着边 S_1 运动；当运动到达顶点 6 时，改加电压空间矢量 U_{s2}，则定子磁链就将沿着边 S_2 运动。磁链轨迹（S_1 或 S_2）总与电压矢量 U_{s1} 或 U_{s2} 的方向平行。依次类推，就可以得出六边形的定子磁链圆。

为了便于分析，把式（6-64）改写成微分方程，即

$$u_s = \frac{d\Psi_s}{dt} \qquad (6\text{-}65)$$

将式（6-65）离散化，求得

$$\begin{aligned} \Psi_s(k) &= \Psi_s(k-1) + u_s(k-1)T_s \\ \Delta\Psi_s &= u_s(k-1)T_s \end{aligned} \qquad (6\text{-}66)$$

式中，T_s 是采样周期。从式（6-66）可以得出：当定子绕组施加电压矢量 U_s 之后在采样周期 T_s 内，在电机气隙中将产生与 U_s 方向一致的磁链 $\Delta \Psi_s = u_s T_s$，即 $\Delta \Psi_s$ 的大小与 $u_s T_s$ 的值有关，但是其方向与 $\Psi_s(k-1)$ 不同。$\Psi_s(k)$ 是 $\Psi_s(k-1)$ 和 $\Delta \Psi_s$ 的矢量和。由式（6-66），可以看出 U_s 非零电压矢量能够产生定子磁链并使它运动。只要恰当地控制电压矢量的顺序和作用时间，就能做到磁链按照预期的运动轨迹运动。

2）电压矢量对电机转矩的影响

电机的转矩大小不仅仅与定、转子磁链的幅值有关，还与它们的夹角有关。当磁链的幅值基本不变，而夹角从 0°到 90°变化时，电磁转矩从 0 变化到最大值。因此，对定、转子磁链的夹角进行控制也能达到控制电机转矩的目的。这就是直接转矩控制思想的基本出发点。

工作电压矢量使定子磁链走，零电压矢量使定子磁链停，控制定子磁链停停走走，就控制了磁通角的大小，也就达到了控制转矩的目的。

直接转矩控制的基本原理如下。

（1）若要增大电磁转矩，只需按上述规律加载电压空间矢量，只要所加电压的幅值足够，定子磁链的转速就会大于转子磁链，从而使转矩增加。

（2）若要减小电磁转矩，只需加载零电压空间矢量，定子磁链就会停止转动，从而使转矩减小。

（3）在控制策略上，直接转矩控制只是对定子磁链的转动进行走走停停的开关式控制。

3）对电压矢量的正确选择

电压矢量决定定子磁链的运动轨迹。要得到六边形磁链轨迹，就要正确选择电压矢量。**其含义是：①选择电压矢量的顺序；②选择给出各电压矢量的时刻。**

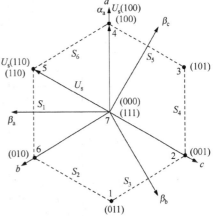

图 6-25　磁链电压空间向量图

在六边形磁链轨迹上建立 β 坐标系，如图 6-25 所示。把定子磁链矢量在三相坐标 β_a、β_b、β_c 轴上投影，则可得到三个相差 120°相位的梯形波，分别是定子磁链 Ψ_{β_a}、Ψ_{β_b}、Ψ_{β_c} 分量。图 6-26（a）给出了定子磁链三个分量的时序图。

采用三个施密特触发器作为磁链比较器的触发器，如图 6-27 所示。$\Psi_{\mu g}$ 作为磁链的给定值，也是施密特触发器的容差。通过施密特触发器，磁链的给定值 $\Psi_{\mu g}$ 分别与三个磁链 Ψ_{β_a}、Ψ_{β_b}、Ψ_{β_c} 进行比较，得到 $S\Psi_a$、$S\Psi_b$、$S\Psi_c$。图 6-26（b）给出了三个磁链开关信号的时序图。磁链 S 区段与电压矢量的对应关系如图 6-26（c）、（d）所示，由图可以得出 $S\Psi_a$、$S\Psi_b$、$S\Psi_c$ 与电压开关信号 SU_a、SU_b、SU_c 可以由式（6-67）描述。

$$\begin{cases} S\Psi_a = SU_c \\ S\Psi_b = SU_a \\ S\Psi_c = SU_b \end{cases} \qquad (6\text{-}67)$$

根据式（6-67），当电压矢量按顺序"1—2—3—4—5—6"给出时，磁链轨迹按逆时针方向"S_1—S_2—S_3—S_4—S_5—S_6"旋转，称其为正转（也称为 P 运转）。

同理，磁链开关信号 $S\Psi_a$、$S\Psi_b$、$S\Psi_c$ 与电压开关信号 SU_a、SU_b、SU_c 由式（6-68）描述。

$$\begin{cases} S\Psi_a = SU_b \\ S\Psi_b = SU_c \\ S\Psi_c = SU_a \end{cases} \qquad (6\text{-}68)$$

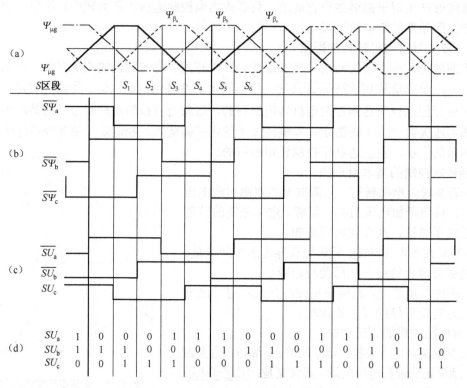

图 6-26　控制开关信号与电压向量时序图

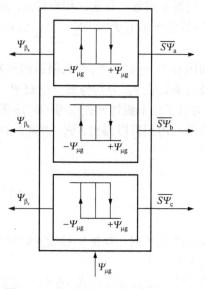

图 6-27　磁链比较器的施密特触发器

按照式（6-68），当电压矢量按顺序"1—6—5—4—3—2"给出时，磁链轨迹按顺时针方向"S_4—S_3—S_2—S_1—S_6—S_5"旋转，称其为反转（也称为 N 运转）。

电压矢量的给出时刻为各磁链分量到达磁链给定值 $\Psi_{\mu g}$ 的时刻。磁链分量通过比较器得到磁链开关信号，再通过式（6-67）或式（6-68）得到电压矢量开关信号。其中，$\Psi_{\mu g}$ 是一个十分重要的参考值，它决定电压矢量的切换时间，其几何意义是六边形磁链边到圆心的距离。

2. 直接转矩控制的基本结构

图 6-28 所示是直接转矩控制系统的基本结构图。系统主要由速度调节器（ASR）、转矩调节器（ATR）、转矩计算单元（AMC）、磁链控制单元（DMC）、定子磁链观测单元、电压型逆变器构成。图中定子磁链观测模型是按照式（6-64）构建的。DMC 的作用就是把定子磁链矢量在空间三相坐标上进行投影，在六边形轨迹的各个顶点处磁链矢量在某一轴上

的分量达到正或负的最大值。转矩计算单元 AMC 按照式（6-69）计算，转矩调节器 ATR 依据施密特触发器实现。

$$T_e = n_p L_m (i_{\beta s} i_{\alpha r} - i_{\alpha s} i_{\beta r}) = n_p (\Psi_{\alpha s} i_{\beta s} - \Psi_{\beta s} i_{\alpha s}) = n_p \Psi_s \times i_s \tag{6-69}$$

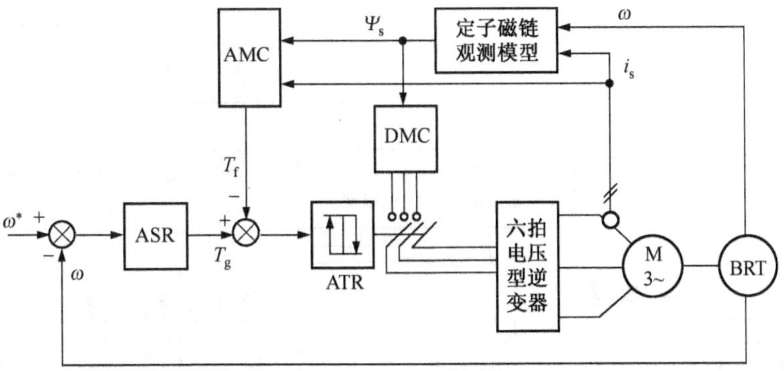

ASR—速度调节器；ATR—转矩调节器；AMC—转矩计算单元；DMC—磁链控制单元

图 6-28　直接转矩控制系统的基本结构

3. 直接转矩控制中的问题

（1）低速运行问题。在低速时，定子电阻压降相对定子电压不可忽略，磁链轨迹发生畸变，由正六边形变成内陷的六边形。在低频时，零电压矢量增多，严重时影响低速性能。应采用区段内的多种电压矢量的控制，以保证低频时的磁链和转矩。在极低频率下，采取圆形磁链轨迹的方案。

（2）弱磁运行问题。弱磁范围的调节特点是实行功率调节，用功率调节器控制磁链给定值的大小，以实现稳态的功率调节和动态的转矩调节。定子电压矢量为全电压，零电压矢量不再用。

6.5　变　频　器

变频器作为交流电机调速驱动控制器随着电力电子技术和微电子控制技术的快速发展得到迅速普及。变频器按照用途可分为通用型和专用型，按照逆变侧电源性质可分为电流型和电压型。

1. 变频器的构成

图 6-29 所示是变频器基本结构框图。它由两大部分构成：**主回路和控制回路**。主回路是动力回路单元，为电机提供动力，通常有三大功能模块——整流回路、平波回路和逆变回路；控制回路涵盖驱动回路和保护回路。控制回路通过操作面板对变频器进行工作模式管理。

图 6-30 所示是变频器的工作原理图。 图 6-30（a）由三角波和三相电源相电压基波 V_A、V_B、V_C 的合成波构成。晶体管开关的基极驱动信号一般采用三相正弦波作为参考信号，与三角波组合，在正弦波与三角波的相交处发出调制信号（若信号电压大于三角波电压，则晶体管开通；若小于三角波电压，则晶体管关断），根据换相原则顺次地控制 6 个晶体管通断。图 6-30（b）中画出了 a、b 两点相对于 O 位的波形。ab 间的相电压 U_{ab} 为 $U_a - U_b$，它是一组振幅为 E、不同脉宽的脉冲电压。在这一组脉冲电压中，用虚线表示的正弦波是其中所含

的基波电压成分。由此可见，当改变正弦波参考电压的幅值时，脉宽发生变化，输出电压的大小也随之改变；当改变正弦波参考电压的频率时，输出电压频率也将发生改变，这样就能得到任意频率、任意振幅的三相交流输出电压。如果要改变交流电压的相序以使电机改变转向，只需改变各个晶体管开关的通断顺序即可。

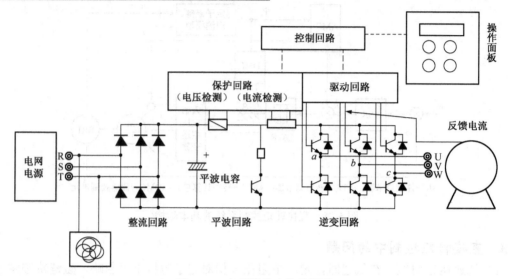

图 6-29　变频器基本结构框图

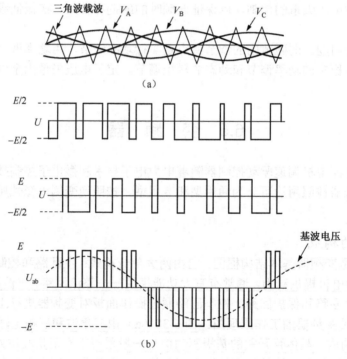

图 6-30　变频器的工作原理图

2.　变频器的使用

虽然变频器的种类很多，但是基本使用形式雷同。变频器的使用分为以下两个重点。

1）变频器硬件的接线

图 6-31 所示是变频器硬件的接线原理图。

它有以下四种工作模式可选择：

● 变频器屏幕按键操作模式，即手动工作模式；

● I/O 端子控制模式，即外控模式；

● 标准信号模拟量控制模式；

● 标准总线工作模式，通过 RS232 或 RS485 总线控制。

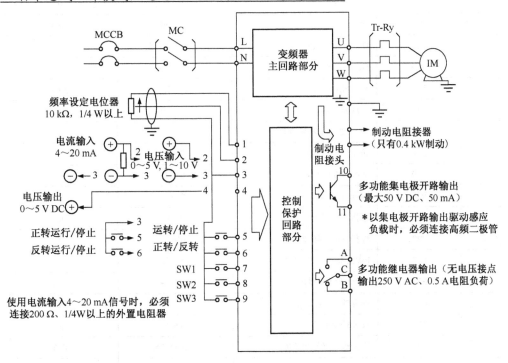

图 6-31　变频器硬件的接线原理图

2）变频器工作模式的选择

变频器作为通用驱动设备，除了按照相应的模式接线外，主要还要对变频器的各个功能寄存器进行设定，使之符合模式要求。

表 6-1 所示是变频器内部寄存器设定值参考表，带星号部分是基本功能寄存器。使用变频器前需要仔细阅读变频器的使用手册，然后按照使用模式设定寄存器。

表 6-1　变频器寄存器的设定

	序　号	功能名称	设定范围	出厂数据
★	P01	第一加速时间/s	0・0.1～999	05.0
★	P02	第一减速时间/s	0・0.1～999	05.0
	P03	V/F 方式	50・60・FF	50
	P04	V/F 曲线	0・1	0
★	P05	力矩提升/%	0～40	05
	P06	选择电子热敏功能	0・1・2・3	2

	序 号	功能名称	设定范围	出厂数据
	P07	设定热敏继电器电流/A	0.1～100	*
	P08	选择运行指令	0～5	0
	P09	频率设定信号	0～5	0
	P10	反转锁定	0·1	0
	P11	停止模式	0·1	0
	P12	停止频率/Hz	0.5～60	00.5
	P13	DC 制动时间/s	0·0.1～120	000
	P14	DC 制动电平	0～100	00
	P15	最大输出功率/Hz	50～250	50.0
	P16	基底频率/Hz	45～250	50.0
	P17	防止过电流失速功能	0·1	1
	P18	防止过电压失速功能	0·1	1
	P19	选择 SW1 功能	0～7	0
	P20	选择 SW2 功能	0～7	0
	P21	选择 SW3 功能	0～8	0
	P22	选择 PWM 频率信号	0·1	0
	P23	PWM 信号平均次数	1～100	01
	P24	PWM 信号周期/ms	1～999	01.0
	P25	选择输出 TR 功能	0～7	0
	P26	选择输出 RY 功能	0～6	5
	P27	检测频率（输出 TR）	0·0.5～250	00.5
	P28	检测频率（输出 RY）	0·0.5～250	00.5
★	P29	点动频率/Hz	0.5～250	10.0
★	P30	点动加速时间/s	0·0.1～999	05.0
★	P31	点动减速时间/s	0·0.1～999	05.0
★	P32	第二速频率/Hz	0.5～250	20.0
★	P33	第三速频率/Hz	0.5～250	30.0
★	P34	第四速频率/Hz	0.5～250	40.0
★	P35	第五速频率/Hz	0·0.5～250	15.0
★	P36	第六速频率/Hz	0·0.5～250	25.0
★	P37	第七速频率/Hz	0·0.5～250	35.0
★	P38	第八速频率/Hz	0·0.5～250	45.0
★	P39	第二加速时间/s	0.1～999	05.0
★	P40	第二减速时间/s	0.1～999	05.0
	P41	第二基底频率/Hz	45～250	50.0
★	P42	第二力矩提升/%	0～40	05

	序 号	功能名称	设定范围	出厂数据
	P43	第一跳跃频率/Hz	0·0.5～250	000
	P44	第二跳跃频率/Hz	0·0.5～250	000
	P45	第三跳跃频率/Hz	0·0.5～250	000
	P46	跳跃频率宽度/Hz	0～10	0
	P47	电流限流功能/s	0·0.1～9.9	00
	P48	启动方式	0·1·2·3	1
	P49	选择瞬间停止再次启动	0·1·2	0
	P50	待机时间/s	0.1～100	00.1
	P51	选择再试行	0·1·2·3	0
	P52	再试行次数	1～10	1
	P53	下限频率/Hz	0.5～250	00.5
	P54	上限频率/Hz	0.5～250	250
	P55	选择偏置/增益功能	0·1	0
★	P56	偏置频率/Hz	−99～250	00.0
★	P57	增益频率/Hz	0·0.5～250	50
	P58	选择模拟·PWM 输出功能	0·1	0
★	P59	模拟·PWM 输出修正/（%）	75～125	100
	P60	选择监控	0·1	0
	P61	线速度倍率	0·1～100	03.0
★	P62	最大输出电压/V	0·1～500	000
	P63	OCS 电平/%	1～200	140
★	P64	载波频率/kHz	0.8～15	0.8
	P65	密码	0·1～999	000
	P66	设定数据清除（初始化）	0·1	0
	P67	异常显示1	最新	
	P68	异常显示2	1 次之前	
	P69	异常显示3	2 次之前	—
	P70	异常显示£¥	3 次之前	

3. 变频器的选择

变频器的种类很多，如何正确地选择使用变频器十分重要，下面就论述变频器选型的要点。

1）电源（电源等级的选择）

选择与供电电源和电机的额定电压两者相匹配的电压等级。

● 相数：单相/三相；

● 电压：200～230 V AC/380～460 V AC；

● 频率：50/60 Hz；

● 电源容量：应在变频器额定电源容量以上。

注意：

● 电源电压的容许波动范围为+10%、−15%；

● 过高电压的输入会导致变频器损坏。

2）电机（额定电压、容量的选择）

根据变频器的电压选定。

● 种类：三相异步电机；

● 电压：200～230 V AC/380～460 V AC。

根据变频器的容量选定。

● 容量：0.2 kW、0.4 kW、0.75 kW；

● 额定电流：1.4 A、2.4 A、3.6 A。

注意：

● 不要用变频器驱动除三相异步电机以外的任何负载；

● 单相电机不能使用；

● 使用特殊电机时，应注意电机使用条件。

3）变频器的安装环境

变频器的寿命受环境温度的影响很大。

● 周围温度：−10～+50℃；

● 湿度：90%RH 以下。

请安装在控制箱或机器内，并注意散热，保护结构为 IP44/IP64。

注意：

● 在无特殊气体的室内安装；

● 不要安装在易燃、易爆或震动较大的场合；

● 风雨水滴、金属等异物掉入会导致变频器的损坏。

4）变频器外围设备的选择

● 断路器：在选择断路器时，其动作特性应符合变频器电流特性匹配的需要，避免因变频器接入电源时产生的浪涌而误动作，应使用产品说明书上所推荐的断路器等级；

● 电磁接触器：一般使用时不需要电磁接触器，如果安装了电磁接触器，不要用它控制变频器的启动或停止；

● 功率改善扼流圈：需改善功率因数时予以连接，对抑制高次谐波有一定的效果；

● 输入滤波器：对外围设备造成电气干扰时使用；

● 热继电器：变频器内置的热敏元件作为过负载保护之用；

● 对于缺相保护，请使用带缺相保护的热敏继电器。

注意：

● 不要用电源侧或负载侧接装的电磁接触器控制变频器的启动、停止。

4. 变频器的用途

变频器可以完成如下任务：

（1）正反转转换。很方便地进行电机正反转的转换，进行高频度的启停运转。

（2）加减速时间。可以调节电机加减速的时间，使变速运行更加平滑，启动电流更小。

（3）连续调速。可以对电机进行连续调速，最高速度不受电源的影响。

（4）制动。通过内部的制动回路可以进行电气制动，必要时还可以加入直流电压，进行直流制动。

（5）<u>恒转矩输出</u>。低速时可保持恒转矩输出，进行转矩提升。

（6）<u>驱动多台电机</u>。在功率匹配合适的情况下，可以用一台变频器同时驱动多台电机。

（7）<u>网络控制</u>。通过与 PLC 等控制设备的连接可以组成高性能的控制系统。

（8）<u>保护功能</u>。具有完善的故障诊断和保护功能（过压、欠压、过流、过载、缺相等故障的检测与显示等）。

本章小结

6.1　交流电机调速系统基本理论

1. 交流电机物理模型。

2. 建立数学模型。

（1）建立交流电机数学模型所需的定、转子电压方程；

（2）建立交流电机磁链方程；

（3）建立交流电机转矩方程；

（4）建立交流电机运动方程。

3. 交流电机物理模型简化等效电路。

4. Park 变换的基本思想，重点介绍矩阵变换方法及三种形式：静止坐标变换，转子旋转 d、q 坐标变换及改进型 M、T 坐标变换。

6.2　标量控制

标量控制有两种方案：一是电压频比控制；二是可控转差率控制。

6.3　矢量控制

矢量控制的关键就是利用 Park 变换，把电机控制转换为对转子磁通的控制。

6.4　直接转矩控制

直接转矩控制的核心是把定子电流控制变换成对定子磁链圆与定子电压矢量的控制。

6.5　变频器

变频器是变频技术的具体产物。介绍其组成结构、外部接线方法、内部寄存器的模式选择与设定，以及使用注意事项。

习题与思考题

1. 试按照交流电机物理模型的等效电路，列写电压方程。

2．恒压频比变频控制属于哪类控制技术？恒压频比的具体方法是什么？

3．变频控制的标量控制方法的另一种方式是什么？

4．说明矢量控制的原理，其框图基本架构是什么？

5．直接转矩控制的基本控制思想是什么？请说明直接转矩控制方式的电机由正转变为反转应该采用何种方式。

6．试画出直接转矩磁链圆轨迹图，说明磁链矢量顺序与定子电压相序的关系。

7．结合变频器，说明变频器的使用方式有哪几种。试画出变频器主回路与控制回路的框图。

8．一个温度调节控制器的温度调节控制采用 PID 控制模式，其温控范围是 0～399℃。利用这台温控器对一个中温热风炉进行控制，热风炉的通风电机采用 2.2 kW 异步交流电机，温控器可以根据实际设定温度值与实际温度值输出 20～40 mA 信号，请采用 20～40 mA 对风机进行控制，画出实用接线电路图，说明使用步骤。

9．一个小区的供水系统采用一套离心式水泵供水，离心式水泵的拖动电机是一台 75 kW 鼠笼式异步交流电机，供水压力 P 是 0～0.6 MPa，试设计一套控制电路控制水泵工作，要求：（1）选择适当的变频器；（2）画出主回路的接线电路图；（3）如果采用 RS485 方式对供水进行控制，如何连接控制回路？

10．说明电压型变频器与电流型变频器的区别。

11．试阐述矢量控制与直接转矩控制的区别，以及各自的优缺点。

12．利用三个压力开关，设计一套快速蒸汽发生器的压力控制系统，压力控制的调节采用变频器多段速方式，请画出控制回路图。

13．说明变频器的保护措施有哪些。

第7章 伺服电机控制技术

7.1 伺服控制系统概述

伺服意味着"伺候"和"服从"。广义的伺服控制系统指的是精确地跟踪或复现某个过程的反馈控制系统，也可称为随动系统。而狭义的伺服控制系统指的是，被控制量（输出量）是负载的线位移或角位移，当位置给定量（输入量）任意变化时，系统使输出量快速而准确地复现输入量的变化，又称为位置随动系统。

伺服控制系统和调速控制系统一样，都属于反馈控制系统，即通过对给定量和反馈量的比较，按照某种控制运算规律对执行机构进行调节控制。当给定量增大、反馈量不变时，差值增大，输出量增大；当给定量不变、输出量增大时，差值就会减小，随之输出量也就会减小，形成闭环控制系统。就控制原理而言，速度调节控制系统与伺服控制系统的原理是完全相同的。

伺服控制系统与调速控制系统的主要区别在于，调速控制系统的主要作用是保证稳定和抵抗扰动，而伺服控制系统要求输出量准确跟随给定量的变化，更突出快速响应能力。

总体而言，稳态精度和动态稳定性是两种控制系统都必须具备的，但在动态性能中，调速控制系统多强调抗扰性，而伺服控制系统则更强调快速跟随性。

1．伺服控制系统的基本要求
伺服控制系统的基本要求是：①稳定性好；②精度高；③动态响应快；④抗扰动能力强。

2．伺服控制系统的基本特征
伺服控制系统的基本特征是：
- 必须具备高精度的传感器，能准确地给出输出量的电信号；
- 功率放大器及控制系统都必须是可逆的；
- 足够大的调速范围及足够强的低速带载能力；
- 快速的响应能力和较强的抗干扰能力。

3．伺服控制系统的组成
图 7-1 所示是伺服控制系统框图。由图可见，系统由五大部件组成，分别为控制器、驱动装置、伺服电机、机械传动机构和传感器。

1）控制器
控制器是伺服控制系统的关键所在，伺服控制系统的控制规律体现在控制器上。控制器依据任务需求，结合传感器的反馈情况，得出偏差信号，经过必要的控制算法，产生驱动装置的控制信号。

2）驱动装置与伺服电机
驱动装置主要起功率放大作用。根据不同的伺服电机，驱动装置控制伺服电机的转矩和转速，以满足伺服控制系统实际的需求。伺服电机是伺服系统的执行元件，通常用于精密机械的传动控制。

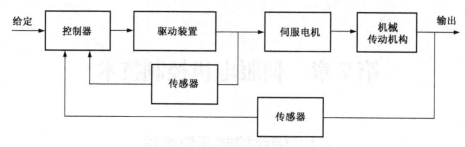

图 7-1 伺服控制系统框图

3）传感器

传感器的检测精度和准确度对于伺服控制系统的性能至关重要。

通常，把控制器、驱动装置与传感器预处理电路整合在一起，制成一个标准产品，即伺服驱动器。

4）机械传动机构

机械传动机构是实现控制的直接物理形式。为了满足各种功能需求，离不开机械传动机构的保证。高精度的机械传动是实现精密控制的坚实基础。

按照伺服电机的属性，伺服控制系统可以分为直流伺服控制系统和交流伺服控制系统。下面，从系统的数学模型入手进行研究。

*7.2 伺服控制系统的数学模型

7.2.1 直流伺服控制系统的数学模型

1. 直流伺服控制系统的静态结构框图

根据伺服控制系统的构成，推导出直流伺服控制系统的静态结构框图，如图 7-2 所示。这个系统涵盖有功率驱动机构、直流伺服电机、机械传动机构等，其中 u_d 是功率驱动的输入，u_{d0} 是直流伺服电机的输入，ω 是电机输出，同时也是机械传动装置的输入，θ_m 是机械传动输出。

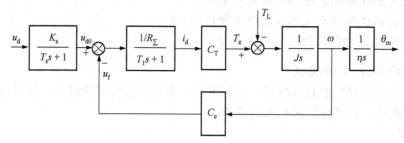

图 7-2 直流伺服控制系统的静态结构框图

2. 直流伺服控制系统的数学模型

直流伺服控制系统的执行元件为直流伺服电机，中、小功率的伺服控制系统采用直流永磁伺服电机；当功率较大时，也可采用电源励磁的直流伺服电机。直流无刷电机与直流电机有相同的控制特性，也可归入直流伺服控制系统。由于在小功率位置伺服控制系统中，直流电机的电枢回路是不串联平波电抗器的，所使用的电机的电枢电阻又较大，因此电枢回

路的电磁时间常数 T_1 一般很小，甚至可以认为 $T_1 \approx 0$；相应地，拖动系统的机电时间常数 T_m 则较大。下面根据图 7-2 所示的直流伺服控制系统的静态结构框图，推出相应数学关系式。

（1）直流伺服电机的数学模型与直流电机的数学模型无本质上的区别。假定气隙磁通恒定，则直流伺服电机的状态方程为

$$\frac{\mathrm{d}\omega}{\mathrm{d}t} = \frac{1}{J}T_e - \frac{1}{J}T_L$$

$$\frac{\mathrm{d}i_d}{\mathrm{d}t} = -\frac{R_\Sigma}{L_\Sigma}I_d - \frac{1}{L_\Sigma}E + \frac{1}{L_\Sigma}u_{d0} \tag{7-1}$$

（2）感应电动势为

$$E = C_e \omega \tag{7-2}$$

（3）电磁转矩为

$$T_e = C_T i_d \tag{7-3}$$

（4）机械传动机构的状态方程为

$$\frac{\mathrm{d}\theta_m}{\mathrm{d}t} = \frac{\omega}{\eta} \tag{7-4}$$

（5）驱动装置的传递函数为

$$G_d(s) = \frac{K_s}{T_s + 1} \tag{7-5}$$

驱动装置的近似等效传递函数为

$$u_{d0} = \frac{K_s}{T_s + 1}u_d \tag{7-6}$$

写成状态方程为

$$\frac{\mathrm{d}u_{d0}}{\mathrm{d}t} = -\frac{1}{T_s}u_{d0} + \frac{K_s}{T_s}u_d \tag{7-7}$$

整理式（7-1）～式（7-7），可以得出直流伺服驱动系统的数学模型为

$$\begin{cases} \dfrac{\mathrm{d}\theta_m}{\mathrm{d}t} = \dfrac{\omega}{\eta} \\[2mm] \dfrac{\mathrm{d}\omega}{\mathrm{d}t} = \dfrac{C_T}{J}i_d - \dfrac{1}{J}T_L \\[2mm] \dfrac{\mathrm{d}i_d}{\mathrm{d}t} = -\dfrac{1}{T_1}i_d - \dfrac{C_e}{L_\Sigma}\omega + \dfrac{1}{L_\Sigma}u_{d0} \\[2mm] \dfrac{\mathrm{d}u_{d0}}{\mathrm{d}t} = -\dfrac{1}{T_s}u_{d0} + \dfrac{K_s}{T_s}u_d \end{cases} \tag{7-8}$$

3. 带电流环控制的直流伺服控制系统

1）带电流环控制的直流伺服控制系统结构框图

图 7-3 所示是带电流环控制的直流伺服控制系统结构框图。与图 7-2 相比，图 7-3 中输入 i_d^* 是图 7-2 中的 $(u_{d0} - u_f)/R$，即

$$i_d^* = \frac{\Delta u}{R} = \frac{u_{d0} - u_f}{R} \tag{7-9}$$

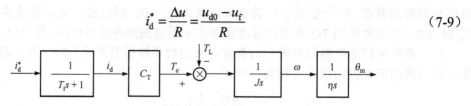

图 7-3 带电流环控制的直流伺服控制系统结构框图

2）电流环控制

电枢电流受到感应电势或转速的影响，采用电流闭环控制可有效抑制感应电势或转速的扰动，改善系统的动态响应，限制最大的启、制动电流。关于电流环控制的作用及电流环的设计与直流调速系统相同。

采用电流环后，电流环的等效传递函数为惯性环节，故带有电流环控制的对象数学模型为

$$\begin{cases} \dfrac{\mathrm{d}\theta_m}{\mathrm{d}t} = \dfrac{\omega}{\eta} \\[2mm] \dfrac{\mathrm{d}\omega}{\mathrm{d}t} = \dfrac{C_T}{J} i_d - \dfrac{1}{J} T_L \\[2mm] \dfrac{\mathrm{d}i_d}{\mathrm{d}t} = -\dfrac{1}{T_i} i_d + \dfrac{1}{T_i} i_d^* \end{cases} \tag{7-10}$$

式（7-10）是电流环状态方程。

7.2.2 交流伺服控制系统的数学模型

1. 异步交流伺服电机按转子磁链定向的数学模型

根据 6.1 节的基本知识，转子旋转磁链模型就是对异步交流伺服电机做 Park 变换的（M，T）坐标转化。那么，相对应的数学模型完全参照式（6-36）～式（6-39），得到式（7-11），其中 L_1、L_2、L_m 分别为定子绕组、转子绕组电感和互感系数；T_1、T_2、T_L 分别为定子时间常数、转子时间常数和负载时间常数；J 为转动惯量；i_{M1}、i_{T1} 分别是经过变换后的定子侧 M 轴电流、T 轴电流；R_1、R_2 分别为定子绕组电阻和转子绕组电阻；u_{M1}、u_{T1} 分别为定子侧 M 轴、T 轴电压；n_p 是极对数；Ψ_2 是转子磁链；ω_1 是（M，T）坐标的旋转角速度；p 是微分算子。

$$\begin{cases} \dfrac{\mathrm{d}\omega}{\mathrm{d}t} = \dfrac{n_p^2 L_m}{J L_r} i_{st} \Psi_2 - \dfrac{n_p}{J} T_L \\[2mm] \dfrac{\mathrm{d}\Psi_2}{\mathrm{d}t} = -\dfrac{1}{T_2} \Psi_2 + \dfrac{L_m}{T_2} i_{M1} \\[2mm] \dfrac{\mathrm{d}i_{M1}}{\mathrm{d}t} = \dfrac{L_m}{p L_1 L_2 T_2} \Psi_r - \dfrac{R_1 L_2^2 + R_2 L_m^2}{p L_1 L_2^{\,2}} i_{M1} + \omega_1 i_{T1} + \dfrac{u_{M1}}{p L_s} \\[2mm] \dfrac{\mathrm{d}i_{T1}}{\mathrm{d}t} = -\dfrac{L_m}{p L_1 L_2} \omega \Psi_2 - \dfrac{R_s L_r^2 + R_r L_m^2}{p L_1 L_2^{\,2}} i_{T1} - \omega_1 i_{M1} + \dfrac{u_{T1}}{p L_1} \end{cases} \tag{7-11}$$

当转子磁链等于常数、电机极对数 $n_p = 1$ 时，采用电流闭环控制，并考虑转角与转速的关系，对象的数学模型为

$$\begin{cases} \dfrac{\mathrm{d}\theta_\mathrm{m}}{\mathrm{d}t} = \dfrac{\omega}{\eta} \\[2mm] \dfrac{\mathrm{d}\omega}{\mathrm{d}t} = \dfrac{C_\mathrm{T}}{J}i_\mathrm{T1} - \dfrac{1}{J}T_\mathrm{L} \\[2mm] \dfrac{\mathrm{d}i_\mathrm{T1}}{\mathrm{d}t} = -\dfrac{1}{T_\mathrm{i}}i_\mathrm{T1} + \dfrac{1}{T_\mathrm{i}}i_\mathrm{T1}^* \end{cases} \qquad (7\text{-}12)$$

其中，

$$C_\mathrm{T} = \frac{L_\mathrm{m}}{L_2}\varPsi_2 \qquad\qquad (7\text{-}13)$$

式中，T_i 为电机时间常数；θ_m 为机械传动输出角位移。

2. 交流伺服控制系统控制对象的统一模型

以上分析表明，采用电流闭环控制后，交流伺服控制系统与直流伺服控制系统具有相同的控制对象，式（7-11）或式（7-12）可以称为在电流闭环控制下，交、直流伺服控制系统控制对象的统一模型。

因此，可用相同的方法设计交流或直流伺服控制系统。

*7.3 永磁同步电机交流伺服控制

1. 永磁同步电机

交流伺服电机由于克服了直流伺服电机电刷和机械换向器带来的各种限制，在工厂自动化中获得了广泛的应用。在数控机床、工业机器人等小功率应用场合，转子采用永磁材料的同步伺服电机驱动比异步笼型伺服电机有更为广泛的应用，这主要是因为现代永磁材料性能不断提高，价格不断下降，相对异步电机来说控制也比较简单，容易实现高性能的优良控制。

1）永磁同步电机基本结构和分类

图 7-4 所示是一台永磁同步电机（Permanent Magnet Synchronous Motor，PMSM）的实物剖视图。从图中可以看出 PMSM 主要组成部分有定子绕组、转子（永磁体）、轴承、温度传感器、编码器和接线插座等。

PMSM 主要有三种类型：凸极式、嵌入式和内埋式。这是按照磁极的构成形态进行分类的，如图 7-5 所示。

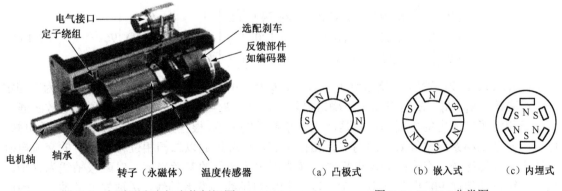

图 7-4 永磁同步电机实物剖视图　　　　　　　图 7-5 PMSM 分类图

2）永磁同步电机交流伺服控制系统的组成

永磁同步电机及其驱动器的交流伺服控制系统的组成如图 7-6 所示。其中，θ_1 是运动控制的输入，θ_f 是位置检测元件，控制器输出 i_d 给驱动器，驱动器输出可控电压 u_1 给永磁同步电机（PMSM），然后位置传感器 BQ 把执行情况反馈给控制器。

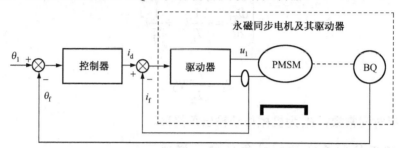

图 7-6　永磁同步电机及其驱动器的交流伺服控制系统的组成

（1）控制器。在一个运动控制系统中控制器主要有四种：单片机系统、运动控制专用 PLC 系统、PC+运动控制卡和专用数控系统。

（2）伺服电机及驱动器。由伺服电机及驱动器组成的伺服控制单元是整个交流伺服系统的核心，如图 7-6 虚线框内所示部件，用于实现系统位置控制、速度控制、转矩和电流控制。

（3）检测元件。交流伺服控制系统的检测元件最常用的是旋转式光电编码器和光栅。旋转式光电编码器一般安装在电机轴的后端部，用于通过检测脉冲来计算电机的转速和位置；光栅通常安装在机械平台上，用于检测机械平台的位移，以构成一个大的随动闭环结构。

2. PMSM 伺服控制系统的数学模型

PMSM 的物理模型是：在不影响控制性能的前提下，忽略电机铁芯的饱和，永磁材料的磁导率为零，不计涡流和磁滞损耗，三相绕组是对称、均匀的，绕组中感应电势波形是正弦波。这样可以得到如图 7-7 所示的 PMSM 等效结构图，图中 Oa、Ob、Oc 为三相定子绕组的轴线，取转子的轴线与定子 a 相绕组的电气角为 θ。

PMSM 的物理方程如下：

$$\begin{bmatrix} u_a \\ u_b \\ u_c \end{bmatrix} = \begin{bmatrix} R_a & 0 & 0 \\ 0 & R_b & 0 \\ 0 & 0 & R_c \end{bmatrix} \begin{bmatrix} i_a \\ i_b \\ i_c \end{bmatrix} + \begin{bmatrix} \Psi_a \\ \Psi_b \\ \Psi_c \end{bmatrix} \tag{7-14}$$

$$\begin{bmatrix} \Psi_a \\ \Psi_b \\ \Psi_c \end{bmatrix} = \begin{bmatrix} \cos 0° & \cos 120° & \cos 240° \\ \cos 240° & \cos 0° & \cos 120° \\ \cos 120° & \cos 240° & \cos 0° \end{bmatrix} \begin{bmatrix} i_a \\ i_b \\ i_c \end{bmatrix} + \begin{bmatrix} \cos\theta \\ \cos(\theta - 120°) \\ \cos(\theta - 240°) \end{bmatrix} \Psi_f \tag{7-15}$$

式中，u_a、u_b、u_c 为三相定子绕组电压；i_a、i_b、i_c 为三相定子绕组电流；Ψ_a、Ψ_b、Ψ_c 为三相定子绕组磁链；R_a、R_b、R_c 为三相定子绕组电阻，且 $R_a = R_b = R_c = R$；Ψ_f 为转子磁场等效磁链。

三相定子交流电的主要作用就是产生一个旋转的磁场，根据第 6 章中交流电机解耦可知，可以用一个二相系统来等效，因为二相相位正交对称绕组通以二相相位相差 90° 的交流电时也能产生旋转磁场。在永磁同步电机中，建立固定于转子的参考坐标，以磁极轴线为 d 轴，顺着旋转方向超前 90° 电角度为 q 轴，以 a 相绕组轴线为参考轴线，d 轴与参考轴之间的电角度为 θ，如图 7-8 所示。图中 Oa、Ob、Oc 为三相定子绕组的轴线。

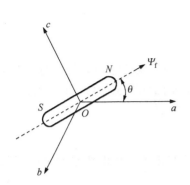

图 7-7　PMSM 等效结构图

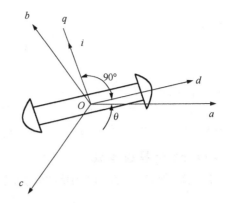

图 7-8　永磁同步电机（d，q）旋转坐标图

从而，可以得到建立在（d，q）旋转坐标和三相静止坐标中的电机模型，如式（7-16）和式（7-17）所示。

$$\begin{bmatrix} i_d \\ i_q \\ i_0 \end{bmatrix} = \sqrt{\frac{2}{3}} \begin{bmatrix} \sin\theta & \sin\left(\theta - \dfrac{2\pi}{3}\right) & \sin\left(\theta + \dfrac{2\pi}{3}\right) \\ \cos\theta & \cos\left(\theta - \dfrac{2\pi}{3}\right) & \cos\left(\theta + \dfrac{2\pi}{3}\right) \\ \sqrt{\dfrac{1}{2}} & \sqrt{\dfrac{1}{2}} & \sqrt{\dfrac{1}{2}} \end{bmatrix} \begin{bmatrix} i_a \\ i_b \\ i_c \end{bmatrix} \tag{7-16}$$

$$\begin{bmatrix} u_d \\ u_q \\ u_0 \end{bmatrix} = \sqrt{\frac{2}{3}} \begin{bmatrix} \sin\theta & \sin\left(\theta - \dfrac{2\pi}{3}\right) & \sin\left(\theta + \dfrac{2\pi}{3}\right) \\ \cos\theta & \cos\left(\theta - \dfrac{2\pi}{3}\right) & \cos\left(\theta + \dfrac{2\pi}{3}\right) \\ \sqrt{\dfrac{1}{2}} & \sqrt{\dfrac{1}{2}} & \sqrt{\dfrac{1}{2}} \end{bmatrix} \begin{bmatrix} u_a \\ u_b \\ u_c \end{bmatrix} \tag{7-17}$$

对于式（7-16）中的 i_0，由于 PMSM 中定子绕组一般为无中线的 Y 连接，故 $i_0 \equiv 0$。

在（d，q）旋转坐标系中，PMSM 的电流 i_d、i_q，电压 u_d、u_q，磁链 Ψ_q、Ψ_d、Ψ_f 和电磁转矩 T_e 方程分别为

$$\frac{\mathrm{d}}{\mathrm{d}t} i_d = \frac{1}{L_d} u_d - \frac{R}{L_d} i_d + \frac{L_q}{L_d} n_p \omega_r i_q \tag{7-18}$$

$$\frac{\mathrm{d}}{\mathrm{d}t} i_q = \frac{1}{L_q} u_q - \frac{R}{L_q} i_q - \frac{L_d}{L_q} n_p \omega_r i_d - \frac{\phi_f n_p \omega_r}{L_q} \tag{7-19}$$

$$\Psi_q = L_q i_q \tag{7-20}$$

$$\Psi_d = L_d i_d + \Psi_f \tag{7-21}$$

$$\Psi_f = L_{md} i_f \tag{7-22}$$

$$T_e = \frac{3}{2} n_p (\Psi_d i_q - \Psi_q i_d) = \frac{3}{2} n_p [\Psi_f i_q - (L_q - L_d) i_d i_q] \tag{7-23}$$

PMSM 运动方程为

$$J\frac{\mathrm{d}\omega_r}{\mathrm{d}t} = T_e - B\omega_r - T_L \qquad (7\text{-}24)$$

式中，u_d、u_q 为 (d, q) 轴定子电压；i_d、i_q 为 (d, q) 轴定子电流；Ψ_d、Ψ_q 为 (d, q) 轴定子磁链；L_d、L_q 为 (d, q) 轴定子电感；Ψ_f 为转子上的永磁体产生的磁链；J 为转动惯量；B 为黏滞摩擦系数；ω_r 为转子角速度；$\omega = n_p\omega_r$ 为转子电角速度；n_p 为极对数。

3. PMSM 的等效电路

对于 PMSM 而言，(d, q) 轴线圈的漏感可以认为近似相等，故电感参数可以表示为

$$L_q = L_s + L_{mq} \qquad (7\text{-}25)$$

$$L_d = L_{s\sigma} + L_{md} \qquad (7\text{-}26)$$

式中，$L_{s\sigma}$ 为 (d, q) 轴线圈的漏感。

PMSM 的电压方程为

$$u_q = R \times i_q + \frac{\mathrm{d}}{\mathrm{d}t}(L_q \times i_q) + \omega(L_d \times i_d + L_{md} \times i_f) \qquad (7\text{-}27)$$

$$u_d = R \times i_d + \frac{\mathrm{d}}{\mathrm{d}t}(L_d \times i_d + L_{md} \times i_f) - \omega \times L_q \times i_q \qquad (7\text{-}28)$$

$$i_f = \frac{\Psi_f}{L_{md}} \qquad (7\text{-}29)$$

式中，i_f 为折算后的等效电流。

用 (d, q) 轴表示的电压等效电路如图 7-9 所示。图 7-9（a）是 d 轴变换等效电路图，图 7-9（b）是 q 轴变换等效电路图。其中，$L_{s\sigma}$ 是互感系数，L_{md} 是 d 轴自感系数，L_{mq} 是 q 轴自感系数，R 是绕组电阻，u_d、u_q 分别是 d 轴绕组输入电压、q 轴绕组输入电压，E 是反电势。

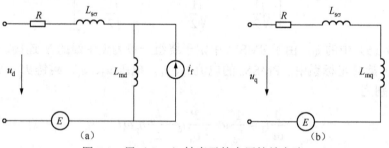

图 7-9　用 (d, q) 轴表示的电压等效电路

4. PMSM 的矢量控制

PMSM 通常采用电压控制方式、(d, q) 旋转轴系和矢量控制方式。PMSM 矢量控制系统原理图如图 7-10 所示。图 7-10 所示系统由速度调节器、Park 变换的旋转 (d, q) 坐标变换、电流调节器、PWM 逆变器和 PWM 构成。其中速度调节器的输入由 ω^* 与反馈信号 γ 之差确定，电流调节器的输入是由坐标变换输出 i_a^*（i_b^*、i_c^*）与反馈 i_a（i_b、i_c）之差确定的，再控制 PMSM 进行工作。

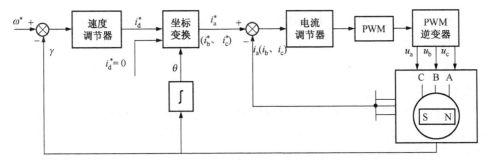

图 7-10　PMSM 矢量控制系统原理图

5. PMSM 解耦状态方程

以凸极式转子结构的 PMSM 为对象，在假设磁路不饱和，不计磁滞和涡流损耗的影响，空间磁场呈正弦分布的条件下，永磁同步电机转子为圆筒形（$L_d = L_q = L$），黏滞摩擦系数 $B = 0$，得（d，q）旋转轴系永磁同步电机的状态方程为

$$\begin{bmatrix} \dot{i}_d \\ \dot{i}_q \\ \dot{\omega}_r \end{bmatrix} = \begin{bmatrix} -\dfrac{R}{L} & n_p \omega_r & 0 \\ -n_p \omega_r & -\dfrac{R}{L} & -\dfrac{n_p \Phi_f}{L} \\ 0 & \dfrac{3}{2} n_p \phi_f & 0 \end{bmatrix} \begin{bmatrix} i_d \\ i_q \\ \omega_r \end{bmatrix} + \begin{bmatrix} \dfrac{u_d}{L} \\ \dfrac{u_q}{L} \\ \dfrac{-T_L}{J} \end{bmatrix} \tag{7-30}$$

为获得线性状态方程，通常采用 $i_d \equiv 0$ 的矢量控制方式，此时有

$$\begin{bmatrix} \dot{i}_q \\ \dot{\omega}_r \end{bmatrix} = \begin{bmatrix} -\dfrac{R}{L} & -n_p \dfrac{\omega_f}{L} \\ \dfrac{3}{2} n_p \Phi_f \dfrac{1}{J} & 0 \end{bmatrix} \begin{bmatrix} i_q \\ \omega_r \end{bmatrix} + \begin{bmatrix} \dfrac{u_q}{L} \\ -\dfrac{T_L}{J} \end{bmatrix} \tag{7-31}$$

因此，式（7-31）即为 PMSM 的解耦状态方程式。

*7.4　伺服控制系统的设计

伺服控制系统的结构因系统的具体要求而异，现介绍几种常用的伺服控制系统的设计。

7.4.1　单环位置伺服控制系统设计

对于直流伺服电机可以采用单环位置伺服控制方式——直接设计位置调节器 APR，如图 7-11 所示。为了避免在过渡过程中电流冲击过大，应采用电流截止反馈保护，或者选择允许过载倍数比较高的伺服电机。

APR—位置调节器；UPE—驱动装置；SM—直流伺服电机；BQ—位置传感器；θ_m^*—位置设定值；θ_m—实际位置反馈值；i—电流反馈值

图 7-11　单环位置伺服控制系统

由于交流伺服电机具有非线性、强耦合的性质，因此单环位置伺服控制方式难以达到伺服控制系统的动态要求，故一般不采用单环位置伺服控制。

1. 设计原则

1）着眼点——快速性

作为动态校正和加快跟随作用的位置调节器，常选用 PD 或 PID 调节器，或者在位置反馈的基础上附加位置微分反馈（即转速反馈）。采用微分控制是为了提高响应跟随的快速性。若要求系统对负载扰动无静差，应选用 PID 调节器。

2）简化结构图

若忽略负载转矩，图 7-2 可简化成图 7-12。简化后的直流伺服控制系统控制对象传递函数为

$$\frac{\theta_{\mathrm{m}}}{U_{\mathrm{d}}^{*}} = \frac{1/(\eta C_{\mathrm{e}})}{s(T_{\mathrm{s}}s+1)(T_{\mathrm{m}}T_{\mathrm{l}}s^2+T_{\mathrm{m}}s+1)} \tag{7-32}$$

式中，T_{l} 为电枢回路电磁时间常数；T_{m} 为机电时间常数；T_{s} 为失控时间常数；η 为机械转化效率。

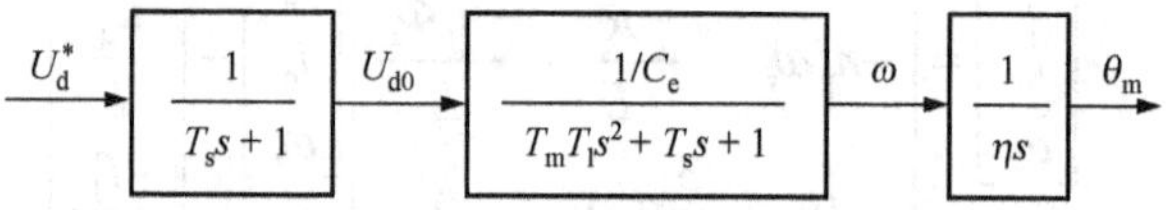

图 7-12　简化后的直流伺服控制系统

暂且认为驱动装置的放大系数为 1，这不影响系统的原理性分析和设计。

选用 PD 调节器，其传递函数为

$$W_{\mathrm{APR}}(s) = K_{\theta}(\tau_{\mathrm{d}}s+1) \tag{7-33}$$

式中，k_{θ} 是 PD 调节器的增益系数；τ_{d} 是微分时间系数。

系统开环传递函数为

$$W_{\theta\mathrm{O}}(s) = \frac{K_{\theta\mathrm{l}}(\tau_{\mathrm{d}}s+1)}{s(T_{\mathrm{s}}s+1)(T_{\mathrm{m}}T_{\mathrm{l}}s^2+T_{\mathrm{m}}s+1)} \tag{7-34}$$

式中，T_{l} 为电枢回路电磁时间常数；T_{m} 为机电时间常数；T_{s} 为失控时间常数；η 为机械转化效率。

系统开环放大系数为

$$K_{\theta\mathrm{l}} = \frac{K_{\theta}}{\eta C_{\mathrm{e}}} \tag{7-35}$$

2. 单环位置伺服控制系统的传递函数

单环位置伺服控制系统的结构如图 7-13 所示，假定反馈系数为 1。

1）$T_{\mathrm{m}} \geq 4T_{\mathrm{l}}$ 时的闭环传递函数

（1）开环传递函数。

① 假如 $T_{\mathrm{m}} \geq 4T_{\mathrm{l}}$，$T_{\mathrm{m}}T_{\mathrm{l}}s^2+T_{\mathrm{m}}s+1$ 分解为 $(T_1s+1)(T_2s+1)$，用系统的开环零点消去惯性时间常数最大的开环极点，以加快系统的响应过程。

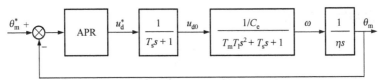

θ_m^*—位置给定值；θ_m—实际位置输出值；APR—具有 PD 运算
器的位置调节器；u_d^*—驱动功率放大输入；ω—电机旋转速度

图 7-13　单环位置伺服控制系统

② 假如 $T_1 \geq T_2 > T_s$，用系统的开环零点 $\tau_d s + 1$ 消去开环极点 $T_1 s + 1$。

③ 简化后得出系统的开环传递函数为

$$W_{\theta O}(s) = \frac{K_\theta}{s(T_s s + 1)(T_2 s + 1)} \qquad (7\text{-}36)$$

（2）闭环传递函数。伺服控制系统的闭环传递函数为

$$W_{\theta CL}(s) = \frac{K_\theta}{T_s T_2 s^3 + (T_s + T_2)s^2 + s + K_\theta} \qquad (7\text{-}37)$$

（3）稳定性分析。通过闭环传递函数的特征方程式

$$T_s T_2 s^3 + (T_s + T_2)s^2 + s + K_\theta = 0 \qquad (7\text{-}38)$$

并运用 Routh 稳定判据，可求得

$$K_\theta < \frac{T_s + T_2}{T_s T_2} \qquad (7\text{-}39)$$

当满足式（7-39）时，系统稳定。系统开环传递函数的伯德图如图 7-14 所示。

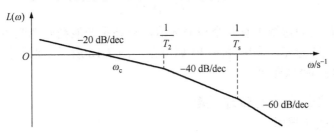

图 7-14　系统开环传递函数伯德图

2）$T_m < 4T_1$ 时的闭环传递函数

（1）开环传递函数。若 $T_m < 4T_1$，可用系统的开环零点 $\tau_d s + 1$ 消去驱动装置的滞后时间 $T_s s + 1$，则系统开环传递函数变为

$$W_{\theta O}(s) = \frac{K_\theta}{s(T_m T_1 s^2 + T_m s + 1)} \qquad (7\text{-}40)$$

（2）闭环传递函数。伺服控制系统的闭环传递函数为

$$W_{\theta CL}(s) = \frac{K_\theta}{T_m T_1 s^3 + T_m s^2 + s + K_\theta} \qquad (7\text{-}41)$$

（3）稳定性分析。通过闭环传递函数的特征方程式

$$T_m T_1 s^3 + T_m s^2 + s + K_\theta = 0 \qquad (7\text{-}42)$$

并运用 Routh 稳定判据，可求得

$$K_\theta < \frac{1}{T_1} \tag{7-43}$$

当开环放大倍数 K_θ 满足式（7-43）条件时，系统稳定。

7.4.2 双环伺服控制系统设计

1. 基本原理

如前所述，电流环控制可以抑制启、制动电流，加快电流的响应。对于交流伺服电机，电流环还可以改造受控对象，实现励磁分量和转矩分量的解耦，得到等效的直流电机模型。因此，可以在电流环作为内环的基础上，直接设计位置调节器，构成外环，从而形成位置、电流双环伺服控制系统。其结构如图 7-15 所示。

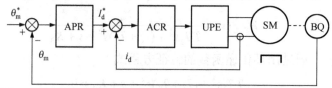

SM—伺服电机；BQ—位置传感器；UPE—功率放大装置；ACR—电流调节器；APR—位置调节器

图 7-15 双环伺服控制系统

忽略负载转矩，根据图 7-3，带有电流环的伺服控制系统的传递函数为

$$W_i(s) = \frac{C_T / (J\eta)}{s^2(T_i s + 1)} \tag{7-44}$$

由于控制对象在前向通道上有两个积分环节，故该系统能精确地跟随速度输入信号。为了消除负载扰动引起的静差，APR 选用 PI 调节器。图 7-16 所示是双环伺服控制系统的结构图，将 $W_{APR}(s)$ 与 $W_i(s)$ 级联即可。

2. 双环伺服控制系统的传递函数

1）APR 是 PD 调节器时

（1）开环传递函数。图 7-16 所示系统的开环传递函数为

$$W_{\theta O}(s) = \frac{k_\theta(\tau_\theta s + 1)}{\tau_\theta s} \frac{C_\theta / (J\eta)}{s^2(T_\theta s + 1)} = \frac{K_\theta(\tau_\theta s + 1)}{s^3(T_i s + 1)} \tag{7-45}$$

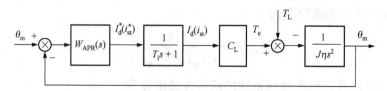

图 7-16 双环伺服控制系统的结构图

（2）闭环传递函数。图 7-16 所示系统的闭环传递函数为

$$W_{\theta CL}(s) = \frac{K_\theta(\tau_\theta s + 1)}{T_i s^4 + s^3 + K_\theta \tau_\theta s + K_\theta} \tag{7-46}$$

（3）特征方程式。系统的特征方程式为

$$T_i s^4 + s^3 + K_\theta \tau_\theta s + K_\theta = 0 \tag{7-47}$$

（4）系统的稳定性。对于特征方程式（7-47），由 Routh 稳定判据可知，系统不稳定。

2）APR 是 PID 调节器时

（1）开环传递函数。若将 APR 改用 PID 调节器，其传递函数为

$$W_{\mathrm{APR}}(s) = \frac{K_\theta (\tau_\theta s + 1)(\tau_d s + 1)}{\tau_\theta s} \tag{7-48}$$

开环传递函数为

$$W_{\theta O}(s) = \frac{K_\theta (\tau_\theta s + 1)(\tau_d s + 1)}{\tau_\theta s} \frac{C_T / J}{s^2 (T_i s + 1)} = \frac{K_\theta (\tau_\theta s + 1)(\tau_d s + 1)}{s^3 (T_i s + 1)} \tag{7-49}$$

（2）闭环传递函数。若将 APR 改用 PID 调节器，其闭环传递函数为

$$W_{\theta CL}(s) = \frac{K_\theta (\tau_\theta s + 1)(\tau_d s + 1)}{T_i s^4 + s^3 + K_\theta \tau_\theta \tau_d s^2 + K_\theta (\tau_\theta + \tau_d) s + K_\theta} \tag{7-50}$$

（3）特征方程式。系统的特征方程式为

$$T_i s^4 + s^3 + K_\theta \tau_\theta \tau_d s^2 + K_\theta (\tau_\theta + \tau_d) s + K_\theta = 0 \tag{7-51}$$

（4）系统的稳定性。由 Routh 稳定判据，对特征方程式（7-51）进行解析，求得系统稳定的条件为

$$\begin{cases} \tau_\theta \tau_d > T_i (\tau_\theta + \tau_d) \\ K_\theta (\tau_\theta + \tau_d)[\tau_\theta \tau_d - T_i (\tau_\theta + \tau_d)] > 1 \end{cases} \tag{7-52}$$

为简化系统设计，不妨设 $\tau_\theta = \tau_d$，则系统稳定的条件为

$$\begin{cases} \tau_\theta = \tau_d > 2T_i \\ K_\theta > \dfrac{1}{2\tau_\theta^2 (\tau_\theta - 2T_i)} \end{cases} \tag{7-53}$$

（5）系统性能分析。双环伺服控制系统的开环传递函数伯德图如图 7-17 所示。低频段为 −60dB/dec，系统有足够的稳态精度；中频段为−20dB/dec，保证了系统的稳定性，为了使系统具有一定的稳定裕度，应保证中频段宽度 h；高频段为−40dB/dec，系统具有一定的抗干扰能力。

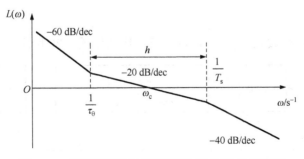

图 7-17　双环伺服控制系统的开环传递函数伯德图

7.4.3 三环伺服控制系统设计

1. 基本原理

在位置环、电流环伺服控制系统的基础上，再设一个速度环，从而形成三环伺服控制系统，如图7-18所示。其中，位置调节器APR是位置环的校正装置，其输出限幅值决定着电机的最高转速。

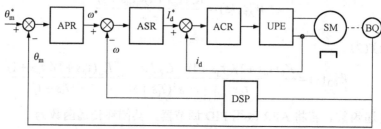

APR—位置调节器；ASR—速度调节器；ACR—电流调节器；BQ—位置传感器；DSP—数字转速信号形成环节

图7-18 三环伺服控制系统

2. 电流环

三环伺服系统的电流环分析方法请参阅7.2.1节第三点。

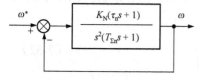

图7-19 速度环结构图

3. 速度环

速度环直流控制系统按典型Ⅱ型系统设计，图7-19所示即为速度环结构图。

（1）开环传递函数。开环传递函数为

$$W_{nO}(s) = \frac{K_N(\tau_n s + 1)}{s^2(T_{\Sigma n}s + 1)} \tag{7-54}$$

（2）闭环传递函数。闭环传递函数为

$$W_{nCL}(s) = \frac{\omega(s)}{\omega^*(s)} = \frac{K_N(\tau_n s + 1)}{s^2(T_{\Sigma n}s + 1) + K_N(\tau_n s + 1)}$$

$$= \frac{K_N(\tau_n s + 1)}{T_{\Sigma n}s^3 + s^2 + K_N\tau_n s + K_N} \tag{7-55}$$

4. 位置环

位置调节器的传递函数为$W_{APR}(s)$，位置环结构图如图7-20所示。

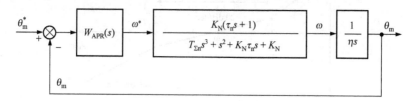

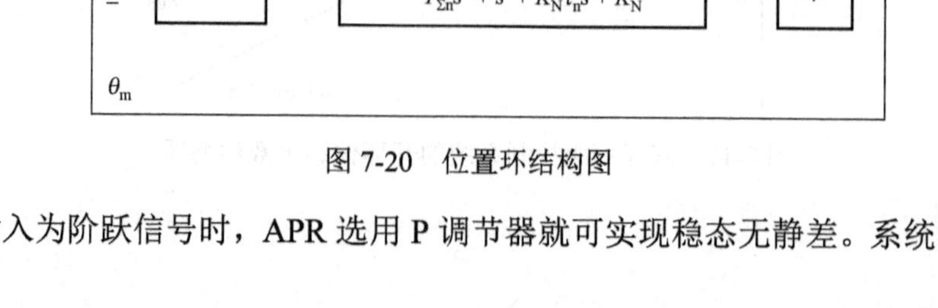

图7-20 位置环结构图

（1）当输入为阶跃信号时，APR选用P调节器就可实现稳态无静差。系统的开环传递函

数可改写为

$$W_{\theta O}(s) = \frac{K_\theta K_N (\tau_n s + 1) / \eta}{s(T_{\Sigma n} n s^3 + s^2 + K_N \tau_n s + K_N)}$$

$$= \frac{K_\theta (\tau_n s + 1)}{s(T_{\Sigma n} s^3 + s^2 + K_N \tau_n s + K_N)} \tag{7-56}$$

（2）闭环传递函数。闭环传递函数为

$$W_{\theta CL}(s) = \frac{K_\theta (\tau_n s + 1)}{T_{\Sigma n} s^4 + s^3 + K_N \tau_n s^2 + (K_N + K_\theta \tau_n)s + K_\theta} \tag{7-57}$$

（3）特征方程式。特征方程式为

$$T_{\Sigma n} s^4 + s^3 + K_N \tau_n s^2 + (K_N + K_\theta \tau_n)s + K_\theta = 0 \tag{7-58}$$

（4）系统稳定条件。按照特征方程式（7-58），根据 Routh 稳定判据，可求得系统的稳定条件为

$$\begin{cases} K_\theta < \dfrac{K_N (\tau_n - T_{\Sigma n})}{T_{\Sigma n} \tau_n} \\ -T_{\Sigma n} \tau_n^2 K_\theta^2 + (\tau_n^2 K_N - 2T_{\Sigma n} K_N \tau_n - 1)K_\theta + K_N^2 (\tau_n - T_{\Sigma n}) > 0 \end{cases} \tag{7-59}$$

根据式（7-59），考虑到 h 是中频段，即

$$\tau_n = h T_{\Sigma n} \tag{7-60}$$

$$K_N = \frac{h + 1}{2h^2 T_{\Sigma n}^2} \tag{7-61}$$

则式（7-59）可改写为

$$\begin{cases} K_\theta < \dfrac{h^2 - 1}{2h^3 T_{\Sigma n}^3} \\ -h^2 T_{\Sigma n}^3 K_\theta^2 + \dfrac{h^2 - 3h - 2}{2h} K_\theta + \dfrac{(h+1)^2 (h-1)}{4h^4 T_{\Sigma n}^3} > 0 \end{cases} \tag{7-62}$$

7.4.4 PMSM 伺服控制系统设计

1. PMSM 伺服控制系统电流环设计

1）影响电流环性能的主要因素

影响电流环性能的主要因素是反电动势的干扰、PI 调节器的影响及零点漂移。

（1）反电动势的干扰和 PI 调节器的影响。PMSM 定子电流的调节比转子更复杂，因此大多数研究以定子电流为主而假定转子电流为理想情况。当电机转速较高时，导致控制性能出现恶化的原因主要是由于存在电机反电动势 e_1，这使得外加电压 u_1 与电动势的差值减小。由式（7-63）可以看出，在 PWM 工作的逆变器中，由于逆变器直流电压为恒值，并随着转速的提高而增大，在电机电枢绕组上的净电压减小，电流变化率减小，实际电流和给定电流间将出现明显的幅值、相位偏差，甚至无法跟随给定电流。

$$u_1 = e_1 + L \frac{d i_q}{d t} + i_q \times R \tag{7-63}$$

式中，u_1 为电机相电压；e_1 为电机相电势。

（2）零点漂移的影响。在逆变器运行过程中存在着零点漂移，包括给定信号的零点漂移、电流检测环节的零点漂移、调节器的零点漂移、三角波发生器的零点漂移等。给定信号和电流检测环节所产生的零点漂移位于电流环的环外和反馈通道中，会影响 PI 调节器的调节能力。调节器和三角波发生器所产生的零点漂移位于电流环的闭环主通道中，对系统产生 PWM 脉冲没有很大影响，只是增加了电流环的非线性度，因此这部分的零点漂移只要不大，控制在十几毫伏的范围内均可满足要求。

2）电流环 PI 综合设计

在 PWM 调制系统中，逆变器的控制增益和调制比分别表示为

$$K_v = \frac{u_0}{2u_\Delta} \tag{7-64}$$

$$m = \frac{u_0}{u_\Delta} \tag{7-65}$$

式中，K_v 为逆变器的控制增益；u_0 为逆变器直流端输入电压；u_Δ 为逆变器输出电压；m 为调制比。

由图 7-10 可知，电流环的控制对象为 PWM 逆变器和 PMSM 的电枢回路。PWM 逆变器一般可以看成具有时间常数 T_v 和控制增益 K_v 的一阶惯性环节。另外，可将由霍尔电流传感器构成的电流检测环节作为比例环节处理，其传递系数用 K_{cf} 表示。电流反滤波环节看成时间常数为 T_{cf} 和控制增益为 K_{cf} 的一阶惯性环节，即

$$T_v = \frac{1}{2f_c}$$

式中，f_c 为三角载波信号的频率。

在工程设计中，通常有

$$T_{cf} = \left(\frac{1}{2} \sim \frac{1}{3}\right) f_\Delta^{-1}$$

式中，f_Δ 为开关频率。

PMSM 的电枢回路可以看成一个包含电阻和电感的一阶惯性环节。按照调节器的工程设计方法，电流调节器选为 PI 调节器时，电流环从零到额定转速均能够实时跟踪电流给定。由前所述的各环节模型及传递函数可得出 PMSM 位置伺服控制系统电流环的结构图，如图 7-21 所示。

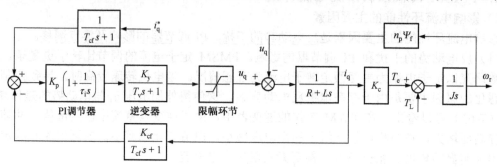

图 7-21　电流环结构图

由图 7-21 可知，电流环开环传递函数为

$$G_i(s) = \frac{KK_vK_p(\tau_i s + 1)K_{cf}}{(T_m s + 1)(T_v s + 1)\tau_i s(T_{cf} s + 1)} \tag{7-66}$$

电流环闭环传递函数为

$$G_{iCL}(s) = \frac{KK_vK_p(\tau_i s + 1)K_{cf}}{(T_m s + 1)(T_v s + 1)\tau_i s(T_{cf} s + 1) + KK_vK_p(\tau_i s + 1)K_{cf}} \tag{7-67}$$

式中，K_p 为电流调节器的比例放大倍数；τ_i 为调节器的积分时间常数；T_m 为 PMSM 电枢回路电磁时间常数。

在设计电流调节器时，反电动势对电流环的影响可以忽略。另外，电流滤波、逆变器控制的滞后均可看成小惯性环节，可以将其按照小惯性环节的处理方法合成为一个惯性环节，则电流环闭环传递函数为

$$G_{iCL}(s) = \frac{KK_iK_p}{\tau_i s(T_i s + 1) + KK_iK_p} = \frac{K'}{s(T's + 1) + K'} \tag{7-68}$$

式中，$K = 1/R$；K_i 为小惯性环节控制增益；T_i 为小惯性环节时间常数，$T_i = T_{cf} + T_v$，其中 T_{cf} 为电流环滤波时间常数，T_v 为逆变器滞后时间常数。

电流环是速度调节中的一个环节。由于速度环的截止频率较低，且 $T_i \ll \tau_i$，故电流环可降阶为一个一阶惯性环节，由此可实现速度环速度调节器的设计。降阶后的电流环传递函数为

$$G_{iCL}(s) = \frac{1}{\dfrac{\tau_i}{KK_vK_p}s + 1} = \frac{K'}{\dfrac{1}{K'}s + 1} \tag{7-69}$$

选择小惯性环节参数 $K_i = 30$，$T_i = 0.025\ \text{ms}$，$\tau_i = T_m = L/R$。

由于

$$K' = \frac{KK_vK_p}{\tau_i} \tag{7-70}$$

$T' = T_i$，从而可得

$$K_p = \frac{K'\tau_i}{KK_i} \tag{7-71}$$

在本系统中要求 $\sigma \leqslant 5\%$，因此可取阻尼比 $\xi = 0.707$，有

$$K' = \frac{1}{2T'} \tag{7-72}$$

于是，可以求得

$$K_p = \frac{\tau_i}{2KK_iT'} \tag{7-73}$$

2. PMSM 伺服控制系统速度环设计

以图 7-10 和图 7-20 为基础，可以得到 PMSM 电流、速度双环结构图，如图 7-22 所示。图中，实际的三个独立的电流环用一个等效的转矩电流环代替，速度反馈系数为 K_m。

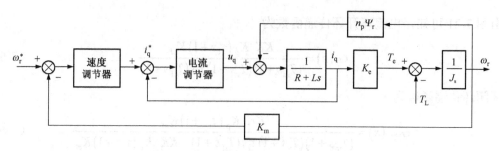

图 7-22　PMSM 电流、速度双环结构图

PMSM 伺服控制系统电流环可以等效成一个一阶惯性环节，如式（7-69）所示。选择速度环调节器为 PI 调节器，其传递函数为

$$G_{\text{ASR}}(s) = K_s\left(1 + \frac{1}{T_s s}\right) \tag{7-74}$$

式中，K_s 为速度环调节器的放大倍数；T_s 为速度环调节器的时间常数。因此，图 7-22 可简化为图 7-23。

根据图 7-23，可以得到速度环的开环传递函数为

$$G_s(s) = \frac{K_s(T_s s + 1)K_c}{J_s 2T_s\left(\frac{1}{K'}s + 1\right)} \tag{7-75}$$

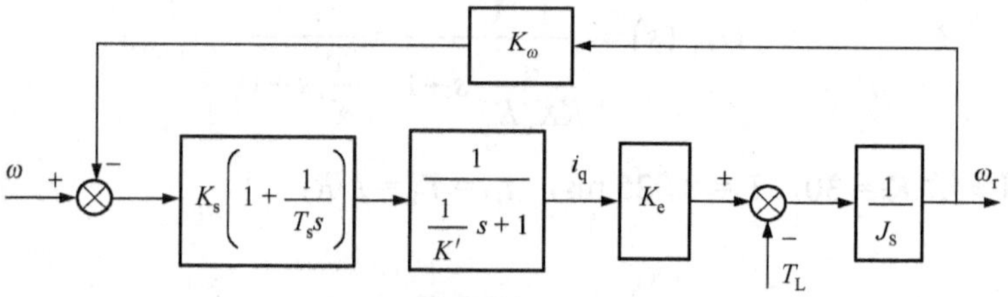

图 7-23　采用 PI 控制的速度环动态结构框图

由式（7-75）可知，速度环可以按典型 II 型系统来设计。定义变量 h 为频宽，根据典型 II 型系统设计参数公式可得

$$T_s = h\frac{1}{K'} \tag{7-76}$$

$$K_s = \frac{h+1}{2h}\frac{J}{K_c / K'} \tag{7-77}$$

7.5　标准商用伺服驱动器应用简介

伺服驱动器作为一种标准商品，已经得到广泛应用。目前，生产各种伺服电机和配套伺服驱动器的公司很多，如德国的力士乐、西门子，日本的三菱、安川、松下、欧姆龙，韩国的 LG 等。伺服驱动器是与伺服电机配套使用的。本节主要从以下几个方面加以介绍：伺服驱动器的选型原则、使用步骤和注意事项。图 7-24 所示是一款松下电工公司的通用型伺服控

制器外观图。图 7-25 所示是伺服控制器操作面板图。操作面板下边就是接线端子区，主要有电源输入接口 X1、电机接口 X2、RS485 通信接口 X3、RS232 通信接口 X4、I/O 接口 X5、旋转编码器接口 X6、外置光栅接口 X7，以及轴地址选择开关 ID、转矩监测端子 IM、速度监测端子 SP、接地端子 G 等，详见图 7-26。

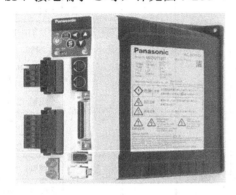

图 7-24　伺服控制器外观图

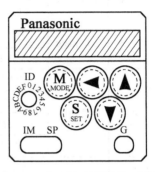

图 7-25　伺服控制器操作面板图

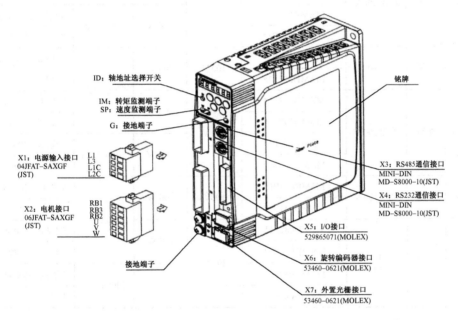

图 7-26　伺服驱动器外部接线端子布局图

由图 7-25 可知，伺服控制器的操作面板共有五个按钮：M（MODE）为状态选择按钮，S（SET）为参数设置按钮，↑、↓、←分别为三个方向上的选择按钮。

1. 标准商用伺服驱动器的选型要点

1）与伺服电机配套

由于伺服驱动器是与伺服电机配套使用的，因此第一个选型要点就是要关注适配的电机型号、工作电压、额定功率、额定转速和编码器规格，以及驱动器自身的规格、型号与工作电压是否与所选的伺服电机相匹配。

表 7-1 就是一个选配表，说明如何选择伺服电机与相匹配的驱动器。

表 7-1 伺服驱动器与伺服电机选配表

伺服驱动器				适配电机			
型号	类型	输入电源	型号	电压	额定功率	额定转速	编码器规格
MADDT1105	A 型	单相 100 V	MSMD5AZP1*	100 V	50 W	3000 r/min	5 线制,2500 脉冲数/转
			MSMD5AZS1*				7 线制,17 位
MADDT1107	A 型	单相 100 V	MSMD011P1*		100 W		5 线制,2500 脉冲数/转
			MSMD011S1*				7 线制,17 位
MADDT1205	A 型	单相 200 V	MSMD5AZP1*	200 V	50 W		5 线制,2500 脉冲数/转
			MSMD5AZS1*				7 线制,17 位
			MSMD012P1*		100 W		5 线制,2500 脉冲数/转
			MSMD012S1*				7 线制,17 位
MADDT1207	A 型	单相 200 V	MSMD022P1*		200 W		5 线制,2500 脉冲数/转
			MSMD022S1*				7 线制,17 位
			MAMA012P1*		100 W	5000 r/min	5 线制,2500 脉冲数/转
			MAMA012S1*				7 线制,17 位
MBDDT2110	B 型	单相 100 V	MAMD021P1*	100 V	200 W	3000 r/min	5 线制,2500 脉冲数/转
			MAMD021S1*				7 线制,17 位
MBDDT2210	B 型	单相 200 V	MSMD042P1*	200 V	400 W		5 线制,2500 脉冲数/转
			MSMD042S1*				7 线制,17 位
			MAMA022P1*		200 W	5000 r/min	5 线制,2500 脉冲数/转
			MAMA022S1*				7 线制,17 位
MCDT3120	C 型	单相 100 V	MSMD041P1*	100V	400 W	3000 r/min	5 线制,2500 脉冲数/转
			MSMD041S1*				7 线制,17 位
MCDDT3520	C 型	单相/三相 200 V	MSMD082P1*	200 V	750 W		5 线制,2500 脉冲数/转
			MSMD082S1*				7 线制,17 位
			MAMD042P1*		400 W	5000 r/min	5 线制,2500 脉冲数/转
			MAMD042S1*				7 线制,17 位

2）伺服驱动器的安装

伺服驱动器的正确安装对其稳定可靠的工作至关重要。伺服驱动器的安装主要考虑以下几点。

（1）固定方式。伺服驱动器可以依据电气控制柜的设计选择底板安装，固定方式可选 Rack-Mounting、Mounting-Bracket 和 Base-Mounting 三种。

（2）空间位置。为了保证伺服驱动器工作可靠，必须留有安全的通风空间。

3）技术规格

技术规格分为通用技术规格和功能规格。

通用技术规格详见表 7-2，主要内容是输入电源（电压规格、主回路电源、控制回路电源）、使用工况（温度、湿度、海拔、振动）、控制方式、编码器反馈、控制信号控制方式（I/O

控制、模拟量控制、脉冲控制、总线方式）。

表 7-2 通用技术规格表

基本规格	输入电源	100 V 系列	主回路电源	单相 100～115 V$_{-15\%}^{+10\%}$ 50/60 Hz
			控制回路电源	
		200 V 系列	主网络电源 A、B 型	单相 200～240 V$_{-15\%}^{+10\%}$ 50/60 Hz
			主网络电源 C、D 型	单相/三相 200～240 V$_{-15\%}^{+10\%}$ 50/60 Hz
			主网络电源 E、F 型	三相 200～240 V$_{-15\%}^{+10\%}$ 50/60 Hz
			控制回路电源 A～D 型	单相 200～240 V$_{-15\%}^{+10\%}$ 50/60 Hz
			控制回路电源 E、F 型	单相 200～230 V$_{-15\%}^{+10\%}$ 50/60 Hz
	工况		温度	工作温度：0～55℃；保存温度：−20～80℃
			湿度	工作/保存：≤90%RH（无结露）
			海拔高度	≤1000 m
			振动	≤5.88 m/s^2，10～60 Hz（不允许工作在共振点）
	控制方式			IGBT PWM 正弦波控制
基本规格	编码器反馈			17 位（分辨率：131072），7 线制绝对式编码器 25 000 p/r（分辨率：1000），5 线制增量式编码器
	外部反馈装置			可配 AT573A（Mitutoyo 三丰出品）
	控制信号		输入	10 点输出： ①伺服使能（SRV-ON）；②控制模式选择（C-MODE）；③增益切换（GAIN）；④报警清除（A-CLR）；其余与控制模式有关
			输出	6 点输出： ①伺服报警（ALM）；②伺服准备好（S-RDY）；③制动器释放（BRK-OFF）；④零速检测（ZSP）；⑤转矩控制（TLC）；其余与控制模式有关
	模拟量信号		输入	3 点输入： ①16 位 A/D（1 点输入）；②10 位 A/D（2 点输入）
			输出	2 点输出： ①速度监视器（SP），可以检测电机的实际转速或指令速度； ②转矩监视器（IM），可检测转矩指令、偏差脉冲数或全闭环偏差脉冲数
	脉冲信号		输入	①2 点输入：通过光耦电路接收差分信号或集电极开路信号； ②2 点输入：通过差分专用电路接收差分信号
			输出	4 点输出： 编码器信号（A/B/Z 相）或外部反馈装置信号（EXA/EXB/EXZ 相）输出差分信号；Z 相或 EXZ 相也可以输出集电极开路信号
	通信功能		RS232C	主机 1∶1 通信
			RS485	主机 1∶n 通信，n≤15
	显示面板与操作按钮			①5 个键（MODE、SET、▲、▼、◀）；②6 位 LED 显示
	再生放电制动电阻			A、B 型驱动器：没有内置制动电阻（只可外接）； C～F 型：内置制动电阻（也可再外接制动电阻）
	动态制动器			内置
	控制模式			通过参数选择以下 7 种模式：①位置控制；②速度控制；③转矩控制；④位置/速度控制；⑤位置/转矩控制；⑥速度/转矩控制；⑦全闭环控制

功能规格分为位置控制、速度控制、转矩控制和全闭环控制，具体设置可参阅表 7-3。

表 7-3　功能规格表

功能	位置控制	脉冲输入	控制输入	①CW 方向行程禁止；②CCW 方向行程禁止；③偏差计数器清零；④脉冲指令输入禁止；⑤指令分倍频切换
			控制输出	定位完成
			最大指令脉冲频率	光耦输入：500 千脉冲数/s；线驱动器输入：2 兆脉冲数/s
			输入脉冲串形式	差分输入：根据参数设定选择：①CCW/CW；②A/B 两相；③指令/方向
			指令脉冲分倍频（电子齿轮）	可设定范围：$\dfrac{(1\sim10\,000)\times2^{0\sim17}}{1\sim10\,000}$
			平滑滤波器	对指令脉冲可选择初级延时滤波器或 FIR 滤波器
		模拟量输入	转矩限制指令	可在 CCW、CW 两个方向分别设置转矩限制（3 V/额定转矩）
		指令跟踪控制		可用
		实时速度观测器		可用
		振动抑制控制		可用
	速度控制		控制输入	①CW 方向行程禁止；②CCW 方向行程禁止；③内部速度选择 1；④内部速度选择 2；⑤零速钳位
			控制输出	速度到达
		模拟量输入	速度指令输入	可输入模拟量速度指令，其比例和方向用参数可调（默认值：6 V/额定转速）
			转矩限制指令输入	可在 CCW、CW 两个方向分别设置转矩限制（3 V/额定转矩）
		内部速度指令		通过控制输入点可选 4 段内部速度
		软启动/制动功能		可分别设置 0～10 s/1000 r/min 的加速、减速时间；S 形加减速时间也可设置
		零速钳位		可通过零速钳位输入使内部速度保持为 0
		实时速度观测器		可用
		速度指令 FIR 滤波器		可用
	转矩控制		控制输入	①CW 方向行程禁止；②CCW 方向行程禁止；③零速钳位
			控制输出	速度达到
		模拟量输入	转矩指令输入	可输入模拟量转矩指令，其比例如方向用参数可调（默认值：3 V/额定转矩）
		速度限制功能		相关参数可设置速度限制值
	全闭环控制		控制输入	①外部反馈偏差输入；②偏差计数器清零；③指令脉冲输入禁止
			控制输出	全闭环定位完成
		脉冲输入	指令脉冲最大频率	光耦输入：500 千脉冲数/s；线驱动器输入：2 兆脉冲数/s
			输入脉冲串形式	差分输入：根据参数设定选择，①CCW/CW；②A/B 两相；③指令/方向
			指令脉冲分倍频（电子齿轮）	可设定范围：$\dfrac{(1\sim10\,000)\times2^{0\sim17}}{1\sim10\,000}$
			平滑滤波器	对指令脉冲可选择初级延时滤波器或 FIR 滤波器
		模拟量输入	转矩限制指令	可在 CCW、CW 两个方向分别设置转矩限制（3 V/额定转矩）
		外部反馈装置分倍频设置		编码器脉冲数（分子）和外部装置反馈脉冲数（分母）的比值范围：$\dfrac{(1\sim10\,000)\times2^{0\sim17}}{1\sim10\,000}$
		双绞补偿功能		可用
		状态反馈功能		可用

2. 标准商用伺服驱动器的使用方式

伺服驱动器的使用可参阅具体所选产品的使用手册。通常需要关注两点：外部接线和内部寄存器设置。伺服驱动一般有四种工作模式：位置、速度、转矩和全闭环。模式确定后，相对应的外部接线就确定了，内部寄存器也可按照相应的设置。对于主回路、输出控制电机回路和编码器的接线都是相同的，区别在于控制回路。

1) 伺服驱动器外部接线

（1）主回路接线。在表 7-4 中，X1 为电源输入接口，X2 为电机接口，X6 为旋转编码器接口。

表 7-4　主回路接线表

接线记号		信　号		说　明
插头	端子排			
X1	L1，(L2)，L3	L1，(L2)，L3	主电源输入端子	100 V	在 L1、L3 端子间输入单相 100～115 V$^{+10\%}_{-15\%}$，50/60 Hz
				200 V	A、B 型：输入单相 220～240 V$^{+10\%}_{-15\%}$，50/60 Hz
					C、D 型：输入单相/三相 200～240 V$^{+10\%}_{-15\%}$，50/60 Hz
					单相输入时请只接 L1、L3 端子
	L1C，L2C	r，t	控制电源输入端子	100 V	输入单相 100～115 V$^{+10\%}_{-15\%}$，50/60 Hz
				200 V	输入单相 220～240 V$^{+10\%}_{-15\%}$，50/60 Hz
X2	RB1，RB2，RB3	P，RB2，RB3	制动电阻输入端子		● 通常请将 RB3 和 RB2（B2 和 B1）短路 ● 如果发生再生放电电阻过载报警（Err18）而导致驱动器故障，请将 RB3 和 RB2（B2 和 B1）断路，然后在 RB1 和 RB2（P 和 B2）之间接入一个制动电阻 ● A4 系列的 A、B 型驱动器默认配置是需要外接制动电阻的，因此 RB3 和 RB2（B2 和 B1）通常请不要短接。但是如果发生了 Err18 报警，请在 RB1 和 RB2（P 和 B2）之间接入一个制动电阻 ● 如果接入了制动电阻，请将参数 Pr6C 设成除 0 之外的值
	U，V，W	U，V，W	电机连接端子		连接到电机的各相绕组，分别为 U 相、V 相、W 相
	⏚	⏚	接地端子		连接到电机的接地端子

	信　号	引脚号码	功　能
X6	编码器电源输出	1	E5V
		2	E0V*1
	未用	3，4	不必接
	编码器 I/O 信号（串行信号）	5	PS
		6	PS
	外壳接地	外壳	FG

（2）控制回路接线。控制回路接线要与寄存器的设置结合起来。控制模式的确定意味着参数设定要与外部控制回路接线一致，否则就无法正常工作。具体控制回路接线指令可参考表 7-5。

表 7-5 控制回路接线指令与内部寄存器的设置关系表

信　号	记号	引脚号码	功　能	I/O 信号接口
速度指令	SPR	14	这个引脚的功能取决于不同的控制模式（Pr02 值） | Pr02	控制模式	功　能
---	---	---
1	速度/控制	● 选择了速度控制模式，即通过速度指令 SPR 信号输入速度指令
3	位置/速度	● 速度指令的增益、极性、零漂和滤波器分别是： Pr50：速度指令增益 Pr51：速度指令逻辑取反
5	速度/转矩	Pr52：速度指令零漂调整 Pr57：速度指令滤波器		Al-1
或 转矩指令 或 速度限制	TRQR SPL	14	取决于 Pr5B（转矩指令选择）不同的设置值 | Pr5B		功　能
---	---	---
2	转矩控制	● 选择输入转矩指令（TQRQ）信号
0		● 转矩指令的增益、极性、零漂调整及滤波器分别是：Pr5C、Pr5D、Pr52、Pr57
4	位置/转矩	● 选择了输入速度限制（SPL）信号
1		● 速度限制值的增益、零漂调整及滤波器分别是：Pr50、Pr52、Pr57 | 取决于 Pr5B（转矩指令选择）不同的设置值 | Pr5B		功　能
---	---	---
0		输入无效，被屏蔽
5	速度/转矩	● 选择了输入速度限制（SPL）信号
1		● 速度限制值的增益、零漂调整及滤波器分别是：Pr50、Pr52、Pr57	 这个信号的 A/D 转换器的分辨率是 16 位（包括 1 符号位） ±32 767（LSB）= ±10 V，1（LSB）≈ 0.3 mV	Al-1
CW 转矩限制	CWTL	16	这个引脚的功能取决于不同的控制模式（Pr02 值） | Pr02	控制模式	功　能
---	---	---
2	转矩/控制	● 选择转矩控制模式时此信号被屏蔽
4	位置/转矩	
5	速度/转矩	● 任何输入都无效
4	位置/转矩	● 选择输入 CW 方向的模拟量转矩限制（CWTL）
5	速度/转矩	● CW 方向的转矩被输入的负电压（0～ –10 V）等比例地限制，比值约–3 V/额定转矩
其他	其他模式	● Pr03（转矩限制选择）不设为 0，可以使得这个信号的输入无效	 这个信号的 A/D 转换器的分辨率是 10 位（包括 1 位符号位） ±511（LSB）= ±11.9 V，1（LSB）≈ 23 mV	Al-2

信号	记号	引脚号码	功　　能	I/O 信号接口
CCW 转矩限制 或 转矩指令	CCWTL TRQR	16	这个引脚的功能取决于不同的控制模式（Pr02 值） （见下表） 这个信号的 A/D 转换器的分辨率是 10 位（包括 1 位符号位） ±511（LSB）=±11.9 V，1（LSB）≈ 23 mV	AI-2

下表内容：

Pr02	控制模式	功　　能
2	转矩控制	取决于 Pr5B（转矩指令选择）不同的设置值 Pr5B = 0：输入无效，被屏蔽
4	位置/转矩	Pr5B = 1： ● 选择了输入转矩指令（TQRQ）信号 ● 转矩指令的增益、极性、零漂调整及滤波器分别是：Pr5C、Pr5D、Pr52、Pr57
5	速度/转矩	● 选择输入转矩指令（TQRQ）信号 ● 转矩指令的增益、极性分别是：Pr5C、Pr5D ● 零漂可以自动地调整，滤波器不可用
4	位置/转矩	● 选择输入 CCW 方向的模拟量转矩限制信号（CCWTL）
5	速度/转矩	● CCW 方向的转矩被输入的负电压（0～−10 V）等比例地限制，比值约−3 V/额定转矩
其他	其他模式	● Pr03（转矩限制选择）不设为 0，可以使得这个信号的输入无效

*注意：CWTL 和 CCWTL/TRQR 信号不要输入幅值超过±10 V 的模拟量电压指令。

2）伺服驱动器内部寄存器设置

伺服驱动器内部寄存器参数的设置不仅与驱动器的控制模式有关，还与信号输入方式有关。下面详细讨论控制方式与寄存器设置之间的关系。

（1）信号输入方式与寄存器设置的关系。控制回路 14 号输入端子的接线与信号输入方式可参阅表 7-5 控制回路接线指令与内部寄存器的设置关系表。

（2）伺服驱动器内部寄存器参数设置。完成伺服驱动控制器的使用，要学会正确选择与设置内部寄存器的参数。表 7-6 就是松下电工 A4 系列伺服驱动器内部寄存器汇总表。

表 7-6　内部寄存器汇总表

编号 Pr.	参数名称	默认值	编号 Pr.	参数名称	默认值
00	轴地址	1	09	转矩限制中（TLC）输出选择	0
01	LED 初始状态	1	0A	零速检测（ZSP）输出选择	1
02	控制模式选择	1	0B	绝对式编码器设置	1
03	转矩限制选择	1	0C	RS232C 波特率设置	2
04	行程限制禁止输入无效设置	1	0D	RS485 波特率设置	2
05	内部/外部速度切换选择	0	0E	操作面板锁定设置	0
06	零速钳位（ZEROSPD）选择	0	0F	制造商参数	0
07	速度监视器（SP）选择	3	10	第 1 位置环增益	（27）
08	转矩监视器（SP）选择	0	11	第 1 速度环增益	（30）

编号 Pr.	参数名称	默认值	编号 Pr.	参数名称	默认值
12	第 1 速度环积分时间常数	(18)	31	第 1 控制切换模式	(0)
13	第 1 速度检测滤波器	(0)	32	第 1 控制切换延迟时间	(30)
14	第 1 转矩滤波器时间常数	(75)	33	第 1 控制切换水平	(50)
15	速度前馈	(300)	34	第 1 控制切换迟滞	(33)
16	速度前馈滤波器时间常数	(50)	35	位置环增益切换时间	(20)
17	制造商参数	0	36	第 2 控制切换模式	(0)
18	第 2 位置环增益	(32)	37	第 2 控制切换延迟时间	0
19	第 2 速度环增益	(30)	38	第 2 控制切换水平	0
1A	第 2 速度环积分时间常数	(1000)	39	第 2 控制切换迟滞	0
1B	第 2 速度环检测滤波器	(0)	3A	制造商参数	0
1C	第 2 转矩滤波器时间常数	(75)	3B	制造商参数	0
1D	第 1 陷波频率	1500	3C	制造商参数	0
1E	第 1 陷波宽度选择	2	3D	JOG 速度设置	3000
1F	制造商参数	0	3E	制造商参数	0
20	惯量比	(100)	3F	制造商参数	0
21	实时自动增益设置	1	40	指令脉冲输入选择	0
22	实时自动增益的机械刚性选择	4	41	指令脉冲旋转方向设置	0
23	自适应滤波器模式	1	42	指令脉冲输入方式	1
24	振动抑制滤波器切换选择	0	43	指令脉冲禁止输入无效设置	1
25	常规自动高速模式设置	0	44	反馈脉冲分倍频分子	2500
26	制造商参数	0	45	反馈脉冲分倍频分母	0
27	速度观测器	(0)	46	反馈脉冲逻辑取反	0
28	第 2 陷波频率	1500	47	外部反馈装置 Z 相脉冲设置	0
29	第 2 陷波宽度选择	2	48	指令脉冲分倍频第 1 分子 (*1)	0
2A	第 2 陷波深度选择	0	49	指令脉冲分倍频第 1 分子 (*1)	0
2B	第 1 振动抑制滤波器频率	0	4A	指令脉冲分倍频分子倍率 (*1)	0
2C	第 1 振动抑制滤波器	0	4B	指令脉冲分倍频分母 (*1)	10 000
2D	第 2 振动抑制滤波器频率	0	4C	平滑滤波器	1
2E	第 2 振动抑制滤波器	0	4D	FIR 滤波器	0
2F	自适应滤波器频率	0	4E	计数器清零输入方式	1
30	第 2 增益动作设置	(1)	4F	制造商参数	0

* 对应具体的产品，设计者或使用者需要仔细阅读产品说明书，对照设置。

3）标准商用伺服驱动器的四种工作模式

对于标准商用驱动器的应用，最重要的是学习与掌握四种工作模式。下面介绍如何选择设置伺服驱动器的工作模式。每种控制方式都有两个使用要点。

（1）位置控制方式。

要点 1：按照图 7-27 接线。

要点 2：按照流程图 7-28 设置寄存器参数值。

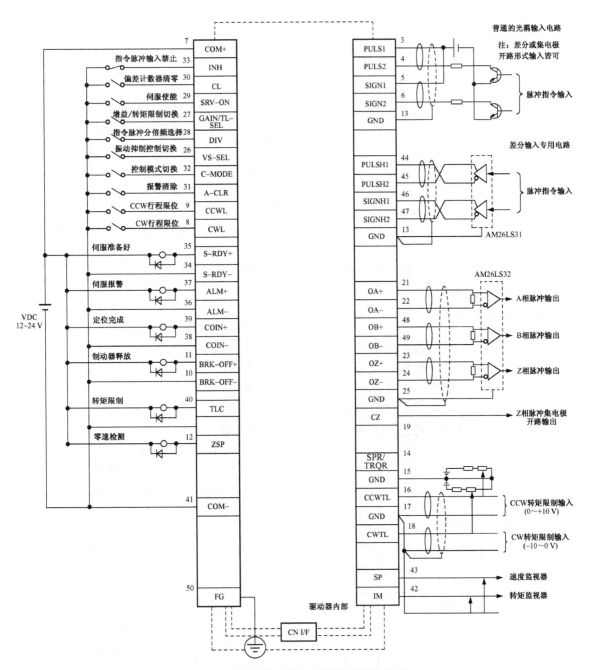

图 7-27 位置控制的控制回路端子接线图

当控制模式 $\boxed{Pr02}$ = $\boxed{0}$ 时；

当控制模式 $\boxed{Pr02}$ = $\boxed{3}$ ，且是第1控制模式时；

当控制模式 $\boxed{Pr02}$ = $\boxed{4}$ ，且是第1控制模式时

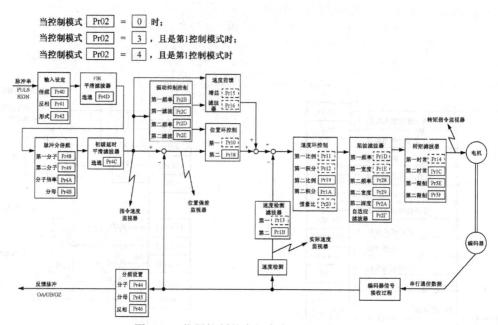

图 7-28 位置控制的内部寄存器设定流程图

（2）速度控制方式。

要点 1：按照图 7-29 接线。

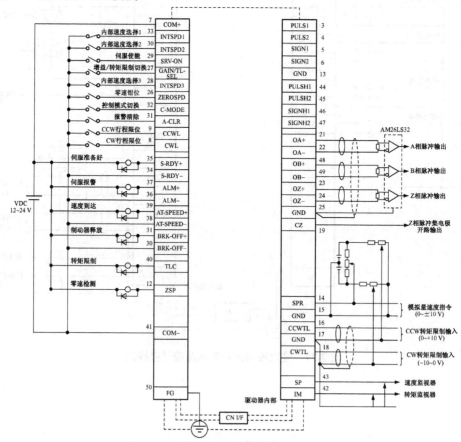

图 7-29 速度控制的控制回路端子接线图

要点 2：按照流程图 7-30 设置寄存器参数值。

当控制模式 $\boxed{\text{Pr02}}$ = $\boxed{1}$ 时；

当控制模式 $\boxed{\text{Pr02}}$ = $\boxed{3}$ ，且是第2控制模式时；

当控制模式 $\boxed{\text{Pr02}}$ = $\boxed{5}$ ，且是第1控制模式时

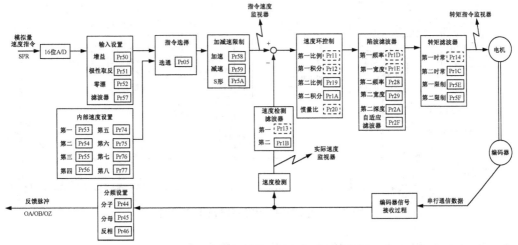

图 7-30　速度控制的寄存器设定流程图

（3）转矩控制方式。

要点 1：按照图 7-27 接线。

要点 2：按照流程图 7-31 设置寄存器参数值。

当控制模式 $\boxed{\text{Pr02}}$ = $\boxed{2}$ 时；

当控制模式 $\boxed{\text{Pr02}}$ = $\boxed{4}$ ，且是第2控制模式时；

当控制模式 $\boxed{\text{Pr02}}$ = $\boxed{5}$ ，且是第2控制模式时

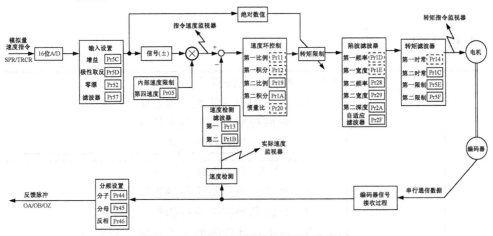

图 7-31　转矩控制的寄存器设定流程图

（4）全闭环控制方式。

要点 1：按照图 7-27 接线。

要点 2：按照流程图 7-32 设置寄存器参数值。

当控制模式 $\boxed{Pr02}$ = $\boxed{6}$ 时

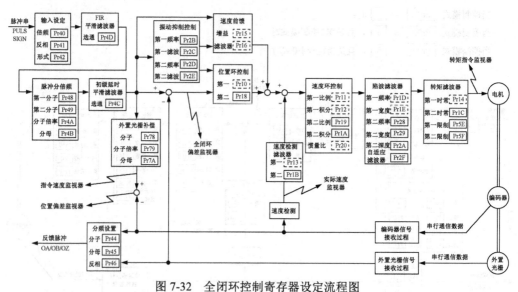

图 7-32 全闭环控制寄存器设定流程图

3. 标准商用伺服驱动器的保护功能与注意事项

1）保护功能

伺服驱动器具有完善的保护功能，主要保护项目有：控制电源欠电压、过电压，主供电回路欠电压、过电流，接地错误，电机或驱动器发热、过载，制动回路过载，编码器故障，模拟量过载，电机识别故障等。

2）注意事项

注意合理选择工作模式，正确使用工作电压，避免在高温、高湿、粉尘严重的场合使用。

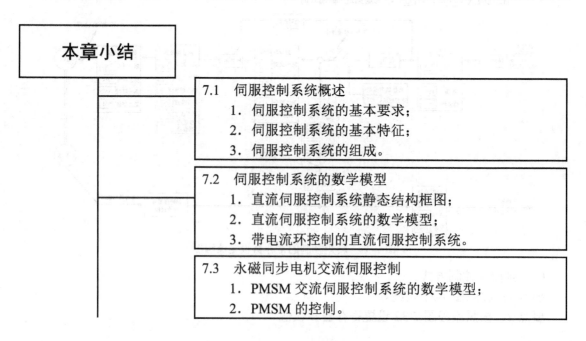

本章小结

7.1 伺服控制系统概述
 1. 伺服控制系统的基本要求；
 2. 伺服控制系统的基本特征；
 3. 伺服控制系统的组成。

7.2 伺服控制系统的数学模型
 1. 直流伺服控制系统静态结构框图；
 2. 直流伺服控制系统的数学模型；
 3. 带电流环控制的直流伺服控制系统。

7.3 永磁同步电机交流伺服控制
 1. PMSM 交流伺服控制系统的数学模型；
 2. PMSM 的控制。

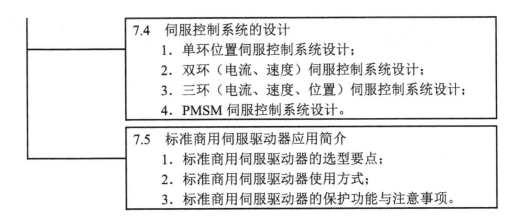

7.4 伺服控制系统的设计
　　1. 单环位置伺服控制系统设计；
　　2. 双环（电流、速度）伺服控制系统设计；
　　3. 三环（电流、速度、位置）伺服控制系统设计；
　　4. PMSM 伺服控制系统设计。

7.5 标准商用伺服驱动器应用简介
　　1. 标准商用伺服驱动器的选型要点；
　　2. 标准商用伺服驱动器使用方式；
　　3. 标准商用伺服驱动器的保护功能与注意事项。

习题与思考题

　　1. 位置随动系统要解决的主要问题是什么？试比较位置随动系统与调速系统的异同。

　　2. 位置随动系统中，如果位置检测装置只能检测出位置偏差的大小，不能分辨位置偏差的极性，那么系统能否正常工作？为什么？

　　3. 位置随动系统在斜坡信号输入及调速系统在阶跃信号输入时的要求是否相同？能否用调速系统代替位置随动系统得到位置的速度输出？

　　4. 某位置随动系统固有部分的传递函数为

$$W_{obj}(s) = \frac{K_{obj}}{s(T_m s + 1)(T_1 s + 1)(T_{ph} s + 1)(T_{AP} s + 1)}$$

其中，$K_{obj} = 20$，T_m、T_1、T_{ph}、T_{AP} 分别为 0.2 s、0.015 s、0.003 s 和 0.002 s，采用 PID 调节器将系统校正成典型 Ⅱ 型系统，要求校正后系统的跟随性能指标为 $\sigma \le 25\%$，$t_s \le 0.1$ s。试确定 PID 调节器的参数并计算系统在单位速度输入和单位加速度输入下的稳态误差。

　　5. 已知某位置随动系统固有部分的传递函数为

$$W_{obj}(s) = \frac{K_{obj}}{s(0.2s + 1)(0.02s + 1)}$$

其中，$K_{obj} = 20$，系统应满足的性能指标如下：

　　（1）加速度品质因数为 $K_a \ge 120$ s^{-2}；

　　（2）阶跃输入下的超调量 $\sigma \le 30\%$，$t_s \le 0.4$ s。

　　试设计一个调节器满足上述指标，并计算当正弦输入 $\theta^*(t) = A\sin(2\pi t / T)$ 时，系统的稳态原理误差。

　　6. 伺服驱动器的工作模式有几种？如何选择设定转矩工作模式、接线方式和寄存器？

　　7. 伺服驱动器的保护有哪些？各自的用途是什么？

　　8. 请说明伺服驱动器的使用方式有哪几种。

　　9. 请按照位置伺服控制模式说明驱动器与电机的接线方式、模式选择寄存器的设定，并画出流程图。

　　10. 请按照伺服驱动器的力矩控制模式说明驱动器与伺服电机的接线方式、内部寄存器的设定，并按照流程说明使用。

11. 请按照伺服控制器的速度控制模式，说明伺服驱动器与伺服电机的接线方式、内部寄存器的设定，并结合一个机床进给轴的精密控制问题，说明如何采用伺服速度控制方法控制进给进刀与退刀。

12. 请按照伺服驱动器的全闭环控制模式对伺服电机进行闭环控制，并画出接线图。

第三篇

运动感知技术

第8章 运动系统检测技术

检测技术是实现高速度、高精度运动控制必不可少的基础技术。运动控制的主要检测对象是距离、位移、速度、加速度（力）、角度、角速度、角加速度等参数。运动控制系统要实现高性能的控制，就必须进行实时监测，以达到满意的运动控制效果。本章的重点是介绍位置、速度、加速度、角度、角速度、角加速度等参数的基本测量方法及其传感器的应用。

8.1 距 离 检 测

距离是运动系统的一个主要参数，有关距离检测技术方法有光电检测、激光雷达检测、红外检测与超声检测。本节的应用对象主要是车辆距离检测，面向的应用重点是自动驾驶汽车或无人驾驶汽车。因此研究对象是摄像头、激光雷达、毫米波雷达、超声波雷达。

8.1.1 激光雷达

1. 激光雷达的工作原理

激光雷达是一种雷达系统，是一种主动传感器，所形成的数据是点云形式。其工作光谱段在红外波段到紫外波段之间，主要由发射机、接收机、测量控制和电源组成。工作原理为：首先向被测目标发射一束激光，然后测量反射或散射信号到达发射机的时间、信号强弱程度和频率变化等参数，从而确定被测目标的距离、运动速度及方位。除此之外，还可以测出大气中肉眼看不到的微粒的动态等情况。激光雷达的作用就是精确测量目标的位置（距离与角度）、形状（大小）及状态（速度、姿态），从而达到探测、识别、跟踪目标的目的。

普通激光雷达光学扫描器部分如图 8-1 所示。

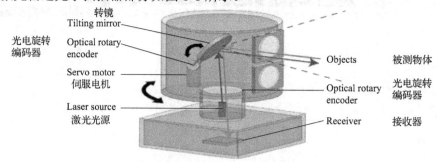

图 8-1 普通激光雷达光学扫描器部分

2. 激光雷达的现状及应用

激光技术从其问世到现在，虽然时间不长，但是由于它有高亮度性、高方向性、高单色性和高相干性等几个极有价值的特点，因而在国防军事、工农业生产、医学卫生和科学研究等方面都有着广泛的应用。LiDAR 技术在西方国家发展相对成熟，已经投入商业运行的激光雷达系统（主要指机载）主要有 Optech（加拿大）、TopSys（法国）和 Leica（美国）等公司的产品。

3. 激光雷达的发展趋势

1）星载激光雷达

星载 LiDAR 以卫星作为平台，其运行轨道高、观测范围广、观测速度快，受地面背景、天空背景影响小，具有高分辨率、高灵敏度的特点，几乎可以触及世界的每一个角落，为三维控制点和数字地面模型（DEM）的获取提供了新的途径，在国防或科学研究等领域都具有十分重大的应用价值和研究意义。星载 LiDAR 还具有观察整个天体的能力，实现天体测绘、全球信息采集、全球环境监测、农业林业资源调查、大气结构成分测量等。此外，星载 LiDAR 在植被垂直分布测量、海面高度测量、云层和气溶胶垂直分布测量及特殊气候现象监测等方面也可以发挥重要作用。目前，国际上发展的星载激光雷达有：美国的 NASA/LaRC 星载差分吸收雷达、月球观测 Clementine 系统、火星勘探者的 MOLA-2 系统、观测空间小行星的 NRL 系统、地球观测的 GLAS 系统、后向散射雷达 ATLID。研究和解决星载 LiDAR 的关键技术，建立起自己的星载 LiDAR 系统，将会是我国激光雷达的重要发展方向。

2）战场侦察激光雷达

激光雷达有可能成为重要的侦察工具和手段。美国雷西昂公司正在试验使用 GaAA 激光行扫描传感器制造 ILR100 成像激光雷达，此设备可以安装在侦察飞机和无人机上，在 120～460m 的高空执行侦查任务。侦查的影像可实时地传送到飞机上的阴极射线管显示器上或通过数据链路直接发送至地面接收站。

3）测风激光雷达

测定风速对研究气候变化、提高天气预报的精度、监测机场气流、优化飞机航线，以及在军事、火箭发射等方面具有非常重要的意义。目前来看，2μm 左右的全固化相干激光雷达及发射在紫外波段的非相干激光雷达将是未来发展的重点。

4）激光雷达寻标器

激光雷达可以提供以距离和强度为基础的高分辨率影像，使空地武器具有自主精确制导能力。激光雷达寻标器能形成目标的三维影像，确保准确地识别目标。目前，美国空军赖特实验室与海军联合开展了一项基于固态激光雷达演示计划，目的就是完成激光雷达寻标器和自主式捕获目标。激光雷达寻标器将会安装在 AGM-130、联合空地远程导弹上，以提高自主制导的能力和打击精度。

8.1.2 毫米波雷达和超声波雷达

毫米波雷达是指工作在毫米波波段，频率在 30～300GHz 之间的雷达。超声波传感器是利用超声波的特性研制而成的，工作在机械波波段，工作频率在 20kHz 以上。

如图 8-2 所示，简单地说就是音频超过了人类耳朵所能听到的范围，一般而言是指声音超过 20kHz 以上时，就称之为超声波。与光波不同，超声波是一种弹性机械波，它可以在气体、液体、固体中传播。由于超声波也是一种声波，超声波在媒质中传播的速度和媒质的特性有关。理论上，在 13℃的海水里声音的传播速度为 1500m/s。在盐度水平为 35‰、深度为 0m、温度为 0℃的环境下，声波的速度为 1449.3m/s。声音在 25℃空气中传播速度的理论值为 344m/s，这个速度在 0℃时降为 334m/s。声波传输距离首先和大气的吸收性有关，其次温度、湿度、大气压也是影响因素，而这些因素对大气中声波衰减的效果比较明显。温度是和其他常数一样决定声音速度的第二因素。它和温度的关系可以用下式来表示：$C=331.45+0.61T$

（m/s）。在使用时，如果温度变化不大，则可认为声速是基本不变的。如果测距精度要求很高，则应通过温度补偿的方法加以校正。声速确定后，只要测得超声波往返的时间，即可求得距离，这就是**超声波测距系统的机理。**

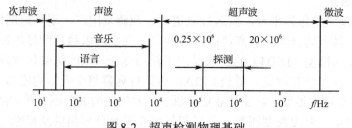

图 8-2　超声检测物理基础

8.1.3　摄像机（图像传感器）

摄像机又称图像传感器，简称摄像头。无人驾驶汽车中配置的视觉传感器主要是工业摄像机，它是最接近于人眼获取周围环境信息的传感器。

工业摄像机按照芯片类型可分为 CCD 摄像机和 CMOS 摄像机两种。图 8-3 所示就是一个摄像机。

图 8-3　摄像机

（1）CCD 摄像机。由光学镜头、时序及同步信号发生器、垂直驱动器及模拟/数字信号处理电路组成，具有体积小、重量轻、低功耗、无滞后、无灼伤、低电压等特点。

（2）CMOS 摄像机。集光敏元阵列、图像信号放大器、信号读取电路、模数转换电路、图像信号处理器及控制器于一体，具有传输速率高、动态范围宽、局部像素的可编程随机访问等优点。

8.2　直线位移检测

8.2.1　光栅

光栅是一种新型的位移检测元件，是将机械位移或模拟量转变为数字脉冲的测量装置。它的特点是测量精度高（可达±1μm），响应速度快，量程范围大，可进行非接触测量等。由于光栅易于实现数字测量和自动控制，因此广泛应用于数控机床和精密测量之中。

1．光栅的结构

在透明的玻璃板上均匀地刻出许多明暗相间的条纹，或在金属镜面上均匀地刻出许多间隔相等的条纹，就形成了光栅。通常，这些条纹的间隙和宽度是相等的。以透光的玻璃为载体的光栅，称为透射光栅；以不透光的金属为载体的光栅，称为反射光栅。根据光栅外形的不同，还可分为直线光栅和圆光栅。

光栅的结构如图 8-4 所示，它主要由标尺光栅、指示光栅、光电器件和光源等组成。通常，标尺光栅和被测物体相连，随被测物体一起做直线位移。一般来说，标尺光栅和指示光栅的刻线密度是相同的，而刻线之间的距离称为栅距。光栅条纹密度一般为每毫米 25 条、50 条、100 条、250 条等。

2. 光栅工作原理

如果把两块栅距 W 相等的光栅平行安装，并让它们的刻线之间有较小的夹角 θ，这时光栅上会出现若干条明暗相间的条纹，这种条纹称为莫尔条纹。莫尔条纹沿着与光栅刻线几乎垂直的方向排列，如图 8-4 所示是光栅的结构。光栅的工作原理见图 8-5。光线透过两块光栅非重合部分而形成亮带，亮带由一系列四棱形图案组成，如图 8-5（a）中的 $d—d$ 线区所示；$f—f$ 线区则是由两块光栅的遮光效应形成的。由此可见，标尺光栅和指示光栅的组合产生了莫尔条纹。图 8-5（b）是 $d—d$ 线区的放大图，其中菱形的两条对边平行线的距离是 $W/2$，即栅距的一半；菱形长对角线的长度是 B，即莫尔条纹的间距；平行四边形的另外两条平行线的距离是 $2W$。

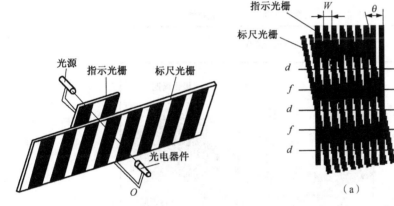

图 8-4 光栅的结构

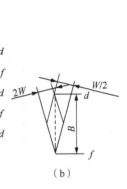

图 8-5 光栅的工作原理

图 8-6 所示是一个光栅成像原理图，其中图 8-6（a）是四扫描场成像原理图，图 8-6（b）是单扫描场成像原理图。需要注意的是，图 8-6（b）所示的是结构化之后的莫尔条状结构，其结构简单，相对于四扫描场而言，制作容易。

3. 莫尔条纹的特点
1）莫尔条纹的位移与光栅的移动成比例

当指示光栅不动、标尺光栅左右移动时，莫尔条纹将沿着接近于栅线的方向上下移动。光栅每移过一个栅距 W，莫尔条纹就移过一个条纹间距 B。查看莫尔条纹的移动方向，即可确定标尺光栅的移动方向。

2）莫尔条纹具有位移放大作用

莫尔条纹的间距 B 与两光栅条纹夹角 θ 之间的关系为

$$B = \frac{W}{2\sin\dfrac{\theta}{2}} \approx \frac{W}{\theta} \tag{8-1}$$

式中，θ 的单位为 rad；B、W 的单位均为 mm。所以，莫尔条纹的放大倍数为

$$K = \frac{B}{W} \approx \frac{1}{\theta} \qquad (8\text{-}2)$$

式（8-2）说明，θ 越小，放大倍数 K 越大。实际使用中，θ 角的取值范围很小。例如，当 $\theta = 10'$ 时，$K = 1/\theta = 1/0.029 \approx 34.5$。也就是说，指示光栅与标尺光栅相对移动一个很小的距离 W，就可以得到一个很大的莫尔条纹移动量 B，因此能够通过测量莫尔条纹的移动来检测光栅微小的位移，从而实现高灵敏度的位移测量。

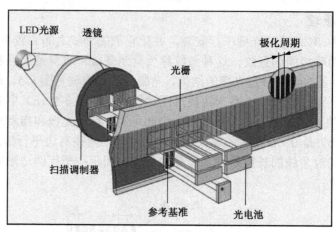

（a）四扫描场成像

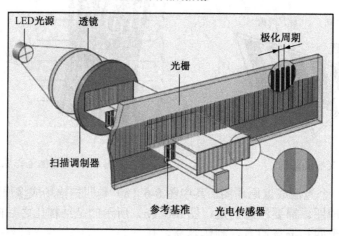

（b）单扫描场成像

图 8-6 光栅成像原理图

3）莫尔条纹具有平均光栅误差的作用

由于莫尔条纹是由一系列刻线的交点组成的，反映了形成条纹的光栅刻线的平均位置，因此对各栅距误差起到了平均作用，减小了光栅制造中局部误差和短周期误差对检测精度的影响。

4. 光栅测量的分辨率

通过光电器件，可将莫尔条纹移动时光强的变化转换为近似正弦变化的电信号，如图 8-7

所示。其电压为

$$U = U_0 + U_m \sin \frac{2\pi x}{W} \qquad (8\text{-}3)$$

式中，U_0 为输出信号的直流分量；U_m 为输出信号的幅值；x 为两光栅的相对位移。

将此电压信号放大，整形变换为方波，经微分转换为脉冲信号，再经辨向电路和可逆计数器计数，则可用数字形式显示出位移量。位移量等于脉冲与栅距的乘积，测量分辨率等于栅距。

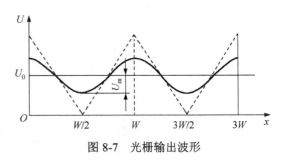

图 8-7　光栅输出波形

5. 光栅测量的模式

光栅测量有两种模式：反射式和透射式，如图 8-8 所示。

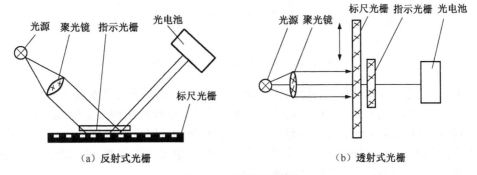

（a）反射式光栅　　　　　　　　　　（b）透射式光栅

图 8-8　光栅测量模式

6. 提高光栅精度的主要办法

提高光栅精度的主要办法是细分，其中电子细分应用较广。电子 4 倍频细分可在光栅相对移动一个栅距的位移（即电压波形在一个周期内）时，得到 4 个计数脉冲，从而将分辨率提高 4 倍。

7. 实际产品

图 8-9 所示是一种直线光栅产品。

*8.2.2　感应同步器

1. 感应同步器的定义

感应同步器是利用电磁感应原理把两个平面绕组间的位移转换成电信号的一种位移传感器。

图 8-9　直线光栅产品

2. 感应同步器的分类

按测量位移的对象不同，感应同步器可分为直线型和圆盘型两类。直线型感应同步器用来检测直线位移，圆盘型感应同步器用来检测角位移。由于感应同步器成本低，受环境温度影响小，测量精度高，并且为非接触测量，所以在位移检测中得到了广泛应用，特别是在各种机床的位移数字显示、自动定位和数控系统中。

3. 感应同步器的结构

直线型感应同步器由定尺和滑尺两部分组成。图 8-10 所示是直线型感应同步器的结构图，其中图 8-10（a）是左视图，图 8-10（b）是正视图。定尺长度为 $249.90^{+0.02}_{-0.07}$，宽度为 58，厚度为 9.5；滑尺长度为 100，宽度为 78，厚度为 9.5；定、滑尺间隙为 0.25，以上单位均为 mm。

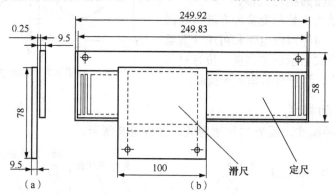

图 8-10　直线型感应同步器结构图

图 8-11 所示是直线型感应同步器定尺和滑尺的结构。其制造工艺是先在基板（玻璃或金属）上涂上一层绝缘黏合材料，将铜箔粘牢，用制造印制电路板的腐蚀方法制成节距 T 为 2 mm 的方齿形线圈。定尺绕组是连续的。滑尺上分布着两个励磁绕组，分别称为正弦绕组和余弦绕组。当正弦绕组与定尺绕组相位相同时，余弦绕组与定尺绕组错开 1/4 节距。滑尺和定尺相对平行安装，其间保持一定间隙（0.05～0.2 mm）。

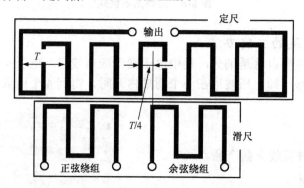

图 8-11　直线型感应同步器定尺和滑尺的结构

4. 感应同步器的工作原理

在滑尺的正弦绕组中，施加频率为 f（一般为 2～10 kHz）的交变电流，定尺绕组感应出频率为 f 的感应电势。感应电势的大小与滑尺和定尺的相对位置有关。当两绕组同向对齐时，滑尺绕组磁通全部耦合于定尺绕组，所以其感应电势为正向最大。移动 1/4 节距后，两绕组磁通没有耦合，即耦合磁通量为零。当再移动 1/4 节距、两绕组反向时，感应电势负向最大。依次类推，每移动一个节距，周期性地重复变化一次，其感应电势随位置按余弦规律变化，如图 8-12（a）所示。

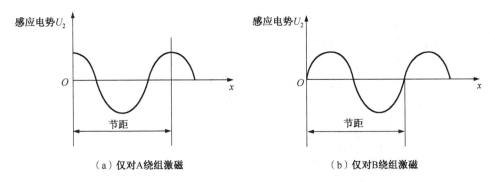

（a）仅对A绕组激磁　　　　　　　　（b）仅对B绕组激磁

图 8-12　定尺绕组感应电势波形图

同样，若在滑尺的余弦绕组中施加频率为 f 的交变电流，定尺绕组上也感应出频率为 f 的感应电势。其感应电势随位置按正弦规律变化，如图 8-12（b）所示。设正弦绕组供电电压为 U_s，余弦绕组供电电压为 U_c，移动距离为 x，节距为 T，则当正弦绕组单独供电时，在定尺上感应电势为

$$U_2' = KU_s \cos \frac{x}{T} 360° = KU_s \cos \theta \tag{8-4}$$

余弦绕组单独供电所产生的感应电势为

$$U_2'' = KU_c \sin \frac{x}{T} 360° = KU_c \sin \theta \tag{8-5}$$

由于感应同步器的磁路系统可视为线性，可进行线性叠加，所以定尺上总的感应电势为

$$U_2 = U_2' + U_2'' = KU_s \cos \theta + KU_c \sin \theta \tag{8-6}$$

式中，K 为定尺与滑尺之间的耦合系数；θ 为定尺与滑尺相对位移的角度表示量（电角度），即

$$\theta = \frac{x}{T} 360° = \frac{2\pi x}{T} \tag{8-7}$$

式中，T 为节距，表示直线感应同步器的周期。

根据对滑尺绕组供电方式的不同及对输出电压检测方式的不同，感应同步器的测量方式有相位和幅值两种工作法。前者是通过检测感应电压的相位来测量位移的，后者是通过检测感应电压的幅值来测量位移的。

8.2.3　磁栅式传感器

1. 磁栅式传感器的定义与特点

磁栅式传感器是利用磁栅与磁头的磁作用进行测量的位移传感器。它是一种新型的数字式传感器，成本较低且便于安装和使用。当需要时，可将原来的磁信号（磁栅）抹去，重新录制。还可以安装在机床上后再录制磁信号，这对于消除安装误差和机床本身的几何误差，以及提高测量精度都是十分有利的。并且磁栅式传感器可以采用激光定位录磁，而不需要采用感光、腐蚀等工艺，因而精度较高，可达±0.01 mm/m，分辨率为 1～5 μm。

磁栅的优点是磁栅与其他类型的位移传感器相比，具有结构简单、使用方便、动态范围大和磁信号可以重新录制等优点；其缺点是需要屏蔽和防尘。

2. 磁栅式传感器的结构

磁栅式传感器由磁栅、磁头和检测电路组成，如图 8-13 所示。

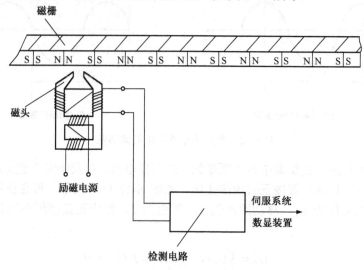

图 8-13　磁栅式传感器的结构

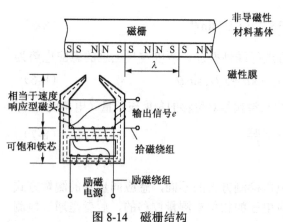

图 8-14　磁栅结构

磁栅按用途可分为长磁栅与圆磁栅两种。长磁栅用于直线位移测量，圆磁栅用于角位移测量。如图 8-14 所示，磁栅由非导磁性材料基体和磁性膜制造而成。磁头由可饱和铁芯、励磁绕组、拾磁绕组组成。其中，励磁绕组由励磁电源供电，拾磁绕组输出测量信号。

3. 磁栅式传感器的工作原理

采用录磁的方法，在一根基体表面涂有磁性膜的尺子上记录下一定波长的磁化信号，以此作为基准刻度标尺，称为磁栅。磁头把磁栅上的磁信号检测出来并转换成电信号。检测电路主要用来供给磁头励磁电压和将磁头检测到的信号转换为脉冲信号输出。如图 8-15 所示，其中 λ 是磁信号节距，磁栅上的信号 Φ_0 如图 8-15 中的波形所示。电源输入信号是正弦波信号 $I_0\sin(\omega t/2)$，磁栅上信号也是正弦波信号。输出信号 $e_0 = E_0\sin(2\pi/\lambda)\sin\omega t$。

磁栅是在非导磁材料（如铜、不锈钢、玻璃或其他合金材料）的基体上，涂敷、化学沉积或电镀上一层 10～20 μm 厚的硬磁性材料（如 Ni-Co-P 或 Fe-Co 合金），并在其表面上录制相等节距周期变化的磁信号。磁信号的节距一般为 0.05 mm、0.1 mm、0.2 mm、1 mm。为了防止磁头对磁性膜的磨损，通常在磁性膜上涂一层 1～2 μm 的耐磨塑料保护层。

磁头是进行磁电转换的变换器，它把反映空间位置的磁信号转换为电信号输送到检测电路中去。普通录音机、磁带机的磁头是速度响应型磁头，其输出电压幅值与磁通变化率成正比，只有当磁头与磁带之间有一定相对速度时才能读取磁化信号，所以这种磁头只能用于动态测量，而不用于位置检测。为了在低速运动和静止时也能进行位置检测，必须采用磁通响应型磁头。

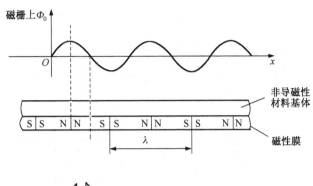

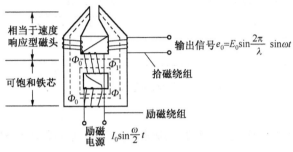

图 8-15　磁栅式传感器的工作原理

磁通响应型磁头是利用带可饱和铁芯的磁性调制器原理制成的，其结构如图 8-15 所示。在用软磁材料制成的铁芯上绕有两个绕组，一个为励磁绕组，另一个为拾磁绕组，这两个绕组均由两段绕向相反并绕在不同的铁芯臂上的绕组串联而成。将高频励磁电流通入励磁绕组时，在磁头上产生磁通 Φ_1，当磁头靠近磁尺时，磁尺上的磁信号产生的磁通 Φ_0 进入磁头铁芯，并被高频励磁电流所产生的磁通 Φ_1 调制。于是，在拾磁线圈中感应电压为

$$U = U_0 \sin \frac{2\pi x}{\lambda} \sin \omega t \qquad (8\text{-}8)$$

式中，U_0 为输出电压系数；λ 为磁信号节距；x 为磁头相对磁尺的位移；ω 为励磁电压的角频率。

这种调制输出信号跟磁头与磁栅的相对速度无关。为了辨别磁头在磁栅上的移动方向，通常采用间距为 $(m \pm 1/4)\lambda$ 的两组磁头（其中 m 为任意正整数）。如图 8-16 所示，i_1、i_2 为励磁电流，其输出电压分别为

$$U_1 = U_0 \sin \frac{2\pi x}{\lambda} \sin \omega t \qquad (8\text{-}9)$$

$$U_2 = U_0 \cos \frac{2\pi x}{\lambda} \sin \omega t \qquad (8\text{-}10)$$

式中，U_1 和 U_2 是相位相差 90° 的两列脉冲。至于 U_1、U_2 中哪个信号相位超前，取决于磁栅的移动方向。根据两个磁头输出信号的超前或滞后，可确定其移动方向。

4. 磁栅的测量方式

磁栅的测量方式有鉴幅测量方式和鉴相测量方式。

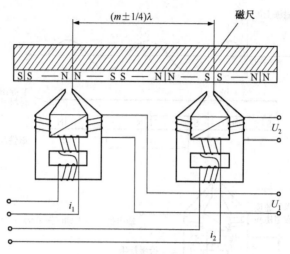

图 8-16　双检测提取头

1）鉴幅测量方式

如前所述，磁头有两组信号输出，将高频载波滤掉后得到相位差为 $\pi/2$ 的两组信号为

$$U_1 = U_0 \sin\frac{2\pi x}{\lambda} \tag{8-11}$$

$$U_2 = U_0 \cos\frac{2\pi x}{\lambda} \tag{8-12}$$

两组磁头相对于磁栅每移动一个节距发出一个正（余）弦信号，经信号处理后可进行位置检测。这种方法的检测线路比较简单，但分辨率受到录磁节距 λ 的限制。若要提高分辨率，就必须采用较复杂的信频电路，所以不常采用。

2）鉴相测量方式

鉴相测量方式的精度大大高于录磁节距 λ，并可以通过提高内插脉冲频率来提高系统的分辨率。将图中一组磁头的励磁信号移相 90°，得到输出电压为

$$U_1 = U_0 \sin\frac{2\pi x}{\lambda}\cos\omega t \tag{8-13}$$

$$U_2 = U_0 \cos\frac{2\pi x}{\lambda}\sin\omega t \tag{8-14}$$

在求和电路中相加，得到磁头总输出电压为

$$U = U_0 \sin\left(\frac{2\pi x}{\lambda} + \omega t\right) \tag{8-15}$$

由式（8-15）可知，合成输出电压 U 的幅值恒定，而相位随磁头与磁栅的相对位置 x 变化而变化。读出输出信号的相位，就可确定磁头的位置。

5. 磁栅式传感器的应用

根据实际需要，可以制造出各种形状的磁栅式传感器，如图 8-17 所示。

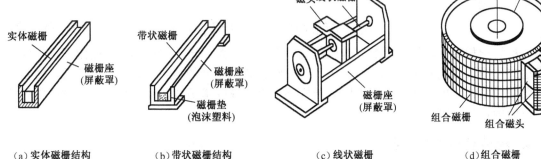

（a）实体磁栅结构　　　　　（b）带状磁栅结构　　　　　（c）线状磁栅　　　　　（d）组合磁栅

图 8-17　磁栅式传感器

8.3　角位移检测

*8.3.1　旋转变压器

1. 旋转变压器的定义

旋转变压器是一种利用电磁感应原理将转角变换为电压信号的传感器。由于它结构简单，动作灵敏，对环境无特殊要求，输出信号大，抗干扰性好，因此被广泛应用于机电一体化产品中。

2. 旋转变压器的结构

旋转变压器一般有两极绕组和四极绕组两种结构形式。两极绕组旋转变压器的定子和转子各有一对磁极；四极绕组则各有两对磁极，主要用于高精度的检测系统中。除此之外，还有多极旋转变压器，用于高精度绝对式检测系统中。

如图 8-18 所示，旋转变压器一般做成两极绕组的形式。在定子上有励磁绕组和辅助绕组，它们的轴线互成 90°。在转子上有两个输出绕组——正弦输出绕组和余弦输出绕组，这两个绕组的轴线也互成 90°，一般将其中一个绕组（如 Z_1、Z_2）短接。

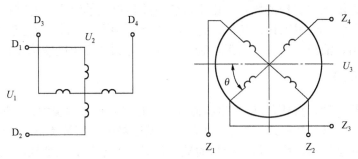

图 8-18　旋转变压器

3. 旋转变压器的工作原理

定子绕组 $D_1 \sim D_2$ 接交流电源励磁，转子绕组 $Z_1 \sim Z_2$ 接负载 Z_L。当主轴带动转子转过 θ 角时，转子各绕组中产生的感应电压分别为

$$B = \frac{2 \sim 5}{\tau}$$

换算式为

$$U_{c2} = KU_{r1} \cos(90° + \theta) = KU_{r1} \sin\theta \qquad (8\text{-}16)$$

式中，K 为一相定、转子绕组的有效匝数比（变比）。若用转子绕组励磁，则定子绕组输出时表达式相同（只是 K 值不同）。采用不同接线方式或不同的绕组结构，可以获得与转角成不同函数关系的输出电压。采用不同的结构还可以制成弹道函数、圆函数、锯齿波函数等特种用途的旋转变压器。

4. 旋转变压器的分类

按照输出电压与转子转角间的函数关系，旋转变压器主要分为以下三大类：

● 正余弦旋转变压器，其输出电压与转子转角成正弦或余弦函数关系；
● 线性旋转变压器，其输出电压与转子转角成线性函数关系；
● 比例旋转变压器，其输出电压与转角成比例关系。

图 8-19 所示是旋转变压器的实物图。

（a）零部件　　　　　　　　　　　　（b）产品部件图

图 8-19　旋转变压器实物图

5. 旋转变压器的应用

旋转变压器适用于所有使用光电编码器的场合，特别是高温、严寒、潮湿、高速、高振动等光电编码器无法正常工作的场合。由于旋转变压器以上的特点，它被广泛应用在伺服控制系统、机器人系统、机械工具、汽车、电力、冶金、纺织、印刷、航空航天、船舶、兵器、电子、冶金、矿山、油田、水利、化工、轻工、建筑等领域的角度或位置检测系统中。

8.3.2　光电编码器

光电编码器是一种码盘式角度-数字检测元件。它有两种基本类型：增量式编码器、绝对式编码器。增量式编码器具有结构简单、价格低、精度易于保证等优点，所以目前应用最多。绝对式编码器能直接给出对应于每个转角的数字信息，便于计算机处理，但当进给数大于一转时，必须进行特别处理，而且必须用减速齿轮将两个以上的编码器连接起来，组成多级检测装置，使其结构复杂、成本高。

1. 增量式编码器

增量式编码器是指随转轴旋转的码盘给出一系列脉冲，然后根据旋转方向用计数器对这些脉冲进行加减计数，以此来表示转过的角位移量。增量式编码器的结构如图 8-20 所示。

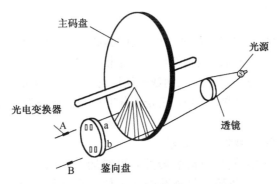

图 8-20　增量式编码器的结构图

增量式编码器由主码盘、鉴向盘、光学系统和光电变换器组成。主码盘周边上刻有节距相等的辐射状窄缝，形成均匀分布的透明区和不透明区。鉴向盘与主码盘平行，并刻有 a、b 两组透明检测窄缝，它们彼此错开 1/4 节距，以使 A、B 两个光电变换器的输出信号在相位上相差 90°。工作时，鉴向盘静止不动，主码盘与转轴一起转动，光源发出的光投射到主码盘与鉴向盘上。当主码盘上的不透明区正好与鉴向盘上的透明窄缝对齐时，光线被全部遮住，光电变换器输出电压为最小；当主码盘上的透明区正好与鉴向盘上的透明窄缝对齐时，光线全部通过，光电变换器输出电压为最大。主码盘每转过一个刻线周期，光电变换器将输出一个近似的正弦波电压，且光电变换器 A、B 的输出电压相位差为 90°。经逻辑电路处理就可以测出被测轴的相对转角和转动方向。

利用增量式编码器还可以测量轴的转速。方法有两种，分别应用测量脉冲的频率和周期的原理。

2. 绝对式编码器

绝对式编码器是把被测转角通过读取码盘上的图案信息直接转换成相应代码的检测元件。码盘有光电式、接触式和电磁式三种。

光电式码盘是目前应用较多的一种，它是在透明材料的圆盘上精确地印制上二进制编码。图 8-21 所示是四位二进制的码盘，码盘上各圈圆环分别代表一位二进制的数字码道，在同一个码道上印制黑白等间隔图案，形成一套编码。黑色不透光区和白色透光区分别代表二进制的"0"和"1"。在一个四位光电码盘上，有四圈数字码道，每一个码道表示二进制的一位，里侧是高位，外侧是低位，在 360° 范围内可编数码为 $2^4 = 16$ 个。

工作时，码盘的一侧放置电源，另一侧放置光电接收装置，每个码道都对应有一个光电管及放大、整形电路。码盘转到不同位置，光电元件接收光信号，并转换成相应的电信号，经放

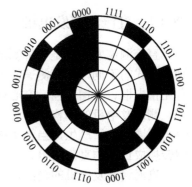

图 8-21　四位二进制的码盘

大整形后，成为相应的数码电信号。但由于制造和安装精度的影响，当码盘回转在两码段交替过程中时，会产生读数误差。例如，当码盘顺时针方向旋转，由位置"0111"变为"1000"时，这四位数必须要同时变化，很可能将数码误读成 16 种代码中的任意一种，如读成 1111,1011,1101,…,0001 等，从而产生无法估计的很大的数值误差，这种误差称为非单值性误差。

为了消除非单值性误差，可采用以下方法。

1）循环码盘

循环码习惯上又称为格雷码，它也是一种二进制编码，只有"0"和"1"两个数。图 8-22 所示是四位二进制循环码盘。这种编码的特点是任意相邻的两个代码间只有一位代码有变化，即"0"变为"1"或"1"变为"0"。因此，在两数变换过程中，所产生的读数误差最多不超过"1"，只可能读成相邻两个数中的一个数。所以，它是消除非单值性误差的一种有效方法，码盘由外至内表征的数制的权位分别是 $2^{(0)}$、$2^{(1)}$、$2^{(2)}$、$2^{(3)}$，其表述的数值是 0～15 或十六进制的 0～F。

2）带判位光电装置的二进制循环码盘

这种码盘是在四位二进制循环码盘的最外圈再增加一圈信号位。图 8-23 所示就是带判位光电装置的二进制循环码盘。该码盘最外圈的信号位上正好与状态交线错开，只有当信号位所处的光电元件有信号时才读数，这样就不会产生非单值性误差。

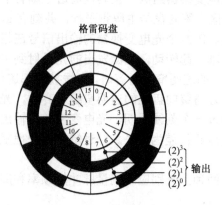

图 8-22　四位二进制循环码盘

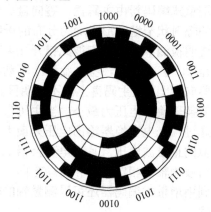

图 8-23　带判位光电装置的二进制循环码盘

8.4　速度、加速度检测

*8.4.1　直流测速发电机

直流测速发电机是一种测速元件，它实际上就是一台微型的直流发电机。根据定子磁极励磁方式的不同，直流测速发电机可分为电磁式和永磁式两种。若以电枢的结构不同来分，有无槽电枢、有槽电枢、空心杯电枢和圆盘电枢等。

测速发电机的结构有多种，但原理基本相同。图 8-24 所示是永磁式测速发电机原理图。恒定磁通由定子产生，当转子在磁场中旋转时，电枢绕组中产生交变的电势，经换向器和电刷转换成正比的直流电势。

直流测速发电机的输出特性曲线如图 8-25 所示。从图中可以看出，当负载电阻 $R_L \to \infty$ 时，其输出电压 U_0 与转速 n 成正比。随着负载电阻 R_L 变小，其输出电压下降，而且输出电压与转速之间并不能严格保持线性关系。由此可见，对于要求精度比较高的直流测速发电机，除采取其他措施外，负载电阻 R_L 应尽量大。

直流测速发电机的特点是输出斜率大和线性好，但由于有电刷和换向器，故维护比较复杂，摩擦转矩较大。

直流测速发电机在机电控制系统中主要用作测速和校正元件。在使用中，为了提高检测灵敏度，尽可能把它直接连接到电机轴上。有的电机本身就已安装了测速发电机。

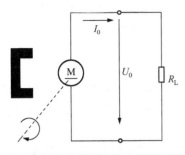

图 8-24　永磁式测速发电机原理图

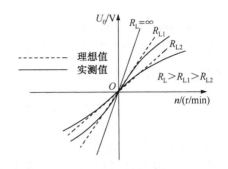

图 8-25　直流测速发电机的输出特性曲线

8.4.2　光电式速度传感器

光电式速度传感器工作原理图如图 8-26 所示。物体以速度 V 通过光电池的遮挡板时，光电池输出阶跃电压信号，经微分电路形成两个脉冲输出，测出两脉冲之间的时间间隔 Δt，则可测得速度为

$$V = \Delta x / \Delta t \tag{8-17}$$

式中，Δx 为光电池遮挡板上两孔间距。

图 8-26（a）表示的是光电敏感元件的几何排布位置。光电池板上安装有两个光电敏感传感器，其间隔是 Δx，P 是被测物体。当 P 以速度 V 运动时，通过测量两个传感器的时间差，就可以借助式（8-17）求出 V。图 8-26（b）是速度测量电路。

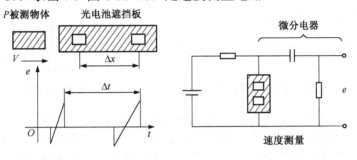

（a）光电敏感元件几何排布位置　　　（b）带微分环节的速度测量电路

图 8-26　光电式速度传感器工作原理图

光电式速度传感器由装在被测轴（或与被测轴相连接的输入轴）上的带缝圆盘、光源、光电器件和指示缝隙盘组成，如图 8-27 所示。光源发出的光通过带缝圆盘和指示缝隙盘照射到光电器件上，当带缝圆盘随被测轴转动时，由于圆盘上的缝间距与指示缝的间距相同，因此圆盘每转一周，光电器件输出与圆盘缝数相等的电脉冲，根据测量时间 t 内的脉冲数 N，则可测得转速为

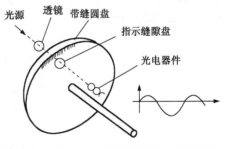

图 8-27　光电式速度传感器的结构原理图

$$n = \frac{60N}{Zt} \tag{8-18}$$

式中，Z 为圆盘上的缝数；n 为转速，单位为 r/min；t 为测量时间，单位为 s。

一般取 $Zt = 60 \times 10^m$（$m = 0, 1, 2, \cdots$）。利用两组缝隙间距 W 相同，位置相差 $(i/2 + 1/4)$ W（i 为正整数）的指示缝和两个光电器件，则可分辨出圆盘的旋转方向。

8.4.3　加速度传感器

作为加速度检测元件的加速度传感器有多种形式，它们的工作原理大多是利用质量受加速度所产生的惯性力而产生的各种物理效应，进一步转化成电量，从而间接度量被测加速度。最常用的有应变片式和压电式等。

电阻应变式加速度传感器的结构原理图如图 8-28 所示。它由质量块、悬臂梁、应变片和充以阻尼液体的壳体等构成。当有加速度时，质量块受力，悬臂梁弯曲，根据梁上固定的应变片的变形便可测出力的大小，在已知质量的情况下即可计算出被测加速度。壳体内灌满的黏性液体作为阻尼之用。这一系统的固有频率可以做得很低。

压电加速度传感器的结构原理图如图 8-29 所示。使用时，传感器固定在被测物体上感受该物体的振动，惯性质量块产生惯性力，使压电晶片产生变形。压电晶片产生的变形和由此产生的电荷与加速度成正比。压电加速度传感器可以做得很小，重量很轻，故对被测机构的影响就小。压电加速度传感器的频率范围广，动态范围宽，灵敏度高，应用较为广泛。

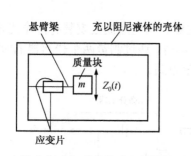

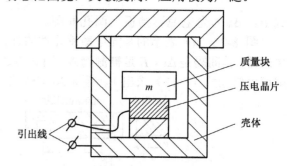

图 8-28　电阻应变式加速度传感器的结构原理图　　　图 8-29　压电加速度传感器的结构原理图

图 8-30 所示是一种空气阻尼的电容式加速度传感器。该传感器采用差动式结构，有两个固定电极，两极板之间有一用弹簧片支撑的质量块，此质量块的两端经过磨平抛光后作为可动极板。弹簧片较硬使系统的固有频率较高，因此构成惯性式加速度计的工作状态。当传感器测量垂直方向的振动时，由于质量块的惯性作用，两固定极相对质量块产生位移，使电容 C_1、C_2 中一个增大，另一个减小，它们的差值正比于被测加速度。由于采用空气阻尼，气体黏度的温度系数比液体小得多，因此这种加速度传感器的精度较高，频率响应范围宽，可以测得很高的加速度值。

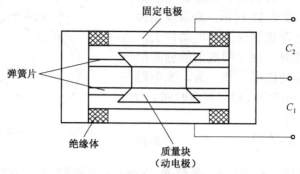

图 8-30　电容式加速度传感器

8.5 力、力矩检测

在机电一体化工程中，力、压力和扭矩是很常用的机械参量。近年来，各种高精度的力和扭矩传感器的出现，更以其惯性小、响应快、易于记录、便于遥控等优点得到了广泛的应用。按其工作原理可分为弹性式、电阻应变式、电感式、电容式、压电式和磁电式等，而电阻应变式传感器应用较为广泛。

8.5.1 测力传感器

测力传感器按其量程大小和测量精度的不同而有很多规格品种，它们的主要差别是弹性元件的结构形式不同，以及应变片在弹性元件上粘贴的位置不同。通常，测力传感器的弹性元件有柱式、悬臂梁式等。

1. 柱式弹性元件

柱式弹性元件有圆柱形、圆筒形等几种，如图 8-31 所示。这种弹性元件结构简单，承载能力大，主要用于中等载荷和大载荷（可达数兆牛顿）的拉（压）力传感器。其受力后，产生的应变为

$$\varepsilon = \frac{P}{AE} \qquad (8-19)$$

用电阻应变仪测出的指示应变为

$$\varepsilon_i = 2(1+\mu)\varepsilon \qquad (8-20)$$

式中，P 为作用力；A 为弹性体的横截面积；E 为弹性材料的弹性模量；μ 为弹性材料的泊松比。

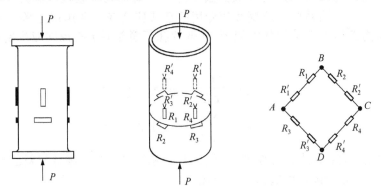

（a）受力与应变片前视图　　（b）应变片选点示意位置图　　（c）测量电桥

图 8-31　柱式弹性元件及其电桥

2. 悬臂梁式弹性元件

悬臂梁式弹性元件的特点是结构简单，加工方便，应变片粘贴容易，灵敏度较高，主要用于小载荷、高精度的拉（压）力传感器中。可测量 0.01 N 到几千牛顿的拉（压）力。在同一截面正反两面粘贴应变片，并应在该截面中性轴的对称表面上。若梁的自由端有一被测力 P，则应变与力 P 的关系为

$$\varepsilon = \frac{6PL}{bh^2 E} \tag{8-21}$$

指示应变与表面弯曲应变之间的关系为

$$\varepsilon_i = 4\varepsilon \tag{8-22}$$

图 8-32 所示是悬臂梁式弹性元件及其电桥，从图 8-32（a）可以看出有四组压力应变片，梁臂上下各贴两组，这样就构成了一个测量电桥，如图 8-32（b）所示。

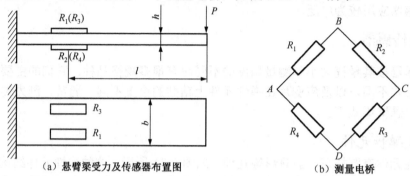

（a）悬臂梁受力及传感器布置图　　　　　（b）测量电桥

图 8-32　悬臂梁式弹性元件及其电桥

8.5.2　压力传感器

压力传感器主要用于测量流体压力，有时也用于测量土壤压力。同样，传感器所用弹性元件有膜式、筒式等。

1）膜式压力传感器

它的弹性元件为四周固定的等截面圆形薄板，又称为平膜板或膜片，其一表面承受被测分布压力，另一侧面粘贴有应变片或专用的箔式应变花，并组成电桥，如图 8-33 所示。膜片在被测压力 P 作用下发生弹性变形,应变片在任意半径 r 的径向应变 ε_r 和切向应变 ε_t 分别为

$$\varepsilon_r = \frac{3P}{8h^2 E}(1-\mu^2)(r_0^2 - 3r^2) \tag{8-23}$$

$$\varepsilon_t = \frac{3P}{8h^2 E}(1-\mu^2)(r_0^2 - r^2) \tag{8-24}$$

式中，P 为被测压力；h 为膜片厚度；r 为膜片任意半径；E 为膜片材料的弹性模量；μ 为膜片材料的泊松比；r_0 为膜片的有效工作半径。

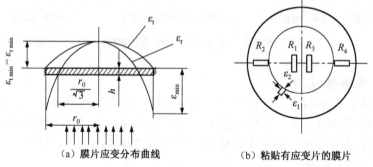

（a）膜片应变分布曲线　　　　　（b）粘贴有应变片的膜片

图 8-33　膜式压力传感器

（c）箔式应变花

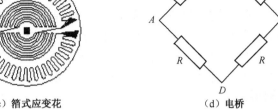

（d）电桥

图 8-33　膜式压力传感器（续）

由分布曲线可知，电阻 R_1 和 R_3 的阻值增大（受正的切向应变 ε_t ）；而电阻 R_2 和 R_4 的阻值减小（受负的径向应变 ε_r ）。因此，电桥有电压输出，且输出电压与压力成比例。

2）筒式压力传感器

它的弹性元件为薄壁圆筒，圆筒的底部较厚。这种弹性元件的特点是，圆筒受到被测压力后表面各处的应变是相同的，因此应变片的粘贴位置对所测应变不影响。如图 8-34 所示，工作应变片 R_1、R_3 沿圆周方向粘贴在筒壁，温度补偿片 R_2、R_4 粘贴在筒底外壁上，并连接成全桥线路，这种传感器适用于测量较大的压力。

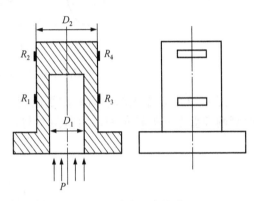

图 8-34　筒式压力传感器

对于薄壁圆筒（壁厚与壁的中面曲率半径之比<1/20），筒壁上工作应变片的切向应变 ε_t 与被测压力 P 的关系，可用式（8-25）求得：

$$\varepsilon_t = \frac{(2-\mu)D_1}{2(D_2-D_1)E}P \tag{8-25}$$

对于厚壁圆筒（壁厚与壁的中面曲率半径之比>1/20），则有

$$\varepsilon_t = \frac{(2-\mu)D_1^2}{2(D_2^2-D_1^2)E}P \tag{8-26}$$

式中，D_1 为圆筒内孔直径；D_2 为圆筒外壁直径；E 为圆筒材料的弹性模量；μ 为圆筒材料的泊松比。

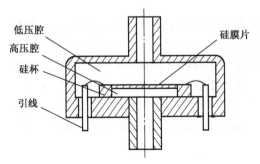

低压腔
高压腔
硅杯
引线
硅膜片

图 8-35　压阻式压力传感器的结构

3）压阻式压力传感器

压阻式压力传感器的结构如图 8-35 所示，其核心部分是一圆形的硅膜片。在沿某晶向切割的 N 型硅膜片上扩散四个阻值相等的 P 型电阻，构成平衡电桥。硅膜片周边用硅杯固定，其下部是与被测系统相连的高压腔，上部为低压腔，通常与大气相通。在被测压力作用下，膜片产生应力和应变，P 型电阻产生压阻效应，其电阻发生相对变化。

压阻式压力传感器适用于中低压力、微压和压差测量。由于其弹性敏感元件与变换元件一体化，

尺寸小且可微型化，固有频率很高。

8.5.3　力矩传感器

图 8-36 所示是机器人手腕用力矩传感器原理，它是检测机器人终端环节（如小臂）与手爪之间力矩的传感器。目前，国内外研制腕力传感器种类较多，但使用的敏感元件几乎全都是应变片，不同的只是弹性结构有差异。图 8-36 中，驱动轴 B 通过装有应变片 A 的腕部与手部 C 连接。当驱动轴回转并带动手部回转而拧紧螺丝钉 D 时，手部所受力矩的大小可通过应变片电压的输出测得。

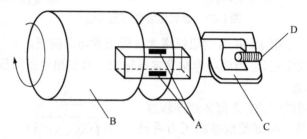

图 8-36　机器人手腕用力矩传感器原理

图 8-37 所示是无触点力矩测量原理。传动轴的两端安装有磁分度圆盘 A，分别用磁头 B 检测两圆盘之间的转角差，用转角差与负荷 M 成比例的关系，即可测量负荷力矩的大小。

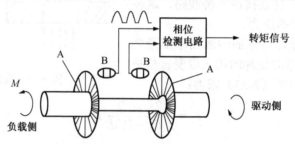

图 8-37　无触点力矩测量原理

*8.5.4　力与力矩复合传感器

图 8-38 所示是机器人十字架式腕力传感器。这是一种用来测量机械手与支座间的作用力，从而推算出机械手施加在工件上力的传感器。其中图 8-38（a）是结构图，图 8-38（b）是受力分析图。

由图 8-38（a）可知，四根悬臂梁以十字架结构固定在手腕轴上，各悬臂外端插入腕框架内侧的孔中。为使悬臂在相对弯曲时易于滑动，悬臂端部装有尼龙球。悬臂梁的截面可为圆形或正方形，每根梁的上下左右侧面各贴一片应变片，相对面上的两片应变片构成一组半桥。通过测量一个半桥的输出，即可测出一个参数。整个手腕通过应变片，可检测出 8 个参数，即 f_{x1}、f_{z2}、f_{x3}、f_{z4}、f_{y1}、f_{y2}、f_{y3}、f_{y4}。利用这些参数可计算出手腕顶端 x、y、z 三个方向上的力 F_x、F_y、F_z 和力矩 M_x、M_y、M_z。作用在手腕上各力或力矩的参数如图 8-38（b）所示，可由式（8-27）计算：

$$\begin{cases} F_x = -f_{x1} - f_{x3} \\ F_y = -f_{y1} - f_{y2} - f_{y3} - f_{y4} \\ F_z = -f_{x2} - f_{x4} \\ M_x = af_{x2} + af_{x4} + bf_{y1} - bf_{y3} \\ M_y = -bf_{x1} + bf_{x3} + bf_{x2} - bf_{x4} \\ M_z = -af_{x1} - af_{x3} - bf_{y2} + bf_{y4} \end{cases} \qquad (8\text{-}27)$$

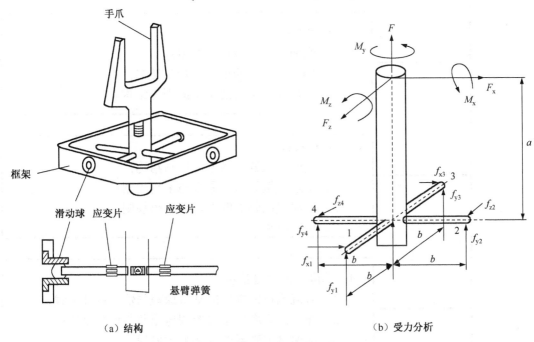

（a）结构　　　　　　　　　（b）受力分析

图 8-38　机器人十字架式腕力传感器

图 8-39 所示是机器人腕力传感器结构原理图。图中 P_{x+}、P_{x-} 为在 y 方向施力时产生与施力大小成正比的弯曲变形的挠性杆，杆的两侧贴有应变片，检测应变片的输出即可知道 y 向受力的大小。P_{y+}、P_{y-} 为在 x 方向施力时产生与施力大小成正比的弯曲变形的挠性杆，杆的两侧贴有应变片，检测应变片的输出即可知道 x 向受力的大小。Q_{x+}、Q_{x-}、Q_{y+}、Q_{y-} 为检测 z 向施力大小的挠性杆，原理同上。综合应用上述挠性杆也可测量手腕所受回转力矩的大小。

应用腕力传感器，可以控制机械手进行孔轴装配、棱线跟踪、物体表面的平面区域的方向检测等作业。

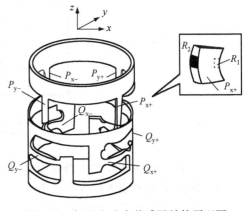

图 8-39　机器人腕力传感器结构原理图

本章小结

8.1 距离检测
1. 激光雷达；
2. 毫米波雷达、超声波雷达；
3. 摄像机（图像传感器）

8.2 直线位移检测
1. 光栅的基本原理和类型；
2. 感应同步器的基本原理与结构；
3. 磁栅式传感器的基本原理与结构。

8.3 角位移检测
1. 旋转变压器的基本原理与结构；
2. 增量式编码器的原理与编码规则；
3. 绝对式编码器的原理与编码规则；
4. 格雷码盘。

8.4 速度、加速度检测
1. 直流测速发电机的基本原理与输出特性曲线；
2. 光电式速度传感器的测速原理与计算公式；
3. 加速度传感器的基本测量原理。

8.5 力、力矩检测
1. 测力传感器的测量原理与信号提取电桥；
2. 压力传感器的测量原理及方法；
3. 力矩传感器的测量原理与基本方法；
4. 力与力矩复合传感器的测量原理与基本方法。

习题与思考题

1. 传感器的静态和动态特性有什么区别？可以用哪些指标来衡量？
2. 距离检测主要方法有哪些？
3. 试述光栅的工作原理及特点。
4. 试述感应同步器的工作原理及特点。
5. 感应同步器的测量方式有哪些类型？写出励磁方式和输出检测信号的表达式。
6. 试述磁栅式传感器的工作原理及特点。
7. 磁栅式传感器通常采用哪些测量方式？写出不同测量方式的表达式。

8．感应同步器和磁栅式传感器对安装有什么要求？

9．试述旋转变压器的工作原理及特点。

10．什么是增量式编码器？什么是绝对式编码器？二者有何不同？

11．有哪些因素会影响直流测速发电机的测量结果？

12．一台镗床的 x 轴进给范围是 $0\sim200$ mm，y 轴的移动范围是 $0\sim800$ mm，若要求移动精度是 ±1 μm，请设计一套检测方案，使操作者能够方便地看到机床的工作情况。

13．请设计一套检测装置，对汽车的轴向侧滑进行实时测量，轴向侧滑范围为 $0\sim50$ mm。

第四篇

运动系统应用实例

第9章 运动控制系统应用实例

9.1 无人驾驶汽车

1. 问题提出

随着人民生活水平的提升和科学技术水平的发展，市场对自动驾驶车辆的需求越来越高，有关自动驾驶的标准的分级，主要有 SAE（美国机动车工程师学会）和 NHTSA（国家公路交通安全管理局）两个标准；目前，前者受到大多数业内人士的认可，它从 Lv0～Lv5 将自动驾驶依据控制方式和适用环境分为 6 级，详见表 9-1。

表 9-1 自动驾驶汽车分级标准

<table>
<tr><td colspan="4">自动驾驶汽车分级标准（SAE 及 NHTSA）</td></tr>
<tr><td colspan="2">分级标准</td><td rowspan="2">定　义</td><td rowspan="2">驾驶主体</td></tr>
<tr><td>SAE</td><td>NHTSA</td></tr>
<tr><td>0</td><td>0</td><td>由人类驾驶者操纵汽车，过程中会获得警示和保护系统辅助</td><td>人类</td></tr>
<tr><td>1</td><td>1</td><td>判断驾驶环境，对方向盘、加减速、制动中的一项提供驾驶支持，其他驾驶动作由人类司机完成</td><td>人类</td></tr>
<tr><td>2</td><td>2</td><td>判断驾驶环境，对方向盘、加减速、制动中的多项提供驾驶支持，其他驾驶动作由人类司机完成</td><td>人类</td></tr>
<tr><td>3</td><td>3</td><td>由无人驾驶系统完成所有驾驶操纵，人类需要对某些请求做出应答</td><td>人类及系统</td></tr>
<tr><td>4</td><td rowspan="2">4</td><td>由无人驾驶系统完成所有驾驶操纵，人类不一定需要对所有系统请求做出应答，限定道路环境</td><td>系统</td></tr>
<tr><td>5</td><td>由无人驾驶系统完成所有驾驶操纵，人类可以随时进行接管操作，不限定道路环境</td><td>系统</td></tr>
</table>

自动驾驶不等于无人驾驶，本实例是以满足 SAE 等级 4、5 为目标实现无人驾驶汽车，来对无人驾驶汽车系统进行解析。

2. 功能分析

从车辆行驶的基本功能来看，无人驾驶应该完成有人操作的所有功能，从操控性来看，要有自动控制车辆加减速、制动、转向动作，要能依据感知传感器实现对行驶环境的精确感知，依据 GIS、GPS（北斗）确定合理的行车线路。

3. 系统组成

首先我们对无人驾驶汽车进行分析。**无人驾驶汽车是什么？无人驾驶汽车由一个车架+四个车轮+油门控制（一个行走电机）+一套转向操控系统（一个转向电机）+一套制动装置+一套行车控制电脑+能源供给管理系统（电源管理）+外部行车环境感知+一个外壳组成。无人驾驶汽车结构框图如图 9-1 所示。

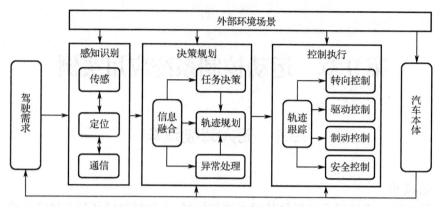

图 9-1　无人驾驶汽车结构框图

分析图 9-1，无人驾驶汽车由驾驶需求、感知识别、决策规划、控制执行和汽车本体等模块组成。

1）感知识别部分

感知识别部分由<u>摄像头、激光雷达、毫米波雷达、超声波雷达等多种方式共同组成</u>。

（1）<u>激光雷达</u>。激光雷达的生产厂商集中在国外，包括美国 Velodyne 公司、Quanegy 公司及德国的 Ibeo 公司等，国内激光雷达公司有深圳速腾、北京北科、上海禾赛等。

（2）<u>毫米波雷达、超声波雷达</u>。近年来毫米波雷达和超声波雷达也逐渐成为自动驾驶汽车中参与多传感器信息融合的感知设备。其中，最为知名的例子就是特斯拉在其智能汽车中，完全没有使用激光雷达，而采用毫米波雷达＋摄像头的方案。

（3）<u>摄像头</u>。摄像头拍摄，进行图像和视频识别，确定车辆前方环境，是自动驾驶汽车的主要感知途径，这也是很多生产无人驾驶汽车公司的主要研发内容之一。

目前，车载摄像头主要分为单目和双目两种。

国内双目 ADAS 公司中科慧眼 CTO 崔峰就表示，在未来无人驾驶汽车中，摄像头（双目）将成为重要的感知部分，中科慧眼未来努力的目标，也是为自动驾驶汽车乃至各类出行机器人提供机器视觉方面的技术支持。有关感知识别部分的传感器布局图详见图 9-2。

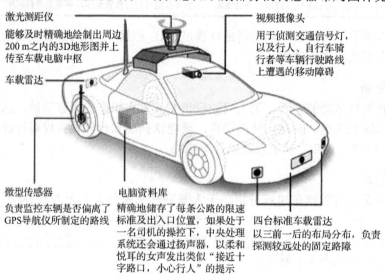

图 9-2　无人驾驶汽车感知识别结构图

2）决策规划部分

决策规划模块由信息融合、任务决策、轨迹规划和异常处理四个子模块组成。这部分的硬件载体是一部高性能行车电脑，但核心还是控制软件——无人驾驶汽车软件系统模块。

在通常情况下，无人驾驶汽车的决策规划部分主要包含以下几点内容：

（1）路径规划。无人驾驶车辆中的路径规划算法会在进行路径局部规划时，对路径的曲率和弧长等进行综合考量，从而实现路径选择的最优化，避免碰撞和保持安全距离。

（2）驾驶任务规划。即全局路径规划，主要的规划内容是指行驶路径范围的规划。

目前，无人驾驶汽车主要使用的行为决策算法有以下三种：

- 基于神经网络：无人驾驶汽车的决策系统主要采用神经网络确定具体的场景并做出适当的行为决策。
- 基于规则：工程师想出所有可能的"if-then规则"的组合，然后再用基于规则的技术路线对汽车的决策系统进行编程。
- 混合路线：结合了以上两种决策方式，通过集中性神经网络优化，通过"if-then规则"完善。混合路线是最流行的技术路线。

感知与决策技术的核心是人工智能算法与芯片。

人工智能算法的实现需要强大的计算能力做支撑，特别是深度学习算法的大规模使用，对计算能力提出了更高的要求。

随着人工智能业界对于计算能力要求的快速提升，进入2015年后，业界开始研发针对人工智能的专用芯片，通过更好的硬件和芯片架构，使得计算效率进一步提升。

3）控制执行部分

智能驾驶汽车的车辆控制技术旨在环境感知技术的基础之上，根据决策规划出目标轨迹，通过纵向和横向控制系统的配合使汽车能够按照跟踪目标轨迹准确稳定行驶，同时使汽车在行驶过程中能够实现车速调节、车距保持、换道、超车等基本操作。自动驾驶控制的核心技术是车辆的纵向控制和横向控制技术：纵向控制，即车辆的驱动与制动控制；横向控制，即方向盘角度的调整及轮胎力的控制。

车辆纵向控制是在行车速度方向上的控制，即车速及本车与前后车或障碍物距离的自动控制。巡航控制和紧急制动控制都是典型的自动驾驶纵向控制案例。这类控制问题可归结为对电机驱动、发动机、传动和制动系统的控制。各种电机-发动机-传动模型、汽车运行模型和刹车过程模型与不同的控制器算法结合，构成了各种各样的纵向控制模式，典型结构如图9-3所示。

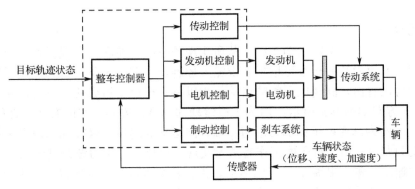

图9-3 纵向控制结构图

4. 工作流程

无人驾驶汽车的工作流程如下。

（1）由使用者根据自己的需求在行车电脑或智能终端（APP）上设定目的地。

（2）行车电脑或智能 APP 导航软件依据车辆现有位置与即将前去的位置，把 GIS 与 GPS 相结合，生成可能的运行轨迹，使用者按照自身的情况，选择规划路径轨迹，并把选择的轨迹作为行车电脑的输入设定轨迹。

（3）行车电脑依据实时感知路况信息，开始对车辆进行操控。

图 9-4 所示就是无人驾驶汽车的工作流程。

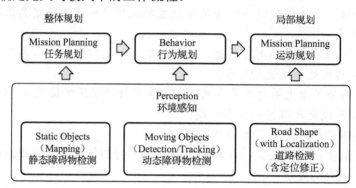

图 9-4　无人驾驶汽车的工作流程

5. 结论

随着人工智能技术、计算机控制技术、传感器与检测技术、电力电子技术及运动（智能）控制技术的快速发展，无人驾驶汽车必将会对我们的未来生活产生积极的影响，本例的目的就是希望通过此例的学习，让学生了解和掌握有关的无人驾驶汽车技术。

9.2　高速电子锯

1. 问题提出

高速电子锯是剪裁设备的一种类型，用于各类固体板材的切割分离。图 9-5 所示就是一个实用型高速电子锯。本节将通过四幅切割流程图对整个高速电子锯的应用进行一个完全的解析。

2. 功能分析

高速电子锯是一个典型的运动系统。从所实现的任务功能看，它根据客户或实际生产的需要裁剪木板，木板的几何长度可根据要求输入控制器。图 9-5 所示是高速电子锯的整体结构图，由图中可以看出，高速电子锯的运动是由以下几个运动组成的。首先，建立一个运动坐标系 xyz，其方向如图 9-5 所示。V_0 为木板运动的速度，方向从左向右（y 轴方向），由输送带负责实现。V_1 为高速电子锯锯刀沿着 x 轴方向运动的速度，以实现高速电子锯进刀裁切木板和切完退刀归位，由二维平面工作台负责实现。很显然，锯刀做往复运动。V_2 为高速电子锯工作头的速度，锯刀沿着 y 轴方向运动，由于裁切木板时，木板自身沿着 y 轴以 V_0 的速度在运动，因此锯刀要沿着 y 轴方向以 V_0 的速度与输送带同步运动，以确保切割的运动轨迹是一条直线。待切割完成后，锯刀工作头也要归位，可见它也做往复运动。V_3 为锯刀沿着

z 轴上下运动的速度，当裁切板材时，工作头下移，锯刀与木板高速接触，立即完成切割运动。待裁切完成后，工作头上移与木板分离，归位等待下一次裁切。高速电子锯的特点是其工作轨迹为多轴复合运动合成的结果。具体的运动轨迹如图 9-6 所示。

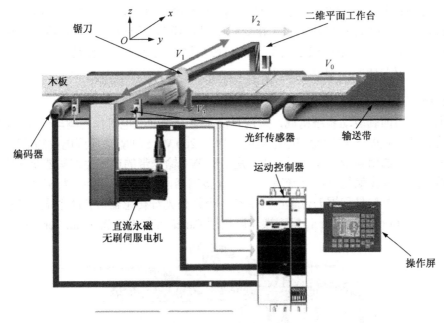

图 9-5 高速电子锯整体结构图

图 9-6 所示是高速电子锯运动轨迹分析。其中，图 9-6（a）是速度矢量点位图，y 轴坐标点分别有(V_2/V_0, 0, 0)和($-V_2'$, 0, 0)，表明木板运动方向只有一个，从左至右；锯刀沿着 y 轴的运动有两种形式：①切割时，锯刀沿 y 轴的运动速度与木板的移动速度相等，即两轴同步运行，以确保切割的运动轨迹是一条直线；②切割完成之后，锯刀归位的辅助动作，$-V_2$ 可与 V_2 相同，也可大于 V_2。x 轴坐标有两个：(V_1, 0, 0)和($-V_1'$, 0, 0)。V_1 是裁切速度，它沿着与 y 轴垂直的方向移动，V_1 速度越高，切割速度越快，切割效率就越高。V_1' 是切割完成后锯刀归位的动作，$V_1' \geqslant V_1$，以确保有足够的时间准备下一次循环。z 轴也有两个坐标点(V_3, 0, 0)和($-V_3'$, 0, 0)，需要注意的是，$V_3 < 0$，方向与 z 轴正方向相反，表明进刀的动作是向下，退刀与 z 轴正向相同。

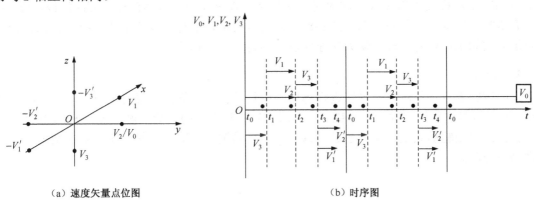

（a）速度矢量点位图　　　　　　　　（b）时序图

图 9-6 运动轨迹分析

图 9-6（b）所示是高速电子锯各轴运动分解后的时序图。从图中可以看出，整个运动是以 T 为周期的一个循环运动：时序 $t_0 \sim t_1$ 是进刀时序段，当时刻到达 t_1 时，锯刀进到切割位；时序 $t_1 \sim t_2$ 是切割时序段，在这个时段，V_2 与 V_0 同步，并以 V_1 高速运动，当时刻到达 t_2 时，切割完成，锯刀进到退刀的准备工位；时序 $t_2 \sim t_3$ 是退刀时序段，当时刻到达 t_3 时，锯刀退回到等待位；时序 $t_3 \sim t_4$ 是退回初始工作位时序段，在这个时段，以 $V_2' \geq V_2$ 的速度快速回到初始位，同样以 $V_1' \geq V_1$ 的速度快速回到 x 轴的初始位，这个时序段也是备用时序段，以确保机械归零，同时又是下一个循环的起点。

3. 系统组成

高速电子锯由四轴驱动系统构成，采用直流永磁无刷伺服电机作为驱动元件。y 轴驱动伺服电机的功率是 500 W，x 轴驱动伺服电机的功率是 200 W，z 轴驱动伺服电机的功率是 100 W；输送带的驱动电机选用异步交流电机，功率是 1.5 kW；输送带的速度由编码器负责实时测量与反馈，编码器的测量值就是 V_0。系统有三个位置传感器，如图 9-7 所示。标号 1、2、3 的传感器用于检测木板位置信息和锯刀位置，其中有一个红外光纤传感器，有两个电感式传感器。控制器采用 A-B Motion Controller 1394；操作屏选用 Panel View 550 Operator Terminal。

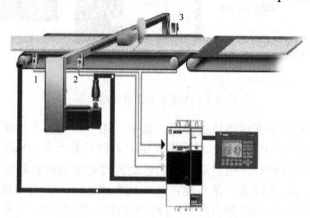

图 9-7　高速电子锯主要部件组成图

4. 工作流程

在本实例中，采用图形化的切割动作来描述高速电子锯的切割过程。如图 9-8 所示，从上而下的四个过程图可以完成一次板材切割任务。图 9-8（a）表示的是进刀时序段，图 9-8（b）表示的是切割时序段的初期，图 9-8（c）表示的是切割时序段的末期，图 9-8（d）表示的是退回初始工作位时序段，切刀快速回位，等待下一次切割。

5. 结论

本实例的重点不是对控制系统进行解构，而是站在运动学的角度对生产需求的运动形态进行分析，这是进行运动控制的基础。本实例首先研究锯刀的运动轨迹，然后从实现的角度，建立独立的四轴驱动系统，最后通过对每一个独立的轴进行驱动，得到所期望的结果，从而实现高速切割。

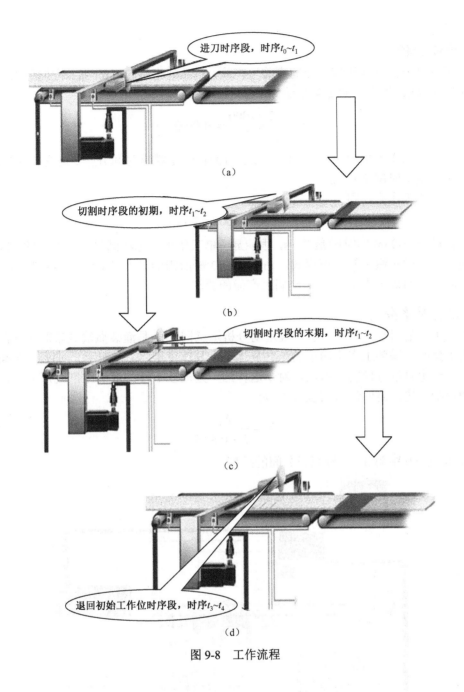

图 9-8　工作流程

9.3　胡萝卜汁的灌装

1.　问题提出

灌装在诸多领域都有着极其广泛的应用。如何提高灌装的效率，对于企业而言是一个核心的技术问题。本实例通过一个胡萝卜汁的灌装问题，对此类系统的应用进行一下图示解析。

2. 功能分析

生产需求是建立一条胡萝卜汁的灌装生产线，产品规格是 500 ml/瓶。产能要求是每天两班，单班工作 8 h，每小时的灌装数量为

$$M = \frac{32}{16} \times \frac{1000}{0.5} = 4000瓶 / h$$

整个灌装流程的工作节拍为 T，含有两个工艺时间：一是灌装时间 t_1，二是空瓶准备时间 t_2。假定 t_2 的工艺准备时间是 0.9 s。

如果采用单工作头，则

$$T = 4000 / 3600 \approx 1.11 \ s$$

而单工作头灌装 500 ml 的时间是 2.4 s，很明显，单工作头是无法满足生产要求的，因此必须采用 3 组工作头同时灌装的工作模式。由于灌装 3 瓶所需的时间是 0.9 + 2.4 = 3.3 s，故折算到单瓶的灌装时间最长为 1.1 s，完全满足产能的要求。

3. 运动对象分析

图 9-9 所示是胡萝卜汁灌装生产线运动分析示意图，V_1 是灌装瓶输送带的速度，由专门的交流电机控制；灌装工作头的运动是往复运动，其速度用 V_2 来表示。对灌装液体流量 Q 也需要用一台电机进行控制。所以，对于这样的一条胡萝卜汁的灌装生产线可演化为 3 台电机的运动控制问题。需要计算的参数 V_1 为

$$V_1 = \frac{S_{34}}{T - 0.8 / 3} \qquad (9\text{-}1)$$

式中，S_{34} 是图 9-9 中第 3、4 号瓶子之间的距离。

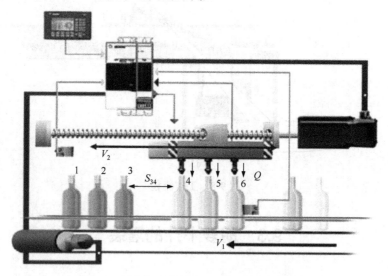

图 9-9 胡萝卜汁灌装生产线运动分析示意图

速度 V_2 分为两种情况：灌装态——V_2 由输送带主编码器控制；回位态——V_2 由回位时间 t_2 决定，即

$$V_2' = \frac{S_{34}}{0.8 / 3} \qquad (9\text{-}2)$$

流量 Q 采用定时控制模式，这样就可以完成整个灌装工作。

4. 系统组成

如图 9-10 所示，灌装生产线主要由 9 大部件组成，分别是：

（1）输送带，其功能是输送空瓶至灌装工作位，并把灌装之后的产品送到下一工作位。

（2）主编码器，其功能是对输送带的运行速度进行检测，并反馈到运动控制器，运动控制器按照输送带主编码器的反馈值，对灌装工作头灌装态时的速度 V_2 进行同步控制。

（3）灌装工作头，其功能是对空瓶进行定量灌装。

（4）空瓶位置检测传感器，其功能是对输送带上是否有空瓶进行检测，只有当检测到待灌装位具有 3 个空瓶时，才运行灌装工作头进行灌装操作。

（5）灌装结束位置传感器，其功能一是提示运动控制器灌装结束，二是具有保护功能，以防滚珠丝杠运动过头。

（6）无刷直流伺服电机，其功能是驱动滚珠丝杠，带动灌装工作头按照实际需要运动。根据灌装工作头的要求，伺服电机必须做往复式运动，而且来回的运动速度是不同的，回程时的速度是灌装态的 3～5 倍。

（7）滚珠丝杠，其功能是带动灌装工作头移动。

（8）运动控制器，其功能是按照灌装的要求，对整个工艺过程进行全自动控制。本例中采用的是西门子公司的单轴 1394 运动控制器，有关 1394 的详细资料，可以登录西门子公司的网站进行查询。

（9）人机界面，其功能是实现控制参数设定、控制过程数据实时检测及结果实时反馈。本系统的人机界面采用的是 Panel View 550，有关 Panel View 550 的详细资料和技术参数，读者可以通过相关网站查询。

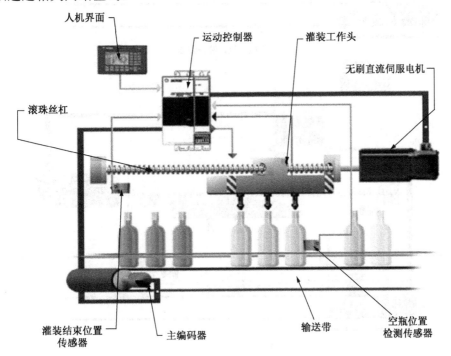

图 9-10　系统组成

5. 灌装流程图解

灌装流程图解的目的,就是希望借助图片的顺序使读者了解和掌握各类灌装的工艺流程,达到快速理解的效果。

图 9-11 所示是一个完整的灌装工艺流程。其中,图 9-11(a)是空瓶到位,等待灌装;图 9-11(b)是刚刚开始灌装,需要读者注意的是,滚珠丝杠上灌装工作头的位置与图 9-11(a)中存在位置差;图 9-11(c)是灌装进行中;图 9-11(d)是灌装结束,需要注意的是,灌装结束位置传感器接收到相应信号,并传送给运动控制器;图 9-11(e)是灌装工作台准备回位;图 9-11(f)是灌装工作台回位进行中;图 9-11(g)是回到开始灌装位,准备下一次的灌装。以上过程是一个循环过程。

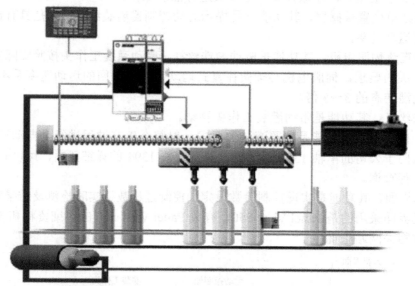

(a) 空瓶到位,等待灌装

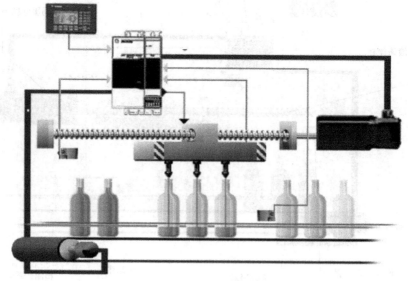

(b) 开始灌装

图 9-11　灌装工艺流程示意图

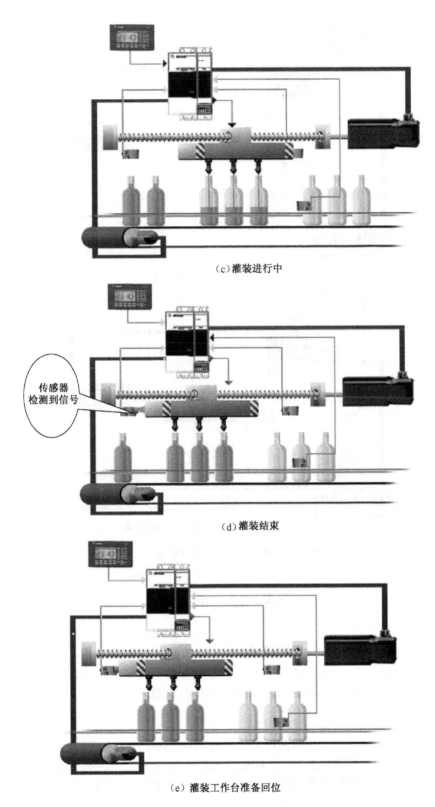

（c）灌装进行中

传感器
检测到信号

（d）灌装结束

（e）灌装工作台准备回位

图 9-11　灌装工艺流程示意图（续）

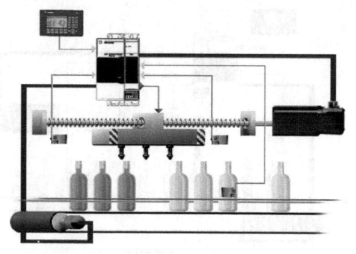

（f）灌装工作台回位进行中

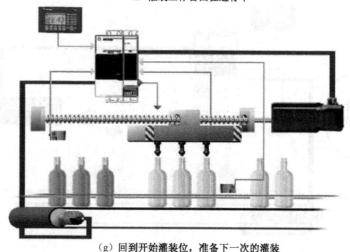

（g）回到开始灌装位，准备下一次的灌装

图 9-11　灌装工艺流程示意图（续）

*9.4　点　胶　机

1. 问题提出

点胶常常是工业制造过程中不可缺少的工艺环节。点胶机的点胶动作也是一个典型的运动控制问题。

2. 功能分析

某公司需要对长度为 1200 mm、宽度为 400 mm 的中密板进行点胶处理工作，点胶位置如图 9-12 所示。工件长为 b，宽为 a，点 A 是点胶位置的起点，点 B 是点胶位置的结束点，点 C、D、E 是点胶轨迹中的特征点，点 A、B 的间距为 c，点 C、D 的间距为 d，AC 在宽度方向上的投影为 e。要求点胶夹具台能够同时装卡三块板。

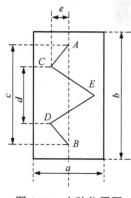

图 9-12　点胶位置图

3. 运动对象分析

由图 9-13 所示可知，大型平面板式点胶机的运动是围绕点胶工作头与夹具平台的平面复合运动。其中，夹具平台的运动是 V_1，运动特点是往复运动；点胶工作头的运动是 V_2，运动特点也同样是往复运动。喷嘴 Q 采用恒压恒速定量控制，这样可以确保喷嘴喷出的胶量是恒定的。

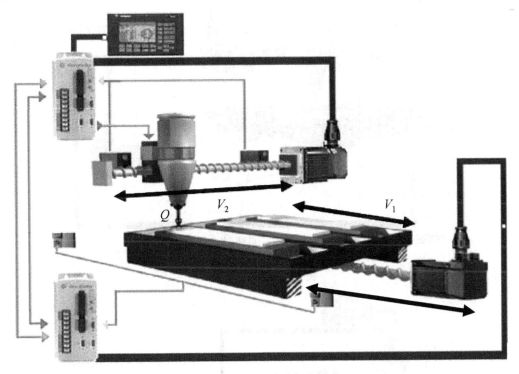

图 9-13　运动对象分析

4. 系统组成

如图 9-14 所示，点胶机由夹具工作台、丝杠、伺服电机、点胶喷嘴组件、夹具工作台定位传感器、点胶工作头轴定位传感器、点胶工作头轴端丝杠、伺服驱动器和人机界面组成。其中，夹具工作台放置待处理板材，并由伺服电机驱动，通过丝杠使得夹具工作台能够沿着 V_1 方向移动；点胶喷嘴组件通过伺服电机、丝杠的驱动，使点胶喷嘴组件沿着 V_2 方向往复运动；夹具工作台定位传感器负责对夹具工作台的传动状态进行检测和限位；点胶工作头轴定位传感器负责对点胶喷嘴组件的轴的位置与运动速度进行实时测量与检测；伺服驱动器分别驱动两台伺服电机，全部控制指令的设置与监视都由人机界面来完成。操纵者根据实际需要，将运动轨迹特征点输入控制器，然后由控制器实现所期望的图形。

5. 点胶流程图解

图 9-15 所示是一个完整的点胶工艺流程。其中，图 9-15（a）是 A 板点胶起点位置；图 9-15（b）是 A 板点胶结束位置；图 9-15（c）是 B 板点胶起点位置；图 9-15（d）是 B 板点胶结束位置；图 9-15（e）是 C 板点胶起点位置；图 9-15（f）是 C 板点胶结束，回位进行中。以上过程是一个循环过程。

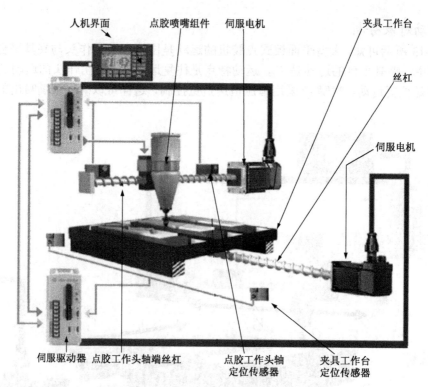

图 9-14　系统组成

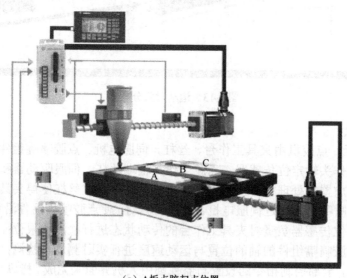

（a）A板点胶起点位置

图 9-15　点胶工艺流程示意图

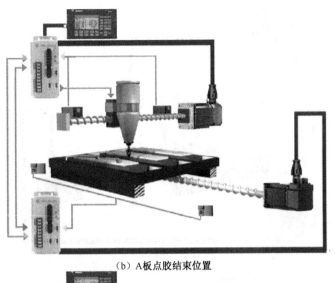

（b）A板点胶结束位置

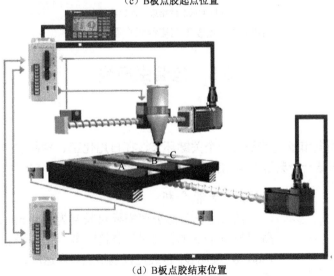

（c）B板点胶起点位置

（d）B板点胶结束位置

图 9-15　点胶工艺流程示意图（续）

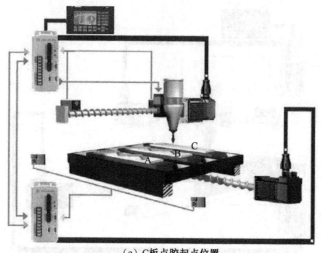

（e）C板点胶起点位置

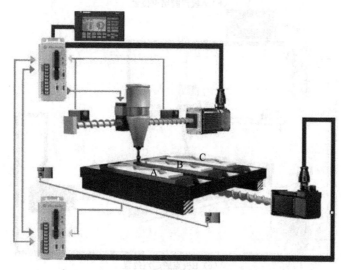

（f）C板点胶结束，回位进行中

图 9-15　点胶工艺流程示意图（续）

*9.5　包装生产线

1.　问题提出

包装作为产品面向市场之前最后一个关键环节，在日用化工、食品生产等诸多领域有着广泛的应用。包装动作是一个典型的运动控制问题。下面将结合一个具体的实例对包装进行分析。

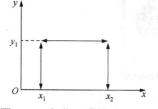

图 9-16　包装吸嘴的运动需求

2.　功能分析

某日用化妆品公司需要对长度为 120 mm、宽度为 40 mm、高度为 30 mm 的粉盒进行装箱操作，要求每箱 4 盒，产能是每小时 1800 箱。很明显，包装过程包括点对点运动、吸放和搬移，如图 9-16 所示。

3. 运动分析

如图 9-17 所示,包装生产线的运动由 7 台电机驱动控制。其中,两组伺服电机以速度 V_1、V_2 实现图示的运动轨迹;AA 和 BB 是送料输送线,AA 线输送被包装粉盒;BB 线输送包装箱,其中 AA 线由三组输送带组成,每条输送带由一台电机驱动,其速度分别是 V_3、V_4 和 V_5;BB 线由两组输送带组成,每条输送带由一台电机驱动,其速度分别是 V_6 和 V_7;AA 线和 BB 线都是单向运动。包装动作的时序完全通过吸嘴的吸放节拍来决定。

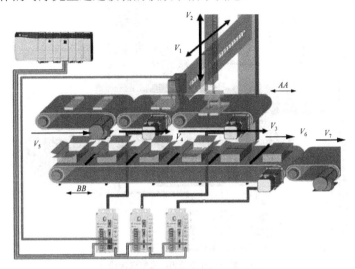

图 9-17　包装生产线运动分析

4. 系统组成

包装生产线的组成如图 9-18 所示。

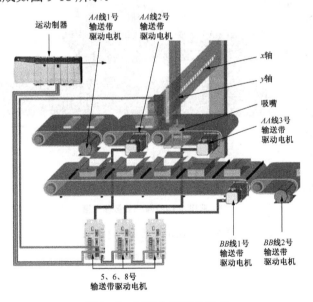

图 9-18　包装生产线的组成

5. 包装流程图解

图 9-19 所示是包装工艺流程的 5 个节拍。其中，图 9-19（a）是第一次开始装箱，吸嘴吸起粉盒；图 9-19（b）是吸嘴由 *AA* 线向 *BB* 线搬移空箱；图 9-19（c）是第一次装箱结束，返回过程中；图 9-19（d）是第二次装箱，吸嘴吸起粉盒；图 9-19（e）是第二次装箱结束。此时，一个完整的装箱流程完成，如此循环。

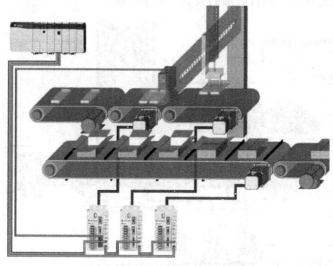

（a）第一次开始装箱，吸嘴吸起粉盒

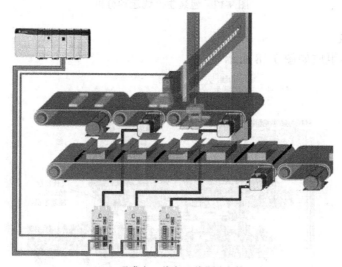

（b）吸嘴由*AA*线向*BB*线搬移空箱

图 9-19 包装工艺流程示意图

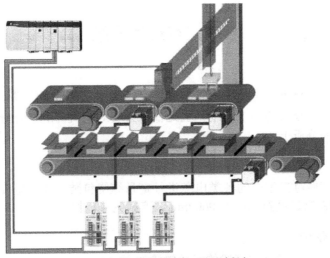

（c）第一次装箱结束，返回过程中

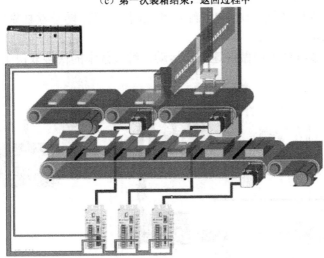

（d）第二次装箱，吸嘴吸起粉盒

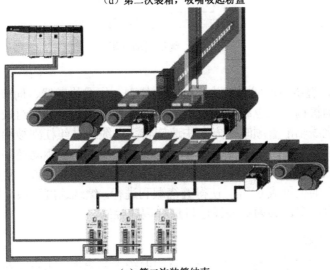

（e）第二次装箱结束

图 9-19　包装工艺流程示意图（续）

*9.6　缠绕生产线

1. 问题提出

现实生活中，人们离不开电缆。电缆的最终商品基本上都是缠绕成卷的。此类机械动作的原理可以拓展到各类线材的卷绕问题，因此很有必要对这类问题进行分析研究，其重点应放在对象运动轨迹的分析上。

2. 需求分析

某电缆生产厂需要对其生产的各类电缆进行定量缠绕包装，要求电缆包装卷轴的轴直径 $D \leqslant 1500\,\text{mm}$，包装卷轴的宽度 $W \leqslant 2000\,\text{mm}$，产能为 10 件/h。

3. 运动特性分析

由图 9-20 可见，电缆缠绕生产线的运动轨迹如下。

（1）丝杠副沿着 V_1 做往复运动。电缆经过丝杠副上的孔，随着丝杠副位置的移动而移动，从而确定电缆在绕线轴上的位置。

（2）绕线轴沿着顺时针方向做快速旋转运动，缠绕效率的快慢取决于电机的转速。

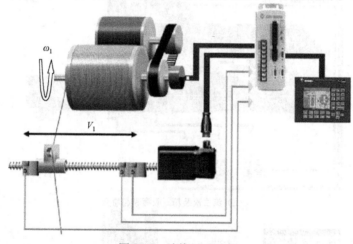

图 9-20　缠绕运动分析

4. 系统组成

由图 9-21 可知，缠绕生产线系统由电缆、丝杠副、位置传感器、伺服电机、绕线轴、绕线电机、皮带轮传动机构、光电编码器、伺服驱动控制器和人机界面组成。绕线电机带动皮带轮传动机构驱动绕线轴沿着顺时针方向快速旋转，电缆通过丝杠副被缠绕到绕线轴上；光电编码器负责把绕线轴的旋转情况反馈到伺服驱动控制器，伺服驱动控制器根据光电编码器的实时信号控制伺服电机的旋转速度，以配合丝杠副在丝杠上的位置。丝杠副在丝杠上的位置与导线在绕线轴上的位置成 0° 角，使得缠绕顺利进行。缠绕速度取决于绕线电机的旋转速度，故要提升劳动生产率，必须对绕线电机进行调速控制。

5. 缠绕流程图解

如图 9-22 所示，可以清楚地看到一个完整的缠绕工艺流程，由右至左，丝杠副与电缆分别在丝杠和绕线轴上进行缠绕。

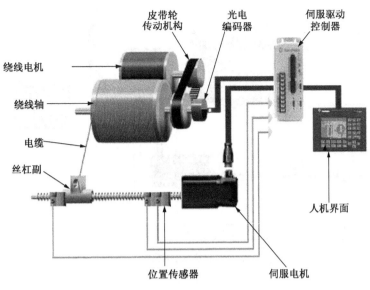

图 9-21 系统的组成

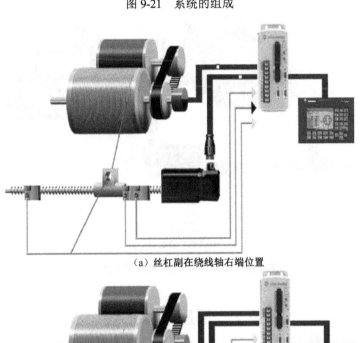

（a）丝杠副在绕线轴右端位置

（b）丝杠副与绕线轴由右向左缠绕

图 9-22 缠绕工艺流程示意图

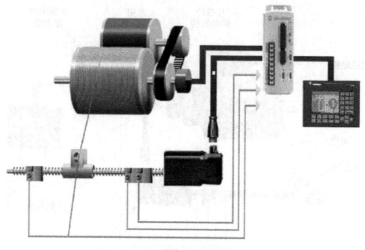

（c）缠绕至中间位置

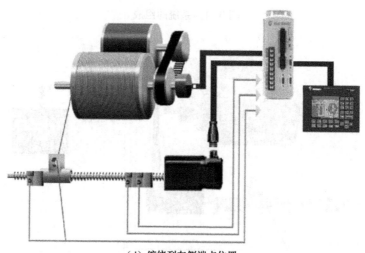

（d）缠绕到左侧端点位置

图 9-22　缠绕工艺流程示意图（续）

*9.7　恒压供水系统

1．问题提出

　　风机、水泵、空气压缩机等流量和压力控制是运动控制的一大类别需求。本例通过对恒压供水系统的分析，使读者理解风机、水泵和空气压缩机这类负载的控制问题，以及其解决方法。

2．供水技术问题

1）供水的一般技术问题

　　供水的核心问题是流量控制问题。从水源开始，通过水泵输出到终端用户。图 9-23 所示是供水方式图，由图可见，整个供水系统由供水管路、控制阀、水泵、电机和蓄水池组成。早期的供水技术与现在的供水技术的差别在于它们的基本控制技术不同。

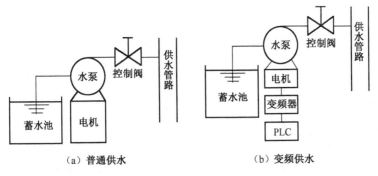

（a）普通供水   （b）变频供水

图 9-23　供水方式图

无论何种供水方式，都要对流量进行控制。对于早期的供水技术，电机基本不调速，水流的调节是靠阀门加溢流的模式；现在的供水技术主要是通过供水回路的压力控制水泵电机的转速，从而达到控制水流量的目的。其具体控制方式如图 9-24 所示。

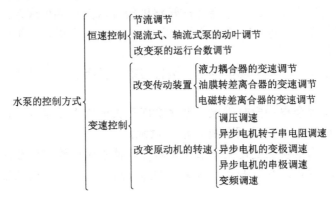

图 9-24　水泵控制方式

从图 9-24 可以看出水泵的两种控制方式：恒速和变速控制。采用变速控制的最佳方法就是采用变频器控制技术。

2）供水需要考虑的问题

如果异步电机全压启动，则电机转速从 0 到额定转速的时间通常仅有 0.5 s，流水的速度也因此从 0 提高到额定值。由于水是液体，具有体积不可压缩性，使得供水管路在很短的时间内受到极强的冲击，产生空化，形成声响，如同锤子敲击一般，故称为水锤现象。为了克服水锤现象，对于水泵启动过程是有明确要求的。图 9-25 所示是全压启动与变频启动时水泵的机械特性、异步电机的机械特性与动态转矩之间的关系。其中，1 表示异步电机的机械特性，2 表示水泵的机械特性，动态转矩是阴影部分。很明显，采用变频启动，整个系统的动态转矩大幅改善。

3）主要元件的选择原则

（1）水泵。水泵作为供水系统的核心器件，对供水品质起着至关重要的作用。通常，供水系统基本上都采用离心式水泵，其主要参数有水流量、扬程、功率等。

（2）电机。水泵的运行离不开电机，通常采用异步交流电机为水泵提供动力。

（3）驱动器。电机控制采用以变频调速控制为主的变频器。

（4）压力传感器。恒压供水控制的整个管路控制离不开压力检测，选择合适的压力传感器是完成恒压供水的关键。

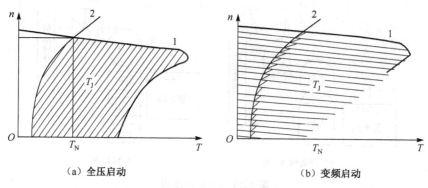

（a）全压启动 （b）变频启动

图 9-25 不同启动模式时水泵的机械特性

3. 变频恒压供水特点

（1）恒压供水能自动 24 h 维持恒定压力，并根据压力信号自动启动备用泵，无级调整压力，供水质量好，与传统供水相比，不会造成管路破裂及水龙头共振现象。

（2）供水压力变化平滑，减小了电机水泵的冲击，延长了电机及水泵的使用寿命，避免了传统供水中的水锤现象。

（3）采用变频恒压供水，保护功能齐全，运行可靠，具有欠压、过压、过流、过热等保护功能。

（4）系统配置可实现全自动定时供水，彻底实现无人值守自动供水，控制系统具有故障报警和显示功能，并可进行工频/变频转换、应急供水。

（5）系统根据用户用水量的变化来调节水泵转速，使水泵始终工作在高效区，当系统零流量时，机组进入休眠状态，水泵停止，流量增加后才进行工作，节电效果明显，比恒速水泵节电23%～55%。

（6）变频恒压供水设备不设楼顶水池，既降低建筑物的造价，又克服了水源二次污染、气压波动大、水泵启动频繁、建造水塔一次性投资大、施工周期长、费用高等缺点。

（7）整套设备只需一组控制柜和水泵机组，安装非常方便，占地面积小。

（8）采用全自动控制，操作人员只需转换电控柜开关就可以实现用户所需的工况，操作简单。

4. 工作原理

图 9-26 所示是一个通过远程压力传感器控制水泵的电路图。变频恒压供水系统采用电位器设定压力（也可采用面板内部设定压力），采用一个压力传感器（反馈为 4～20mA）检测管路中的压力，压力传感器将信号送入变频器 PID 回路，PID 回路处理之后，送出一个水量增加或减小的信号，控制电机的转速。如果在一定延时时间内，压力还不足或过大，则通过变频器作为工频/变频切换启动另一台水泵，使实际管路压力与设定压力相一致。另外，随着用水量的减少，变频器自动降低输出频率，达到了节能的目的。

图 9-27 所示是水泵转速、流量与扬程之间的关系。由图可见，速度下降，扬程减小。扬程与压力相关。同等扬程的条件下，速度越大，流量越大，即压力不变时，转速越高，流量越大。

图 9-28 所示是基于 PLC 控制器的多台水泵。其中变频器采用"一拖三"的形式，利用一套变频器加上辅助电路可以实现对三台水泵进行流量控制。在供水管路的主干管道上安装

一个压力传感器对管路压力进行检测，根据用户对水流量的需求，变频器调节电机转速，从而控制三台水泵的流量。

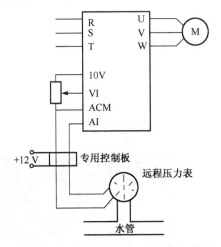

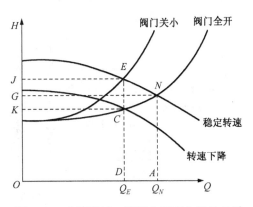

图 9-26　通过远程压力传感器控制水泵的电路　　　　图 9-27　水泵转速、流量与扬程之间的关系

按照图 9-29 所示的操作流程，在流量小的情况下，2 号水泵停机，1 号水泵采取变频运行；当用户水量增大到 1 号水泵全功率、满负荷运行时，1 号水泵进入工频运行模式；如果此时流量继续增大，那么 2 号水泵进入变频模式；如果用户水流量进一步增大，2 号水泵也进入工频运行模式，3 号水泵处于变频模式，以此类推。如果水量进一步增大，三台水泵全部进入工频模式运行，则此时是全负荷供水。

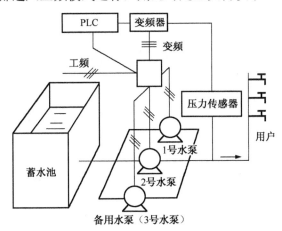

图 9-28　基于 PLC 控制器的多台水泵

图 9-29　多台水泵的工作制度

如果水量减小，首先 3 号水泵退出工频模式，处于变频运行；如果水量进一步减小，3 号水泵停止运行，2 号水泵退出工频模式，进入变频模式；同样，水量再进一步减小，2 号水泵停机，1 号水泵退出工频模式，进入变频模式。

图 9-30 所示是恒压变频供水机组的实物图片。很显然，这套机组由一个储水罐、四台水泵构成。

图 9-30　恒压变频供水机组的实物图片

图 9-31 所示是三组水泵供水系统管路连接示意图。其中图 9-31（a）是系统图，图 9-31（b）是整体装置实物图。

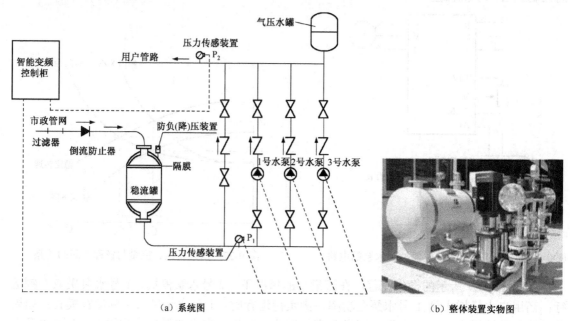

（a）系统图　　　　　　　　　　　（b）整体装置实物图

图 9-31　三组水泵供水系统管路连接示意图

参 考 文 献

[1] 尔桂花, 窦日轩. 运动控制系统. 北京：清华大学出版社, 2002.

[2] 阮毅, 陈伯时. 运动控制系统. 北京：清华大学出版社, 2011.

[3] 贺昱曜. 运动控制系统. 西安：西安电子科技大学出版社, 2009.

[4] 尚丽. 运动控制系统. 西安：西安电子科技大学出版社, 2009.

[5] 周凯. 运动控制实现跨越发展的技术途径. 电气时代, 2011, 08：26-29.

[6] Pons Jose. Emerging Actuator Technologies. 北京：科学出版社, 2007.

[7] A. Hierlemann. Integrated Chemical Microsensor Systems in CMOS Technology. 北京：科学出版社, 2007.

[8] 郑建明, 班华. 工程测试技术及应用. 北京：电子工业出版社, 2011.

[9] 蔡自兴. 智能控制原理与应用. 北京：清华大学出版社, 2007.

[10] 张建民. 机电一体化系统设计. 北京：北京理工大学出版社, 1996.

[11] 刘政华, 何将三, 龙佑喜. 机械电子学. 长沙：国防科技大学出版社, 1999.

[12] 周凯. PC 数控原理、系统及应用. 北京：机械工业出版社, 2006.

[13] 陈蔚芳, 王宏涛. 机床数控技术及应用. 北京：科学技术出版社, 2005.

[14] 何均. 高平稳数控运动控制算法与系统软件开发方法研究. 南京：南京航空航天大学出版社, 2010.

[15] 许忠燕. 基于 ARM 与 PCL6045B 的嵌入式运动控制器的设计. 重庆：重庆大学出版社, 2010.

[16] 苏明, 陈伦军, 林浩. 模糊 PID 控制及其 MATLAB 仿真. 现代机械, 2004, 06：51-54.

[17] 董正凯. 基于运动控制器的开放式数控平台的研究. 哈尔滨：哈尔滨工业大学出版社, 2010.

[18] 胡文莉. 运动控制器系统软件设计及运动平滑处理研究. 杭州：杭州电子科技大学出版社, 2009.

[19] 周文庆, 曹建福, 尹洋. 基于 TM S320L F2407 的 PCI 总线通用运动控制卡设计. 微电机, 2004, 37(3)：46-48.

[20] 范明聪, 沈连娟. 一种目标导向运动控制算法. 工业控制计算机, 2007, 20 (7)：19-20.

[21] 张国. 嵌入多轴运动控制器的开发与应用. 山东：山东科技大学出版社, 2008.

[22] 雷开彬. 有理三次均匀 B 样条曲线的形状控制. 计算机辅助设计与图形学学报, 2000, 12(8)：600-604.

[23] 任敬轶, 孙汉旭. 一种新颖的笛卡儿空间轨迹规划方法. 机器人, 2002, 24(3) ：216-221.

[24] 罗欣, 李光斌, 朱涵, 梁吴雅. 时间分割法抛物线插补算法研究. 华中理工大学学报, 1994, 22(7)：49-53.

[25] 王峰, 王爱玲. B 样条曲线的插补算法实现. 华北工学院学报, 2001, 22(6)：449-452.

[26] 刘胜涛. 五坐标样条曲线插补技术的研究. 哈尔滨：哈尔滨工业大学出版社, 2007.

[27] 吕红亚, 赵东标. 样条曲线插补速度规划算法的研究. 机械与电子, 2010, 04：3-6.

[28] Press, W. H., Teukolsky, S. A., Vetterling, W. T. ,Flannery, B. P. Numerical Recipes in Fortran,The Art of Scientific Computing, Second Edition. London：Cambridge University Press, 1995.

[29] 张昱. 基于全数字伺服控制单元的运动控制算法的研究. 传动技术, 2004, 09：35-36.

[30] 许小明, 魏泽峰, 胡立明, 王硕桂. 基于 PC 与运动控制器的开放式数控系统研究与开发. 制造业自动化, 2012, 02：107-110.

[31] 穆海华. 超精密点对点运动 4 阶轨迹规划算法研究. 中国机械工程, 2007, 18(19)：2346-2350.

[32] 王太勇, 张志强, 王涛, 许爱芬, 胡世广, 赵丽. 复杂参数曲面高精度刀具轨迹规划算法. 机械工程学报, 2007, 43(12)：109-113.

[33] 陈卫东, 朱奇光. 基于模糊算法的移动机器人路径规划. 电子学报, 2011, 39(4)：791-794.

反侵权盗版声明

　　电子工业出版社依法对本作品享有专有出版权。任何未经权利人书面许可，复制、销售或通过信息网络传播本作品的行为，歪曲、篡改、剽窃本作品的行为，均违反《中华人民共和国著作权法》，其行为人应承担相应的民事责任和行政责任，构成犯罪的，将被依法追究刑事责任。

　　为了维护市场秩序，保护权利人的合法权益，我社将依法查处和打击侵权盗版的单位和个人。欢迎社会各界人士积极举报侵权盗版行为，本社将奖励举报有功人员，并保证举报人的信息不被泄露。

举报电话：（010）88254396；（010）88258888

传　　真：（010）88254397

E-mail：　dbqq@phei.com.cn

通信地址：北京市海淀区万寿路 173 信箱
　　　　　电子工业出版社总编办公室

邮　　编：100036